ビッグデータ時代の
ゲノミクス情報処理

北上　　始
斎藤　成也　共著
太田　聡史

コロナ社

「ビッグデータ時代の ゲノミクス情報処理」 正誤表

頁	行・図・式	誤	正
8	本文1行目	活性部位	機能部位や活性部位
11	表1.1右下	元素番号	元素記号
13	下から3行目	すなわち，同じグループ	同じグループ
14	下から2行目	機能的にも	それらは機能的にも
14	13行目	タンパク質ドメイン	分類ノード
28	図2.5右側	AA欠失：サイト11-12 AGGTCCTTGAAT…	A欠失：サイト11 AGGTCCTTGAAT…
29	8行目	A, B, Cの順に	(a), (b), (c)の順に
33	下から1行目	塩基サイトの総数で，塩基置換…	塩基サイトの総数（ギャップサイトを含めない）で，全塩基数には，ギャップサイトを含めない．塩基置換…
34	下から12行目	……クラスに分類される．	……クラスに分類される．ただし，全塩基数には，ギャップサイトを含めない．
45	15行目	[1] 全域的な類似検索	[1] 全域的な類似性検索
52	14行目	……（1≤i≤N, 1≤j≤M）.	……（1≤i≤N, 1≤j≤M）．d は，ギャップペナルティと呼ばれる正の値である．
55	下から5行目	ギャップペナルティ	ギャップスコア
55	図3.8内	if $j=1$ then $F(i,j)$	if $j=1$ then $G(i,j)$
56	7, 8行目	$j=1$のとき，1≤i≤Lになるので，$F(i,j)=G(i,j-1)+g(1)$ $i≥2$のとき，$G(i,j)=\max\{E(i,j-1)+g(1), G(i,j-1)-e\}$	$j=1$のとき，1≤i≤Lになるので，$G(i,j)=E(i-1,j)+g(1)$ $i≥2$のとき，$G(i,j)=\max\{E(i-1,j)+g(1), G(i-1,j)-e\}$
67	2行目	$E(i,0)=PSP(C_p[i],-)$，$E(0,j)=PSP(-, C_q[j])$	$E(i,0)=E(i-1,0)+PSP(C_p[i],-)$，$E(0,j)=E(0,j-1)+PSP(-, C_q[j])$
71	12行目	逐次改善法	逐次（反復）改善法
115	5行目	PPSM	PSSM
127	図4.12右上	(((1,2),))	(((1,2),3)
193	図6.11左上枠内	$2M.m.d(p)$	$2M.m.d(p)$
210	式(6.23)	(P,T)	(Q,T)

最新の正誤表がコロナ社ホームページにある場合がございます．
下記URLにアクセスして[キーワード検索]に書名を入力してください．
http://www.coronasha.co.jp

まえがき

　本書名に含まれる「ゲノミクス情報処理」という用語は，ゲノム情報学やその周辺で重要となる情報処理技術を意図したものである．ゲノム情報学は，生命現象を情報科学の立場から理解する学問分野であり，生命現象の理解には，コンピュータの計算能力の利用が必要不可欠である．シークエンサーの登場は，病気の診断や治療のみならず，創薬に変革をもたらしていることは，周知のとおりである．シークエンサーが一日に解読可能な塩基数は，1985年の時点で，わずか10^3 bp 程度であったが，それ以後，シークエンサーの高性能化が加速し，ゲノム DNA 配列や細胞内 RNA 配列を読み取る作業が飛躍的に向上している．今日では，およそ $3×10^9$ bp もある個人の全 DNA 配列を短時間で解読できるようになってきており，オーダーメイド医療が盛んになるものと期待されている．このようなことからも，ゲノミクス情報処理の分野においても，ビッグデータ時代を迎えるに至っている．

　本書では，ビッグデータ時代における大規模ゲノムデータに対する類似性検索や分析を念頭に置き，国際的なデータバンクで整備されている主要なデータベースの内容とそれらの解析方法を中心に解説している．紙面の都合上，多くの内容を網羅できていないが，本書では，分子進化の重要性に多くの箇所で配慮したつもりである．類似性検索については，分子配列（塩基配列やアミノ酸配列）を対象とする類似検索手法をはじめとして，空間情報を含むタンパク質立体構造を対象にした類似構造検索手法を解説している．分析方法については，生命の進化を解明するために重要な分子進化系統樹の推定法，分子進化を考慮した整列化や多重整列化，曖昧性を持つモチーフの表現法や抽出法，生物の運動機能について解説している．さらに，大規模なゲノムのデータ解析の高速化を可能にする情報処理技術についても解説している．

　本書には，大学や高等専門学校等の情報系および生物系の大学生および大学院生が，バイオインフォマティクスをはじめとして，ゲノミクス分野に出現するビッグデータ解析の基本原理を理解することを配慮した内容が含まれている．また，生命科学分野のデータサイエンティストやバイオインフォマティシャンの基礎知識を学習しようとする技術者・研究者にとっても必要不可欠な内容が盛り込まれている．なお，各章の執筆担当については，つぎのとおりである．1章および3章については北上，4章は斎藤，5章は太田が執筆を担当した．

また，2章については，斎藤が 2.1～2.4 節，太田が 2.5 節および 2.6 節を担当し，6 章については，北上が 6.1～6.5 節を担当，太田が 6.6 節を担当した。本書を読んで，将来，一人でも多くのバイオインフォマティシャンあるいはゲノミクス分野のデータサイエンティストが活躍することになれば，著者らにとって，これに勝る喜びはないと考えている。

最後に，本書の出版に際し，株式会社コロナ社の方々に感謝する次第である。

2014 年 9 月

北上　始

目　　　次

1. ゲノム情報のデータベース

1.1　ビッグデータとしてのゲノム情報 …………………………………………… 1
1.2　生命科学と情報科学 …………………………………………………………… 3
1.3　塩基配列データベース ………………………………………………………… 3
1.4　モチーフデータベース ………………………………………………………… 8
1.5　タンパク質立体構造データベース …………………………………………… 9
1.6　構造分類データベース ………………………………………………………… 12
　　　1.6.1　SCOP ………………………………………………………………… 12
　　　1.6.2　CATH ………………………………………………………………… 14
1.7　さまざまなデータベース ……………………………………………………… 15
1.8　オントロジー …………………………………………………………………… 16
引用・参考文献 ……………………………………………………………………… 18

2. ゲノム配列の決定と解析

2.1　次世代シークエンサーとは …………………………………………………… 21
　　　2.1.1　サ ン ガ ー 法 …………………………………………………………… 21
　　　2.1.2　次世代シークエンス法 ……………………………………………… 22
2.2　塩基配列決定における情報学的側面 ………………………………………… 23
　　　2.2.1　ショットガン法 ……………………………………………………… 23
　　　2.2.2　リシークエンシング ………………………………………………… 24
2.3　相同性検索と多重整列化 ……………………………………………………… 26
　　　2.3.1　相 同 性 と は ………………………………………………………… 26
　　　2.3.2　相同性検索の原理 …………………………………………………… 26
　　　2.3.3　BLAST ……………………………………………………………… 27

		2.3.4	2個の配列を整列化する原理 ·································	27

      2.3.4　2個の配列を整列化する原理 ·································· 27
      2.3.5　多重整列化の原理 ·· 29
      2.3.6　MISHIMA ·· 30
      2.3.7　長大なゲノム配列間の相同性解析 ································ 32
2.4　塩基置換数の推定 ·· 32
      2.4.1　1変数法による推定 ·· 32
      2.4.2　2変数法による推定 ·· 34
      2.4.3　同義置換数と非同義置換数の推定 ································ 35
2.5　遺伝子予測に基づくゲノムアノテーション ······························ 37
2.6　SNPの同定と解析 ··· 39
引用・参考文献 ·· 42

3. モチーフの表現と抽出

3.1　類 似 性 検 索 ·· 44
      3.1.1　非類似度に基づく検索と整列化 ··································· 45
      3.1.2　類似度に基づく検索と整列化 ······································ 50
3.2　多 重 整 列 化 ·· 61
      3.2.1　階層併合的クラスタリング ·· 62
      3.2.2　Feng-Doolittle累進法 ·· 63
      3.2.3　プロファイル累進法 ·· 64
3.3　プロファイルと類似性検索 ··· 68
      3.3.1　モチーフの表現法 ·· 68
      3.3.2　正規表現の導出法 ·· 75
      3.3.3　プロファイルを用いた類似性検索 ······························· 78
3.4　プロファイルHMMの導出法 ··· 86
      3.4.1　整列行列からプロファイルHMMの導出 ····················· 86
      3.4.2　Baum-Welchアルゴリズム ·· 88
3.5　頻出な類似部分配列の抽出 ·· 92
      3.5.1　列　挙　法 ·· 93
      3.5.2　ギブスサンプリング法 ··· 95
      3.5.3　探索問題の効率的解法 ··· 99
3.6　ネットワークモチーフの抽出 ·· 101
      3.6.1　ネットワークモチーフ ··· 102
      3.6.2　開近傍と排他的近傍 ·· 102

  3.6.3 連結部分グラフの列挙……………………………………………… 103
  3.6.4 グラフの同型性判定………………………………………………… 104
  3.6.5 ランダム化グラフ…………………………………………………… 106
引用・参考文献……………………………………………………………………… 107

4.　分子進化系統樹の推定

4.1 系統樹と系統ネットワークの数学的性質……………………………………… 111
  4.1.1 系統樹の基礎的事項………………………………………………… 111
  4.1.2 樹形の表現方法……………………………………………………… 113
  4.1.3 樹形と樹形のあいだの関係………………………………………… 115
  4.1.4 系統樹で表現できない関係と系統ネットワーク………………… 115
4.2 系統樹の生物学的性質…………………………………………………………… 116
  4.2.1 個体の系図と遺伝子の系図………………………………………… 116
  4.2.2 遺伝子の系図と種の系統樹………………………………………… 117
  4.2.3 遺伝子の系統樹：種分化と遺伝子重複の混合…………………… 118
  4.2.4 さまざまな系統樹概念……………………………………………… 119
4.3 距離行列からの分子系統樹の推定法…………………………………………… 120
  4.3.1 系統樹作成法の分類………………………………………………… 120
  4.3.2 進化速度一定を仮定した UPGMA ………………………………… 121
  4.3.3 近　隣　結　合　法………………………………………………… 122
  4.3.4 その他の距離行列法………………………………………………… 127
4.4 塩基配列やアミノ酸配列の多重整列化からの分子系統樹の推定法………… 129
  4.4.1 最　大　節　約　法………………………………………………… 129
  4.4.2 最　　尤　　法……………………………………………………… 133
4.5 系統ネットワーク………………………………………………………………… 138
  4.5.1 塩基配列から系統ネットワークを作成する方法………………… 138
  4.5.2 距離行列データから系統ネットワークを推定する方法………… 140
引用・参考文献……………………………………………………………………… 141

5.　新しい運動機能解析

5.1 ミクロとマクロをつなぐもの…………………………………………………… 144
5.2 運動機能解析の歴史……………………………………………………………… 147
5.3 生　体　力　学…………………………………………………………………… 149

5.4　神経筋骨格モデル……………………………………………………… 152
5.5　逆運動学と逆動力学…………………………………………………… 155
5.6　バーンスタイン問題…………………………………………………… 157
5.7　順動力学とシミュレーション………………………………………… 159
5.8　体性感覚とホムンクルス……………………………………………… 161
5.9　遺伝子型と表現型……………………………………………………… 164
5.10　ゲノムと進化生体力学………………………………………………… 168
引用・参考文献……………………………………………………………… 173

6. 高速ビッグデータマイニングへの展開

6.1　タンパク質立体構造…………………………………………………… 180
6.2　類似構造検索…………………………………………………………… 181
　　6.2.1　平均二乗誤差…………………………………………………… 181
　　6.2.2　二重動的計画法………………………………………………… 184
　　6.2.3　CMO問題……………………………………………………… 187
6.3　タンパク質の構造や機能の予測……………………………………… 190
　　6.3.1　アミノ酸配列からの構造予測………………………………… 191
　　6.3.2　構造からの機能予測…………………………………………… 193
　　6.3.3　機械学習と予測………………………………………………… 194
6.4　分子動力学法…………………………………………………………… 204
6.5　高速化技術……………………………………………………………… 207
　　6.5.1　サフィックス木の構築と検索………………………………… 208
　　6.5.2　座標配列に対するサフィックス木…………………………… 209
　　6.5.3　バッファ管理システム………………………………………… 212
　　6.5.4　並列処理………………………………………………………… 213
6.6　Mathematicaの並列処理……………………………………………… 216
引用・参考文献……………………………………………………………… 218

索　引……………………………………………………………………………… 223

1 ゲノム情報のデータベース

本章では，まず，ビッグデータとしてのゲノム情報について触れた後，生命科学と情報科学の関係について紹介する。つぎに，ゲノム情報そのものをデータベース化した**塩基配列データベース**について紹介し，それと深いかかわりのある**モチーフデータベース**，**タンパク質立体構造データベース**，**立体構造分類データベース**，**文献データベース**などについて紹介する。最後に，データベースの統合利用や生物医学の研究には欠かせない**オントロジー**について紹介する。

1.1 ビッグデータとしてのゲノム情報

ビジネス分野や学術分野などでは，古くからデータは市販のデータベース管理システムによって構築されてきたが，インターネットやコンピュータ機器の急速な発達・普及が影響し，2000年に入ってから従来のデータに比べて性質の異なるデータが急激に増加してきた。このようなデータはビッグデータと呼ばれるようになった[1),2)†]。

ビッグデータ（big data）とは，① **容量**（volume），② **多様性**（variety），③ **頻度**（velocity）と呼ばれる三つの特徴[3)]の中の二つ以上を持っているデータ集合の集積物を意味する。容量とは，市販のデータベースシステムあるいは標準的な統計処理ソフトウェアの処理能力を超えるぐらいデータが巨大であるという特徴であり，多様性とはデータの種類が多様（非構造な場合が多い）であるという特徴である。また，頻度とは，データが高頻度かつ高速に処理され利用されるという特徴である。このほかに，④ **正確さ**（veracity）という四つ目の特徴が加わっている。正確さとは，データの無矛盾性をはかる指標であり，無矛盾なデータによる信頼できる意思決定を意図している。このような特性を持つビッグデータは，近年，ビジネス分野のみならず学術分野においても扱われる機会が増えている。

本書で注目している**ゲノミクス**（genomics，**ゲノム科学**）は，1980年代に出現した概念である。ゲノミクス分野で情報処理が注目されるようになったのは，1990年代に**ヒトゲノム解析計画**[4)]による**ゲノム情報**の解読が開始してからである。近年，この解読されたデータ

† 肩付き数字は，各章末の引用・参考文献番号を表す。

は，ビッグデータの一つに分類されることからもわかるが，巨大化してきている。

　ゲノム情報がビッグデータに分類される一つの理由としては，遺伝情報を解読する**シークエンサー**（sequencer）のめざましい性能向上があり，これにより巨大なゲノム情報がつぎつぎと生み出されつつあることが挙げられる。図1.1に表示されているように，1日に解読できる**塩基**（base）の数を見ると，1985年ではわずか1 000塩基程度であったが，2000年にはその1 000倍の100万塩基になっている。また，2010年には，一日あたり1兆塩基近くの解読が可能になっている[5]。このような高性能なシークエンサーを利用すれば，約30億塩基からなる個人ゲノムの短時間かつ安価な解読が可能である。

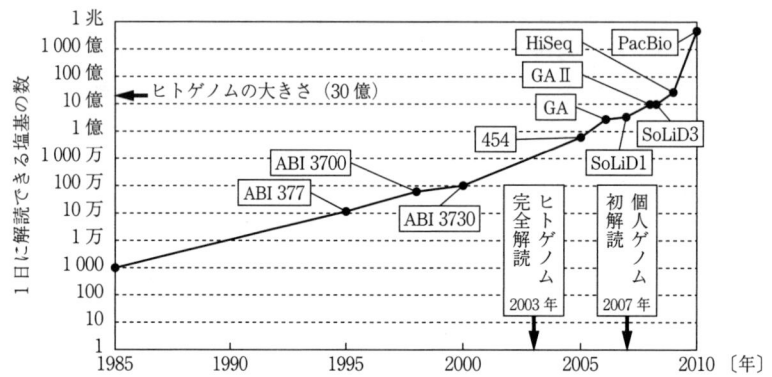

出典：水島—菅野純子，菅野純夫：次世代シークエンサーの医療への応用と課題，モダンメディア，57巻，8号，p.226の図2，栄研化学（2011）を転載。

図1.1　DNAシークエンサーの性能向上

　ゲノム情報がビッグデータに分類され得るもう一つの理由としては，ゲノム情報の解読はされていてもそのゲノム情報の内容がたいへん複雑なため，未知の部分が多いことが挙げられる。このような複雑なゲノム情報を生命科学の知識をもとにコンピュータで分析すれば，

　　　コラム

DNA

　DNA（deoxyribonucleic acid：デオキシリボ核酸）は，1953年にWatsonとCrickがその二重らせん構造を提唱した物質で，生物の親から子に受け継がれる遺伝情報をのせている。DNAは，2本の相補的な鎖で構成され，2本の鎖はたがいに絡み合って右巻きのらせん構造をしている。それぞれの鎖は，**ヌクレオチド**（nucleotide）と呼ばれる物質が鎖状に連結された高分子である。ヌクレオチドは，塩基，糖，リン酸から構成される。DNAにおける塩基の並びは，**塩基配列**（base sequence）と呼ばれ，生物の設計図であり，親から子に受け継がれる遺伝情報の正体である。DNAに含まれる塩基にはA（アデニン），G（グアニン），T（チミン），C（シトシン）がある。ただし，RNAの場合は，T（チミン）の代わりにU（ウラシル）となる。

ゲノム情報がタンパク質，細胞，生体系とどのようにかかわっているのかが明らかになるものと期待されている。当然のことではあるが，分析結果に正確さ（ビッグデータの4番目の特性）が要求されることはいうまでもない。

1.2 生命科学と情報科学

　ゲノム情報をコンピュータで分析するには，**情報**（information）の本質について明らかにしておくことが重要である。情報とは，本来，「人と人とのコミュニケーションでやりとりされるもの」であったが，近年のインターネットやコンピュータのめざましい発達により，情報やコミュニケーションの概念が拡大解釈され，人とモノとのコミュニケーション，あるいは，モノとモノとのコミュニケーションが注目されるようになってきた[6),7)]。このような背景により，どちらか一方のモノが送信側になり，他方の受信側のモノに変化を与えるとき，その変化を生み出している要因を情報と呼んでいる[8)]。送信側が受信側にメッセージを送信したとしても，受信側に変化を与えない場合は，そのメッセージは情報とはいわない。

　情報科学の分野では，ヒューマンコンピュータインタラクションは，人と情報機器（モノ）とのコミュニケーションに強い関心があり，情報ネットワークは，情報機器（モノ）と情報機器（モノ）とのコミュニケーションに強い関心がある。

　生命科学の分野では，細胞や生命体などがモノであり，モノとモノとの間でやりとりされる情報の意味は拡大解釈されている。遺伝子発現や分子間相互作用などにかかわるゲノム，ホルモンや神経伝達物質などにより細胞間に伝達される信号，環境（外界）からの生体システムへの刺激などは，ある種の情報である。また，これらの情報が基本となって引き起こされるタンパク質間の相互作用，遺伝子間の相互作用，タンパク質と遺伝子との相互作用，酵素反応サイクルなどでは，モノとモノとの間で情報がやりとりされているとみなされる。

　ゲノム情報がタンパク質，細胞，生体システムとどのようにかかわっているのかについては未知の部分が多い。ゲノミクスの研究では，ゲノムと遺伝子について研究し，ゲノム創薬，癌（がん）などの難病の解明，ゲノム比較に基づく生物の進化の解明などが進められている。本書では，これらの研究において，情報科学の知識を用いたコンピュータ分析を**ゲノミクス情報処理**と呼んでいる。なお，情報科学で利用可能な知識としては，データベース技術，機械学習と統計学，自然言語処理，人工知能，コンピュータグラフィックス，画像処理技術などがある。

1.3 塩基配列データベース

　塩基配列データベースを構築・維持する組織は，1980年代から欧州・米国・日本の各機

関で設立されているが，2005年以来，この塩基配列データベースは，**INSD**（International Nucleotide Sequence Database：国際塩基配列データベース）と呼ばれている[9～11]。日本の機関については，国立遺伝学研究所内の**DDBJ**（DNA Data Bank of Japan：日本DNAデータバンク），欧州については，**ENA/EBI**（European Nucleotide Archive/European Bioinformatics Institute），米国については**GenBank/NCBI**（National Center for Biotechnology Information）として知られている。国際塩基配列データベース（INSD）には，ゲノム関連の研究者によって直接送付されてきたデータのみならず日本・韓国・欧州・米国の特許庁で処理されたデータも含まれている。

　図1.2は，塩基配列データベースに登録されている各データの公開形式の概略を図示したものである。各データは，この公開形式でファイルに蓄積される。この公開形式は，フラッ

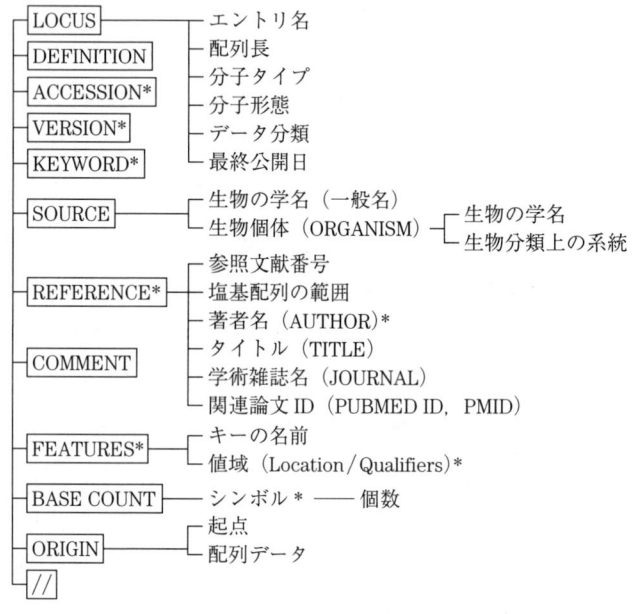

＊は，繰り返しを表す項目であることを意味する。

図1.2 塩基配列データベースの公開形式

コラム

フラットファイル

　フラットファイル（flat file）とは，1行を1レコードとする**プレーンテキスト**（plain text）の集まり，あるいは，**バイナリ**（binary）を保存するファイルを意味する。レコードは，フィールドをデリミタ等の記号で区切った構造になっている。DDBJフラットファイルフォーマットでは，プレーンテキスト形式のレコード間を二つの**スラッシュ**（slash）記号「//」で区切っている。プレーンテキストとは，文字ごとの色や形状，文章に含まれる図などといった情報を含まない文字列形式のコンテンツを意味する。

トファイル形式の**DDBJフォーマット**（DDBJ format）と呼ばれる。DDBJから定期的にリリースされている塩基配列データベースは，2014年7月の時点のRelease 97.0（2014年6月公開）では，172,402,324件（総塩基数は161,078,598,329個）もある[11]。どの1件のデータ（エントリ）も，この図の形式で表現されている。

以下に，この公開形式で使用されている各予約語について，その予約語で表記される行の説明を簡単に行う。

（1）"LOCUS" 行には，Locus名，配列長，塩基配列の分子タイプ，塩基配列の分子形態，Division（21種類に分類），データの最終公開日が記録されている。Locus名はデータベース中でそのエントリのみが持つユニークな名前であり，かつてはそのエントリーにふさわしいものが使われていたが，データが爆発的に増加したので，現在はアクセッション番号と同一になっている。

（2）"DEFINITION" 行には，データの定義や遺伝子などに関する簡略情報が記録されている。

（3）"ACCESSION" 行には，**アクセッション番号**が記録されている。ただし，アクセッション番号は，**INSD**が発行する登録番号であり，アルファベット1文字＋5桁の数字，または，アルファベット2文字＋6桁の数字（例 AB123456）で構成されている。

（4）"VERSION" 行には，アクセッション番号とバージョン番号が記録されている。ただし，初めて公開されたデータのバージョン番号は"1"で表記されている。

（5）"KEYWORD" 行には，データの詳細種別（EST, TSA, HTG, WGS, TPAなど），配列の特性，実験手法，ゲノム配列の完成度などが記録されている。

（6）"SOURCE" 行には，配列データが由来する生物の学名（一般名が存在する場合はその名前）が記録されている。また，その中のORGANISM行には，由来生物の生物名と**系統関係**（lineage）が記入されている。図1.3に生物の**分類階級**とヒト・カバ・ヤマザクラ・大腸菌に対する系統関係を表現した**生物分類樹**の例を図示する。この木構造では，子ノードと親ノードの間にis-a関係の性質を満たす。たとえば，「サクラ属は，バラ科である」という性質は，"is-a（サクラ属，バラ科）"と表記される。

（7）"REFERENCE" 行には，先頭に付けられた番号でデータベース登録者と掲載ジャーナルの情報を区別している。AUTHOR行で，番号1は原則としてそのエントリの登録者（Submitter (s)），2以降の番号は論文の著者名を記録している。TITLE行で，番号1は"Direct Submission"がつねに表示，2以降の番号は論文のタイトル，あるいは，まだ出版されていない場合は予定されるタイトルを記録している。JOURNAL行で，番号1は1行目にはそのエントリの受付日（Accept Date），2行目以降には，コンタクトパーソンの氏名，所属等の情報を記入している。2以降の番号については，論文が出版

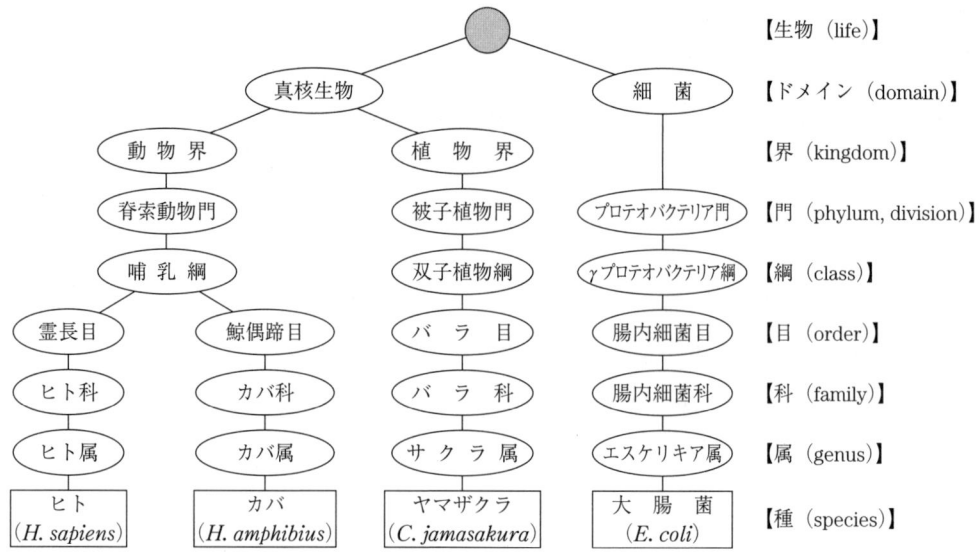

動物界では「門」を英語で phylum と呼び，植物界では「門」を division と呼んでいる．植物界では，「属」と「種」の間に「節（section）」がある．また，この例にはないが，ウイルスのみ「界」と「門」の間に「群（section）」がある．一部の細菌のみ，「門」と「綱」の間に「群」がある．これらの例外を除き，一般に，分類階級間に階級が必要になる場合は，基準となる分類階級から見て上位か下位かによって，階級名の先頭に「上（super）」「亜（sub）」などが付与される．

図1.3 ヒト・カバ・ヤマザクラ・大腸菌に対する系統関係を表現した生物分類樹の例

された場合，あるいは印刷中の場合には，論文の雑誌名等が記録されている．PUBMED 行には，**生物医学論文データベース** PubMed に登録されている関連論文 ID（PMID）のリストが記録されている．

（8）"COMMENT" 行では，つぎの（9）で記述できないその他の情報やコメントを記録している．

（9）"FEATURES/Location/Qualifiers" 行では，塩基配列の生物学的な特徴について，Feature key（特徴を表す項目）ごとに，Location（配列上の位置情報）および Qualifier（特徴をさらに特定する項目）で記録している．Feature key は，source，CDS，rRNA，variation，conflict などの多くのキーワードを用いて，特徴を記録している．その中の source 行では，由来生物の特徴が記録されている．CDS や rRNA などの行では，配列の中の一定の領域が持つ生物学的機能が記録されている．塩基配列の翻訳により得られた**アミノ酸配列**は，CDS 行の /translation の箇所に記録されている．variation，conflict などの行には，配列の差違や変更が記録されている．

（10）"BASE COUNT" 行には，塩基配列に含まれる各塩基の出現数が記録されている．

（11）"ORIGIN" 行では，塩基配列をすべて小文字で記録している．10塩基ごとにスペースで区切られ，60塩基ごとに改行している．

実際の塩基配列データについては，DDBJ の Web サイト[11] に直接アクセスし，getentry や ARSA などの公開検索系システムから閲覧されたい。getentry は，アクセッション番号等の ID を検索キーとするエントリ（レコード）検索システムであり，ARSA は，キーワードを検索キーとする全文検索システムである。**全文検索**には，**Aho-Corasick アルゴリズム**[12]（エイホ・コラシック法による**文字列探索アルゴリズム**）を拡張した **SIGMA アルゴリズム**[13] が利用されている。

さて，DDBJ では，登録系システムを用いて，研究者などから頻繁に送られてくる塩基配列データをデータベースに格納するために，**RDBMS**（relational database management system：**関係データベース管理システム**）を使用している。公開形式である DDBJ フラットファイル形式の塩基配列データは，RDBMS に登録された塩基配列データベースから生成される。なお，RDBMS には PostgreSQL と呼ばれるシステムが採用されている。

研究者に提供している検索サービスは，getentry や ARSA などにより実施されているが，このシステムでは，ID を検索キーとして DDBJ フラットファイル形式の塩基配列データを検索するために，**キーバリュー型**（key value store）のデータベース管理システムが利用されている[10]。このデータベース管理システムは，Berkeley DB と呼ばれるもので，SQL を提供する RDBMS に分類されておらず，**NoSQL**（not only SQL）に分類されている。

> **コラム**
>
> **コドンとアミノ酸**
>
> タンパク質の合成過程では，DNA 上でつぎつぎと認識されるコドン（連続する三つのヌクレオチドに含まれる 3 塩基）は mRNA 塩基配列として読み取られ，生体内の翻訳装置の中で，mRNA 塩基配列の各塩基はアミノ酸に翻訳される。アミノ酸は 20 種類存在する。**図 1** は，この翻訳の対応関係（コドンとアミノ酸の対応関係）であり，**遺伝暗号**あるいは**遺伝コード**と呼ばれる。
>
>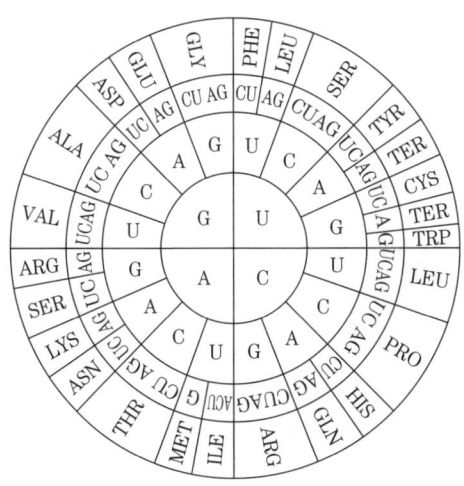
>
> たとえば，中心円内の "U" から外側の円に向かって組み合わせられる文字列 <UGU> や <UGC> は，CYS（cystein, システイン）となる。
>
> 図 1　遺伝暗号

1.4 モチーフデータベース

タンパク質どうしの相互作用にかかわる**活性部位**（active site）は，多くの場合，タンパク質の機能や立体構造と深い関係があり，進化の過程で保存されてきた部位である。その部位が含まれる配列を集めてみると，ある種の特徴的な配列パターンを形成していることがわかる。タンパク質ファミリーや進化的に類縁関係にあるタンパク質の集まりから抽出される配列パターンは，**配列モチーフ**（sequence motif）あるいは単に**モチーフ**（motif）と呼ばれている。ただし，ある配列データが特定のタンパク質ファミリーのメンバであるかどうかの境界の設定は研究者の裁量に委ねられている。

配列モチーフを見つけ出すには，配列データの集まりから計算する**多重整列化**（multiple alignment：マルチプルアラインメント）の役割が大きい。多重整列化については，2.3 節および 3.2 節で紹介する。文献等で報告されたタンパク質の配列モチーフを集めて構築されたデータベースは，**モチーフデータベース**（motif database）あるいは**モチーフライブラリー**（motif library）と呼ばれている。一般に，配列モチーフは多様な表現形態をとっており，配列モチーフの表現方法としては，正規表現，コンセンサス配列，位置依存スコア行列，プロファイル HMM などが知られている。これらの詳細は，3.3 節で紹介する。以下では，タンパク質のアミノ酸配列に関するモチーフデータベースについて簡単に紹介する。

PROSITE[14],[15] は，SIB（Swiss Institute of Bioinformatics：スイスバイオインフォマティクス研究所）が公開するモチーフデータベースであり，専門家によって管理されており，文献上に公開されたタンパク質の配列モチーフを注意深く手作業で選択したものである。配列モチーフの表現には，**正規表現**や**位置依存スコア行列**が使われている。図 1.4 は，正規表現の例である。一般に，正規表現は，人間にとって位置依存スコア行列よりもわかりやすい。

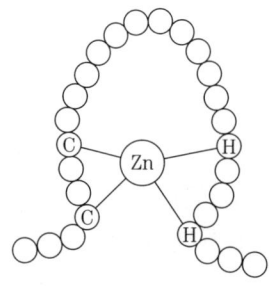

この正規表現は，以下の形式の配列パターンとして知られている。
<C-x(2, 4)C-x(3)-[LIVMFYWC]-x(8)-H-x(3, 5)-H>

図 1.4　正規表現の例：Zinc Finger DNA 結合部位の構造

Pfam[16), 17)]は，英国の Trust Sanger Institute（トラストサンガー研究所）が公開するモチーフデータベースであり，そのデータベースには，タンパク質ファミリーの多重整列を計算することにより抽出された配列モチーフ（Pfam では**ドメイン**と呼んでいる）が蓄積されている。Pfam には，Pfam-A と Pfam-B がある。Pfam-A は，多重整列（ある程度専門家の手作業による編集が加えられている）から配列モチーフを抽出したデータベースである。配列モチーフは，3.3 節で紹介するプロファイル HMM によって表現されている。Pfam-B は，ProDom（UniProt の配列データから抽出されたタンパク質ファミリー）から配列モチーフをクラスタ法で自動的に同定したデータベースである。このため，Pfam-A よりも品質の低いデータベースである。

1.5 タンパク質立体構造データベース

タンパク質立体構造データベース（protein 3D-structure database）には，タンパク質のX線結晶構造解析（X ray crystal structural analysis），**核磁気共鳴**（nuclear magnetic resonance, **NMR**）で得られた3次元座標配列データ，アミノ酸配列と二次構造の情報，文献情報，熱ゆらぎに関する情報や解像度などが登録されている。また，DNA，RNA などの核酸の立体構造や，複数の分子の複合体の立体構造なども登録されている。タンパク質立体構造データベースの管理・運営を行う組織は，一般に **PDB**（protein data bank）と呼ばれる。

国際的な **PDB** データベースの維持・管理・サービスを国際協力により実施する組織は，**wwPDB**（worldwide PDB：国際蛋白質構造データバンク）と呼ばれている。wwPDB[18)]の組織は，日本の大阪大学蛋白質研究所に設置されている **PDBj**[19)]（protein data bank Japan），米国の **RCSB-PDB**（research collaborator for structural bioinformatics-PDB）と **BMRB**（biological magnetic resonance data bank），欧州の **PDBe**（EMBL-EBI's protein data bank in Europe）により結成されている。

PDB データベースは，複数の**フラットファイル**からなり，各フラットファイルには，エントリと呼ばれる1件のデータが格納される。**図 1.5** は，PDB データベースの代表的な公開形式の概略を図示したものである。図の公開形式は，PDB データベースに登録されている各エントリを表現するものであり，**PDB フォーマット**（PDB format）と呼ばれている[18)〜20)]。

PDB フォーマットは，1〜6列に（6文字以内で）表記される予約語（レコード名と呼ばれている）が44個あり，DDBJ フォーマットの11個に比べて多い。このため，PDB フォーマットでは，それらのレコード名を**セクション**（section）という単位で便宜的に分類している。これらのセクションの名前は，図の破線で囲んだ名前に相当するが，PDB データベースの各エントリの表現に直接利用されることはない。1件のデータ（エントリ）は，図の

10   1. ゲノム情報のデータベース

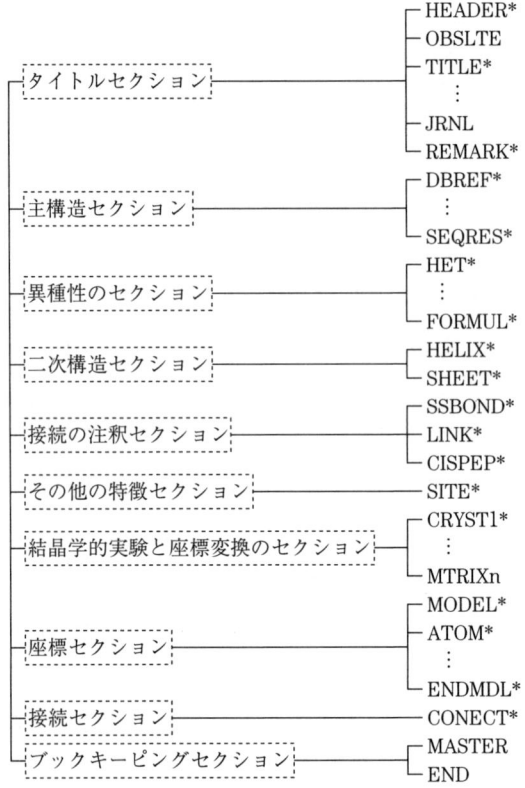

＊は，繰り返しを表す項目であることを意味する。

図 1.5　公開形式の PDB フォーマット

"HEADER" 行から "END" 行までのそれぞれの行を用いて表現されている。また，各行は 80 文字で構成されている。以下に，各セクションの概要について紹介する。

（1）タイトルセクション（title section）では，予約語として "HEADER"，"OBSLTE"，"TITLE"，"SPLIT"，"CAVEAT"，"COMPND"，"SOURCE"，"KEYWDS"，"EXPDTA"，"AUTHOR"，"REVDAT"，"SPRSDE"，"JRNL"，"REMARK" のそれぞれの行を用いて，このエントリに掲載される実験や生体高分子に対する附属情報が記録されている。

（2）主構造セクション（primary structure section）では，生体高分子を構成する鎖のそれぞれに対するアミノ酸配列が記録されている。

（3）異種性のセクション（heterogen section）では，このエントリに記録される非標準残基の詳しい説明が行われている。

（4）二次構造セクション（secondary structure section）では，タンパク質とペプチドの構造で見られる**ヘリックス**（helix）や**シート**（sheet）の情報が記録されている。

（5）接続の注釈セクション（connectivity annotation section）では，アミノ酸間のジス

ルフィド結合や他の結合が存在する場所が記録されている。

（6） その他の特徴セクション（miscellaneous features section）では，分子内の特徴，たとえば，活性部位の非標準残基またはアセンブリを取り巻く環境等が記録されている。

（7） 結晶学的実験と座標変換のセクション（crystallographic and coordinate transformation section）では，結晶学的実験の幾何学的配置と座標系変換が記録されている。

（8） 座標セクション（coordinate section）では，タンパク質立体構造の原子座標の配列が記録されている。予約語"ATOM"によって，**各原子**の座標に関するデータが記録されている。また，複数の**ポリペプチド鎖**（polypeptide chain）がある場合は，予約語"TER"を含む行によって区切られている。また，一つのエントリ内に複数のモデルが提供されている場合に備え，予約語"MODEL"で始まり，予約語"ENDMDL"で終了する行が含まれている。

（9） 接続セクション（connectivity section）では，蛋白質分子間の接続ではなく，原子間の接続性に関する情報が記録されている。

（10） ブックキーピングセクション（bookkeeping section）では，フラットファイル（エントリ）自体に関するいくつかの情報が記入されている。どのエントリも，最後の行には予約語として"END"が記入されている。

表 1.1 は，（8）に分類される"ATOM"行において，各列の意味をまとめたものである。この表をもとに，以下のデータの意味について，考えてみよう。

```
         1         2         3         4         5         6
1234567890123456789012345678901234567890123456789012345678901234567890…
ATOM    108   CA  GLY A  13      11.982  37.996 -26.241…
```

これは，108番目の通し番号を持つ原子で，C_α 原子，グリシン（glycine），ポリペプチド鎖の識別名（chain identifier）は"A"，アミノ酸残基の番号は13，原子の座標は，(11.982, 37.996, -26.241) などを表している。

表 1.1 ATOM 行の構成

開始列	終了列	定義	開始列	終了列	定義
1	6	予約語として"ATOM"を記入	31	38	原子の x 座標の値（単位はÅ）
7	11	配列中の原子の通し番号	39	46	原子の y 座標の値（単位はÅ）
13	16	原子名	47	54	原子の z 座標の値（単位はÅ）
17	17	Alternate 位置識別子	55	60	占有率
18	20	アミノ酸残基名	61	66	温度因子
22	22	ポリペプチド鎖の識別名	77	78	元素番号
23	26	アミノ酸残基の番号	79	80	原子の電荷
27	27	アミノ酸残基の挿入コード			

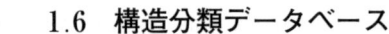

1.6 構造分類データベース

タンパク質立体構造分類データベースとは，立体構造の類似性を用いて分類されたデータベースである[21]。代表的なデータベースには，分類が手作業で行われている SCOP[25]，半自動で行われている CATH[29]，全自動で行われている FSSP[32]（EBI が公開）などがある。

タンパク質の分類では**ドメイン**（domain）という単位が注目されている。一般に，ドメインとは，タンパク質の配列の一部分あるいは立体構造の一部分であり，進化的に保存された領域であると同時に機能を持つ領域を意味する[22]。ドメインには**構造ドメイン**と**機能ドメイン**がある。両者は必ずしも一致しない。構造ドメインとは，タンパク質主鎖の折りたたみ構造（フォールド）が繰り返し出現する部分構造（空間的にまとまった構造）を意味する。構造ドメインの長さは，平均 100 残基で，多くは 200 残基以下だが，まれに 300 残基を超えるものもある。機能ドメインについては，生物学的機能を発現する連続領域を意味し，実験的な測定により同定されることが多い。

タンパク質立体構造データベースを分類する際，二つの構造の空間的な比較が基本になる。それぞれの構造の見る位置や角度によって，両者が類似しているように見えたり，類似していないように見えたりすることがある。このような事情により，構造分類では，構造ドメインが採用されている。しかし，構造ドメインを見つけ出すには大きな計算量を要するため，実際は，球状に集まっている部分構造を構造ドメインとして利用している[23]。

構造ドメインには，ドメイン本来の進化的，機能的な単位は考慮されていないため，それらの単位を考慮する方法の違いにより，構造分類の結果に違いが出ることがある。SCOP では，構造ドメインのほかに機能ドメインなどにも着目して分類を行う傾向にあるが，CATH では単に構造ドメインを採用している[21),22]。以下では，SCOP と CATH のそれぞれについて概観するが，ドメインやフォールドの概念は流動的であることを記しておきたい。

1.6.1 SCOP

SCOP データベースは，英国のケンブリッジにある MRC 研究所のムルジン（Alexey G. Murzin）らが 1994 年に構築を始めたものである[24),25]。現在に至るまで，立体構造分類の専門家が，すべての立体構造のデータを手作業で分類している。生物分類樹は，生物種を**形態学**（morphology）的な類似性に着目して階層的に分類した木であるのに対して，SCOP データベースは，タンパク質を相同性（進化的な近さ）に着目して階層的に分類した木である。

図 1.6 に，立体構造を分類するための階層木の一部を図示する[26]。ドメイン（domain）の階層から始まり，上位階層に向かって，**ファミリー**（family），**スーパーファミリー**

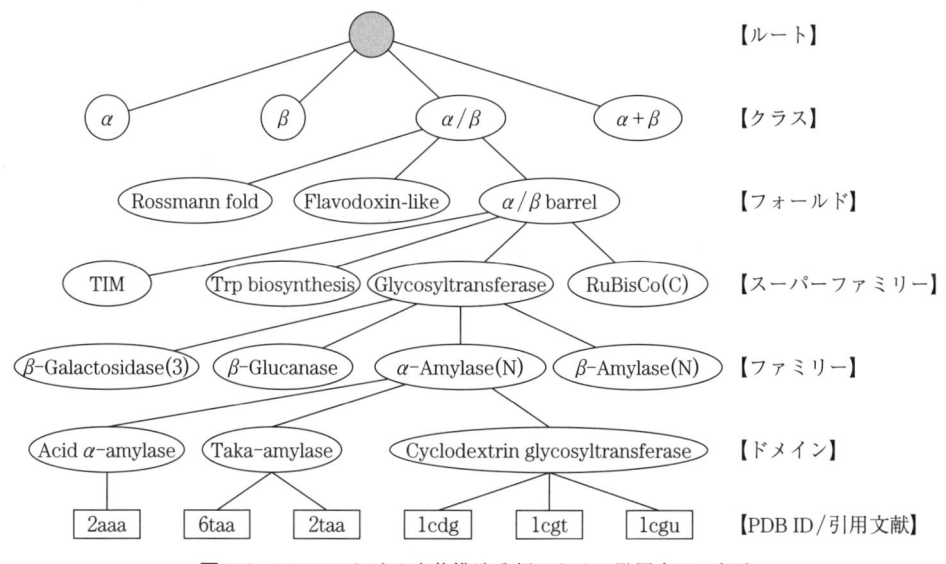

図 1.6　SCOP における立体構造分類のための階層木の一部分

(superfamily)，**フォールド**（fold），最上位の**クラス**（class）に至る。同じドメインのグループに分類されるタンパク質はドメイン階層の下にまとめられている。以下では，これらの分類階層について紹介する。

(1)　クラス階層では，タンパク質に含まれる二次構造要素の構成比により，複数のグループに分類する。ただし，αヘリックスとβストランドの含量がおおよそ半々の場合には，別に定めている。現在，全部で 11 種類のグループ（a～k）が存在するが，全体の 88％は下記の a～d のどれかのグループに所属する。

    a．すべてαヘリックス（all alpha proteins）のグループ
    b．すべてβシート（all beta proteins）のグループ
    c．おもに並行βシート（$\beta \Rightarrow \alpha \Rightarrow \beta$の単位）が出現するグループ
    d．おもに逆並行βシート（αヘリックスとβシートは分離）が出現するグループ

(2)　フォールド階層では，主鎖のおおまかな折りたたみ構造が似ている構造ドメインを同じグループに分類する．

(3)　スーパーファミリー階層では，アミノ酸配列には明らかな類似性は見られないが，多くの場合，構造や機能に共通の祖先を持つと思われるタンパク質を同じグループに分類する。この階層で，同じグループに分類されるタンパク質は相同である。

(4)　ファミリー階層では，共通の進化的祖先を持つタンパク質を同じグループに分類する。すなわち，同じグループに分類されるすべてのタンパク質には，アミノ酸配列に十分な類似性があり，機能的にも構造的にもきわめてよく似ている。すなわち，この階層で，同じグループに分類されるタンパク質は相同である。

（5）ドメイン階層では，ファミリー階層の中で同じドメインのタンパク質（本質的に同じタンパク質）を同じグループに分類する。

SCOPでは，構造分類データベース中のタンパク質に **SCCS**（concise classification strings）と呼ばれる文字列が付与されている[27]。この文字列により，四つの分類階層（クラス，フォールド，スーパーファミリー，ファミリー）のそれぞれにおけるグループを簡単に識別することができる。たとえば，ヒト・ホスホジエステラーゼ（human phosphodiesterase）の触媒ドメイン（catalytic domain）のPDB IDは，1f0j（A鎖）であり，そのSCCSは"a.125.1.1"である。"a"はクラス階層のグループ（all alpha proteins）を意味する。"125"は"a"の下のフォールド階層のグループ番号，つぎの"1"は"a.125"の下のスーパーファミリー階層のグループ番号，最後の"1"は"a.125.1"の下のファミリー階層のグループ番号を意味する。さらに興味のある読者は，SCOPデータベースのWebサイト[25]を参照されたい。

このほか，分類階層ごとに，sunidと呼ばれる識別番号がタンパク質ドメインに付与されている。上記の例において，クラス階層では53931，フォールド階層では55908，スーパーファミリー階層では55909，ファミリー階層では55910などが付与されている。

1.6.2 CATH

CATHデータベースは，英国のロンドン大学のオレンゴ（Christine Orengo）らが1997年に開発したものである[28),29)]。彼らは，タンパク質立体構造データが増加し続けていることを踏まえ，すべてのタンパク質を手作業で分類するアプローチをとらずに，半自動で分類する方法を採用している。分類階層は，SCOPに準拠しており，**クラス**（class, C），**アーキテクチャ**（architecture, A），**トポロジー**（topology, T），**相同スーパーファミリー**（homologous superfamily, H），**配列ファミリー**（sequence family）の5階層をとっている。CATHという名称は，英語表記のそれぞれの階層の頭文字に由来している。以下に各階層の概要を紹介する。

（1）クラス階層

α ヘリックスと β シートの相対的な含有量に着目しており，立体構造は，以下の4グループに分類されている。

① α ヘリックスが主体

② β シートが主体

③ α ヘリックスと β シートが混在

④ その他

上記の③の混在型のグループでは，SCOPのクラス階層におけるcとdのグループを

同一グループと見ている。

（2） アーキテクチャ階層

上位のクラス階層で同じグループに分類されたタンパク質に対して，二次構造のつながり方は無視し，同じ形状のドメインを同じグループに分類する。しかし，構造的には似ているが，相同であるという保証はない。

（3） トポロジー階層

SCOP のフォールド階層と同じである。全体の形状と二次構造のつながり方の両方を考慮してフォールドのグループ化が行われる。グループ化には，**構造比較**（structure comparison）**プログラム**の SSAP[30]) や CATHEDRAL[31]) が用いられる。

（4） 相同スーパーファミリー階層

この階層以下では，進化的類縁関係を証拠として手動で分類が行われる。ただし，進化的類縁関係とは，配列，構造，機能からの基準が少なくとも二つ守られていることを意味する。SCOP のスーパーファミリー階層と同じである。この階層におけるグループ内タンパク質の類似性は，SSAP を用いて，配列あるいは構造の比較によって同定される。

（5） 配列ファミリー階層

SCOP のファミリーとほぼ一致する。

タンパク質ドメインには，SCOP の SCCS と似たような分類コード（CATH code）が付与されている。たとえば，あるタンパク質の CATH code が 3.20.20.10 のとき，そのタンパク質は，クラス階層で 3（③ α ヘリックスと β シートが混在）のグループ，3 の下のアーキテクチャ階層で 20（barrel）のグループ，3.20 の下のトポロジー階層で 20（TIM barrel）のグループ，3.20.20 の下の相同スーパーファミリー階層で 10（Alanine racemase）のグループに所属していることを意味する。さらに興味ある読者は，CATH データベースの Web サイト[29]) を参照されたい。

1.7 さまざまなデータベース

これまでに紹介したデータベースのほかにも数多くのデータベースが公開されている。アミノ酸配列データベース，パスウェイデータベース，文献データベースなどはその代表であろう。

アミノ酸配列データベースは，アミノ酸の配列情報とその説明，文献情報などを記載したデータベースであり，古くから **PIR**（Protein Information Resource）や **Swiss-Prot** などが知られている。PIR[33]) は，米国の **NBRF**（National Biomedical Research Foundation）に所属していた Margarett O. Dayhoff がアミノ酸配列と分子進化の解析結果を収集し，Atlas of

Protein Sequence and Structure としてまとめたものである。これが NBRF でデータベース化され，米国の **NIH**（National Institute of Helth）の支援を受けて，データベースに発展した。Swiss-Prot[34] は，スイスの **SIB**（Swiss Institute of Bioinformatics）と EBI が共同で管理しているアノテーション付きのアミノ酸配列データベースとして知られている。タンパク質の機能，ドメイン構造などの高水準のアノテーションが特徴である。PIR や Swiss-Prot は，現在，**UniProtKB**[35]（UniProt Knowledgebase）に統合されている。なお，**UniProt**（Universal Protein Resource）は，EBI, SIB, PIR が参加するコンソーシアムを意味する。

パスウェイデータベース（pathway database）は，酵素と基質のように，複数の分子の間の相互作用のネットワークを系統的に集積してデータベース化したもので，代表的なものに，京都大学で開発された **KEGG**[36],[37]（Kyoto Encyclopedia of Genes and Genomes），**Ecocyc**[38]，**WIT**[39]（What Is There）などがある。KEGG には，代謝経路を中心に，シグナル伝達系やヒトの疾患に関係したパスウェイなどが保存されている。

文献データベースとしては，医学分野で世界最大の **MEDLINE**（Medical Literature Analysis and Retrieval System Online, MEDLARS Online）が 1966 年から米国の国立医学図書館（National Library of Medicine, NLM）で構築されている[40]。MEDLINE は，生命科学や医学関連の文献情報を収集したオンラインデータベースであり，1997 年 6 月から PubMed という名称で無料公開されている。

1.8 オントロジー

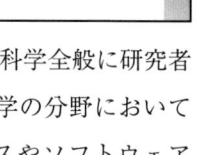

計算機の処理能力や新しい計算手法の進歩は，生物学や医学などを含む科学全般に研究者の研究アプローチを大きく変化させてきたことは明らかである。生物医学の分野においても，研究者らは，**オントロジー**（ontology）として知られる知識リソースやソフトウェアツールを開発し，それらを利用することにより，実りある成果を得てきた。

オントロジーとは，複数の研究分野に関わる問題解決を容易にするために，異分野間で使用されている用語を意味概念に基づき体系的に整理したものである。生命科学で階層的関係を持つ用語を **is-a**（下位上位）や **part-of**（部分全体）などの関係で整理した有向グラフは，よく知られているオントロジーである。**生物分類樹**は **is-a** の関係で表現されたオントロジーとみなせる。オントロジーを利用することにより，研究者は異分野の文献中に出現する用語に対する誤解や混乱から回避することが可能となる。また，異種データベースの統合分析や異分野で開発されたソフトウェアツールを利用する際に，本質的な誤りから回避することが可能となる。

たとえば，遺伝子機能の研究[21]においては，遺伝子の破壊に着目する研究者，他の分子との相互作用に着目する研究者，特定の組織や器官の発現に着目する研究者がおり，それらの研究者間で共通の遺伝子機能の表現はない。このように，遺伝子機能の研究では，異分野の研究者の集まりによって遂行されているため，オントロジーの構築が重要である。

もう一つの例としては，データベース構築が挙げられる。現存する複数のデータベースから関連する情報を探し出したり，統合分析したりするのはそれほど簡単なことではない。現存するデータベースの SCOP や CATH などを見てもわかるように，それらは異なる研究者によって構築されたものであり，データベース間には，さまざまな**異種性**（heterogeneity）や**矛盾**（inconsistency）が存在する[41)〜43)]。異種データベースの統合利用を踏まえたオントロジーの構築は，そのような問題を解消するために有効であろう。

このように，目的に合致したオントロジーは，異分野にまたがった研究やデータベースの統合利用を容易にするが，そのオントロジーを構築するには，さまざまな領域の意味概念を利用し，**語彙の衝突**（term collision）や違いを調整するソフトウェアシステムが必要である。

遺伝子オントロジーコンソーシアム[44)]（Gene Ontology Consortium, GOC）は，遺伝子，遺伝子産物，配列の注釈付けのためのオントロジーの開発・維持・利用を 1988 年以来継続しており，2000 年代に入ってから，設立当時の 3 モデル生物データベース（マウス，酵母，ハエ）から植物，動物および微生物のゲノムへと拡大している[45)]。その中で，GOC は，**OBO-Edit** と呼ばれる**オントロジー編集システム**を開発している[46)]。OBO-Edit は，生物学分野の専門家に対して，オントロジーの表示，検索，編集の機能を提供しており，多くのオープンな生物医学オントロジーを開発するために利用されている。また，生物医学にセマンティック技術を普及させる科学組織として，2005 年に米国では **NCBO**（The National Center for Biomedical Ontology，国立生物医学オントロジーセンター）が設立されている。NCBO は，おもに，以下の四つの目的をもとに活動している[47),48)]。

（1） **生物医学オントロジー**（biomedical ontology）や用語のリポジトリ（一元的に保管する場所）を作成・維持する。

（2） オントロジーと用語の使用を可能にするためのソフトウェアツールや Web サービスを構築する。

（3） 当センターの研修生や科学界に対して，生物医学オントロジーやそれを扱う NCBO の技術を教育する。

（4） 生物医学におけるオントロジーや用語を開発・使用するグループと協力する。

なお，NCBO が提供している BioPortal（バイオポータル）と呼ばれる Web サイト[47)]では，270 以上の生物医学オントロジーと用語へのアクセスが可能である。

【引用・参考文献】

1) Douglas Laney：3D Data Management: Controlling Data Volume, Velocity and Variety, META Group Inc.（2001）
2) Chris Snijders, Uwe Matzat and Ulf-Dietrich Reips：'Big Data': Big gaps of knowledge in the field of Internet, International Journal of Internet Science, Vol. 7, No. 1, pp. 1-5（2012）
3) Villanova University：What is Big Data?　http://www.villanovau.com/university-online-programs/what-is-big-data/　†
4) 渡辺　格 監修，伊藤敏雄 訳：Newton special issue，ヒトゲノム解析計画 遺伝情報を解読する巨大プロジェクトの全容，教育社（1990）
5) 水島―菅野純子，菅野純夫：次世代シークエンサーの医療への応用と課題，モダンメディア，栄研化学，57巻，8号，pp. 225-229（2011）
6) 北上　始 編：現場と結ぶ教職シリーズ 一般教育の情報，あいり出版（2013）
7) 駒谷昇一，山川　修，中西通雄，北上　始，佐々木　整，湯瀬裕昭：情報とネットワーク社会，オーム社（2011）
8) 水島賢太郎：情報の表現と伝達，共立出版（2000）
9) Hajime Kitakami, Yukiko Yamazaki, Kazuho Ikeo, Yoshihiro Ugawa, Tadasu Shin-I, Naruya Saitou, Takashi Gojobori and Yoshio Tateno：Building and Search System for A Large-scale DNA Database, Frontiers in Artificial Intelligence and Applications, Vol. 22, IOS Press, pp. 123-138（1994）
10) Osamu Ogasawara, Jun Mashima, Yuichi Kodama, Eli Kaminuma, Yasukazu Nakamura, Kousaku Okubo and Toshihisa Takagi：DDBJ new system and service refactoring, Nucleic Acids Research, Vol. 41, Database issue D25-D29, published online 24 November 2012
11) 日本 DNA データバンク（DDBJ）：塩基配列データベース　http://www.ddbj.nig.ac.jp/intro-j.html
12) Aho, Alfred V. and Margaret J. Corasick：Efficient string matching: An aid to bibliographic search, Communications of the ACM, Vol. 18, No. 6, pp. 333-340（1975）
13) Setsuo Arikawa, Takeshi Shinohara, Shun-Ichi Takeya et al.：SIGMA: A Text Database Management System, Proceedings of Berliners Informatik-Tage, pp. 72-81（1989）
14) スイスバイオインフォマティクス研究所（SIB）：PROSITE　http://www.expasy.org/prosite/
15) Christian J. A. Sigrist, Edouard de Castro, Lorenzo Cerutti, Beatrice A. Cuche, Nicolas Hulo, Alan Bridge, Lydie Bougueleret and Ioannis Xenarios：New and continuing developments at PROSITE, Nucleic Acids Research, pp. 1-4, Nucleic Acids Research Advance Access（2012）
16) トラストサンガー研究所：Pfam　http://pfam.sanger.ac.uk/
17) Marco Punta, Penny C. Coggill, Ruth Y. Eberhardt, Jaina Mistry, John Tate, Chris Boursnell, Ningze Pang, Kristoffer Forslund, Goran Ceric, Jody Clements, Andreas Heger, Liisa Holm, Erik L. L. Sonnhammer, Sean R. Eddy, Alex Bateman and Robert D. Finn：The Pfam protein families

---

† 本書での URL はすべて 2014 年 8 月現在。

database, Nucleic Acids Research, Database Issue 40, D290-D301（2012）
18) 国際蛋白質構造データバンク：wwPDB　http://www.wwpdb.org/
19) 日本蛋白質構造データバンク：PDBj　http://pdbj.org/
20) 神谷成敏，肥後順一，福西快文，中村春木：タンパク質計算科学 基礎と創薬への応用，共立出版（2009）
21) 日本バイオインフォマティクス学会 編：バイオインフォマティクス事典，共立出版（2006）
22) 藤　博幸 編：はじめてのバイオインフォマティクス，講談社サイエンティフィック（2006）
23) 藤　博幸：タンパク質の立体構造入門，講談社（2010）
24) Alexey G. Murzin, Steven E. Brenner, Tim Hubbard and Cyrus Chothia：SCOP: a structural classification of proteins database for the investigation of sequences and structures, Journal of Molecular Biology, Vol. 247, Issue 4, pp. 536-540（1995）
25) 欧州バイオインフォマティクス研究所（EBI），スイスバイオインフォマティクス研究所（SIB）：SCOP　http://scop.mrc-lmb.cam.ac.uk/scop/
26) Tim J. P. Hubbard, Alexey G. Murzin, Steven E. Brenner and Cyrus Chothia：SCOP: a structural classification of proteins database, Nucleic Acids Research, Vol. 25, No. 1, pp. 236-239（1997）
27) Loredana Lo Conte, Steven E. Brenner, Tim J. P. Hubbard, Cyrus Chothia and Alexey Murzin：SCOP database in 2002: Refinements accommodate structural genomics, Nucleic Acids Research, Vol. 30, No. 1, pp. 264-267（2002）
28) Christine A. Orengo, A. D. Michie, S. Jones, D. T. Jones, M. B. Swindells and J. M. Thornton：CATH-a hierarchic classification of protein domain structures, Structure, Vol. 5, No. 8, pp. 1093-1108（1997）
29) 英国ロンドン大学：CATH　http://www.cathdb.info/
30) Christine A. Orengo and William R. Taylor：SSAP: sequential structure alignment program for protein structure comparison, Methods in Enzymology, Vol. 266, pp. 617-635（1996）
31) Oliver C. Redfern, Andrew Harrison, Tim Dallman, Frances M. G. Pearl and Christine A. Orengo：CATHEDRAL: A Fast and Effective Algorithm to Predict Folds and Domain Boundaries from Multidomain Protein Structures, PLoS computational Biology, Vol. 3, Issue 11, pp. 2333-2347（2007）
32) 欧州バイオインフォマティクス研究所：FSSP　http://www.ebi.ac.uk/dali/fssp/fssp.html
33) 米国ジョージタウン大学：PIR　http://pir.georgetown.edu/
34) スイスバイオインフォマティクス研究所（SIB），欧州バイオインフォマティクス研究所（EBI）：Swiss-Prot　http://www.expasy.org/sprot/
35) Michele Magrane and UniProt Consortium：UniProt Knowledgebase: a hub of integrated protein data, The Journal of Biological Databases and Curation, Oxford University Press, Vol. 2011, published online March 29, 2011
36) Minoru Kanehisa and Susumu Goto：KEGG: Kyoto Encyclopedia of Genes and Genomes, Nucleic Acids Research, Vol. 28, No. 1, pp. 27-30, Oxford University Press（2000）
37) 京都大学化学研究所：KEGG　http://www.genome.ad.jp/kegg/
38) Peter D. Karp, Monica Riley, Milton Saier, Ian T. Paulsen, Suzanne M. Paley and Alida Pellegrini-Toole：The EcoCyc and MetaCyc databases, Nucleic Acids Research, Vol. 28, No. 1, pp. 56-59, Oxford University Press（2000）

39) Ross Overbeek, Niels Larsen, Gordon D. Pusch, Mark D' Souza, Evgeni Selkov Jr, Nikos Kyrpides, Michael Fonstein, Natalia Maltsev and Evgeni Selkov：WIT: Integrated System for High-throughput Genome Sequence Analysis and Metabolic Reconstruction, Nucleic Acids Research, Vol. 28, No. 1, pp. 123-125（2000）
40) Beatriz Vincent, Maurice Vincent, Carlos Gil Ferreira：Making PubMed Searching Simple: Learning to Retrieve Medical Literature through Interactive Problem Solving, The Oncologist, Vol. 11, pp. 243-251（2006）
41) Amit P. Sheth, James A. Larson：Federated database systems for managing distributed, heterogeneous, and autonomous databases, ACM Computing Surveys, Vol. 22, No. 3, pp. 183-236（1990）
42) Stefano Ceri and Jennifer Widom：Managing Semantic Heterogeneity with Production Rules and Persistent Queues, Proceedings of the 19th International Conference on Very Large Data Bases, pp. 108-119, Morgan Kaufmann Publishers（1993）
43) Hajime Kitakami, Yasuma Mori, Msatoshi Arikawa and Akira Sato：An Integration Methodology for Autonomous Taxonomy Databases using Priorities, Proceedings of the 5th International Conference on Database Systems for Advanced Applications（DASFAA 1997）, Melbourne, pp. 243-251, World Scientific Publishing（1997）
44) 遺伝子オントロジーコンソーシアム：GOC　http://www.geneontology.org
45) The Gene Ontology Consortium：The Gene Ontology in 2010: extensions and refinements, Nucleic Acids Research, Vol. 38, Database issue D331-D335, Oxford University Press（2010）
46) John Day-Richter, Midori A. Harris and Melissa Haendel, The Gene Ontology OBO-Edit Working Group and Suzanna Lewis：OBO-Edit ― an ontology editor for biologists, Vol. 23, No. 16, pp. 2198-2200, Oxford University Press（2007）
47) 米国立生物医学オントロジーセンター：NCBO　http://www.bioontology.org/
48) Mark A. Musen, Natalya F. Noy, Nigam H. Shah, Patricia L. Whetzel, Christopher G. Chute, Margaret-Anne Story, Barry Smith and the NCBO team：The National Center for Biomedical Ontology, Journal of the American Medical Informatics Association, Vol. 19, pp. 190-195（2012）

2 ゲノム配列の決定と解析

本章では，ゲノムの塩基配列決定法について，従来のサンガー法と現在広く使われている次世代シークエンサーを説明したあと，それらに共通なショットガン法，ベースコール，リシークエンシング法を説明する．つぎに，ゲノム配列解析に必須である，BLASTなどの相同性検索，MISHIMAを中心とした多重整列化，塩基置換数の推定法，および同義置換数と非同義置換数の推定法について論じる．さらに，遺伝子予測に基づくゲノムアノテーションと，SNPの同定とその解析についても論じる．なお，2.1〜2.4節は斎藤成也の教科書：本章末引用・参考文献1），2）をもとにしている．

2.1 次世代シークエンサーとは

2.1.1 サンガー法

　生物のゲノム配列決定に現在広く用いられている，いわゆる「次世代シークエンサー」が本節の中心だが，その前に現在でもまだ多くの研究室で用いられているキャピラリー式のシークエンサーについて説明しよう．これはサンガー（Frederic Sanger，1918-2013）らが1970年代に開発したいわゆる**サンガー法**（Sanger's method）を用いている．この方法では，生物が持つDNAポリメラーゼ（DNAを伸長させる酵素）を使っていろいろな長さのDNAを作り，それらの長さの違いを電気泳動法で検出する．DNAはDNAポリメラーゼによって通常はどんどん伸びていくが，自然界に存在しないジデオキシリボースを少量加えておくと，この人工分子が取り込まれたDNA分子はその後の伸長反応が起こらないので，そこまでの長さのDNA分子が生成される．当初はこの長さの違いを数十cmもある大きなガラス板に入ったポリアクリルアミドゲルで電気泳動を行って測定していた．DNA分子の可視化は，リン（P）の放射性同位元素を含むヌクレオチドを使い，生成されたDNAが発する放射線を検出してX線写真を作成することで実現していた．その後，蛍光物質を付加したヌクレオチドを使って，その蛍光をレーザーで検出する自動シークエンサーが開発された．さらに，巨大なガラス板にはさまれたゲルから数十本の長く細いキャピラリーチューブに入った液内での電気泳動法が開発され，ヒトゲノム計画ではこれらマルチキャピラリー型の自動

シークエンサーが大活躍した。サンガー法の原理を**図 2.1** に示す。"AGTCAGGTCACTG" という 13 個のヌクレオチドからなる塩基配列を決定するために，この配列と相補的な 1〜13 個といういろいろな長さの塩基配列が生成される。末端の塩基がジデオキシリボースであり，放射性同位元素あるいは蛍光分子でラベルされている。これらの配列が混ざったサンプルを電気泳動することにより，梯子上のバンドが生じる。これらを読み取ることにより，塩基配列が決定される。

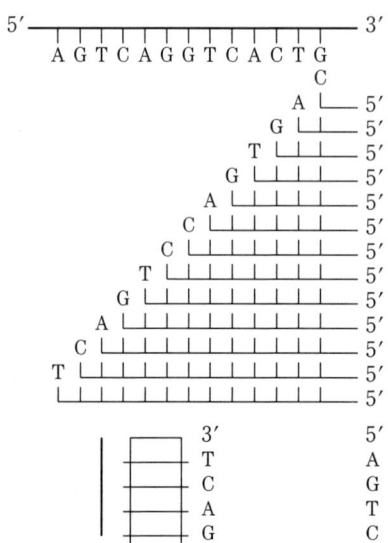

図 2.1 サンガー法の原理

なお，サンガー法が開発されたのと同じころに，まったく異なる原理（化学的に DNA の塩基配列を切断する）を用いるマクサム・ギルバート法も開発されたが，現在ではほとんど使われていない。

2.1.2 次世代シークエンス法

次世代シークエンス法（next generation sequencing methods）は，DNA ポリメラーゼを用いて DNA 合成を行うところはサンガー法と共通だが，生成された DNA 配列全体の長さを測るのではなく，一つずつヌクレオチドが結合されるたびに，その反応に対応するシグナルを発して，なんらかの検出システムでそれらのシグナルを連続的に得て，DNA の塩基配列を得るという原理を用いている。このため，この原理は**合成によるシークエンシング**（sequencing by synthesis）と呼ばれている。次世代シークエンサーの一つである 454（ロシェ社）はパイロシークエンシング法を用いているが，その原理を**図 2.2** に示す。ステップ 1 では，DNA ポリメラーゼが伸長しようとしている DNA の末端を認識すると，4 種類のヌクレオチドのどれか一つが存在すればステップ 2 に示す反応が起こり，1 塩基の伸長が生じ

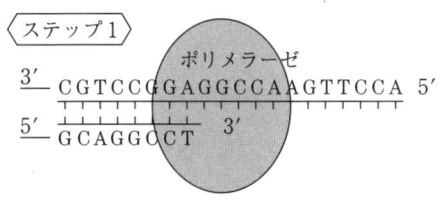
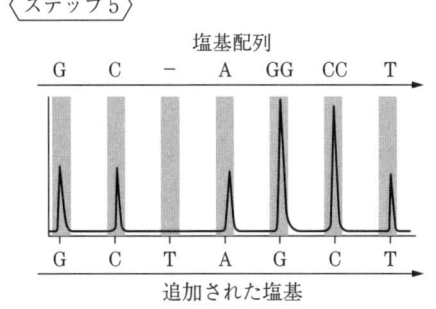
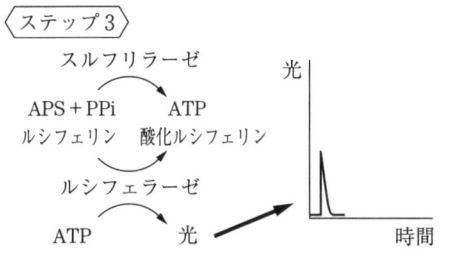

図 2.2 パイロシークエンシング法の原理

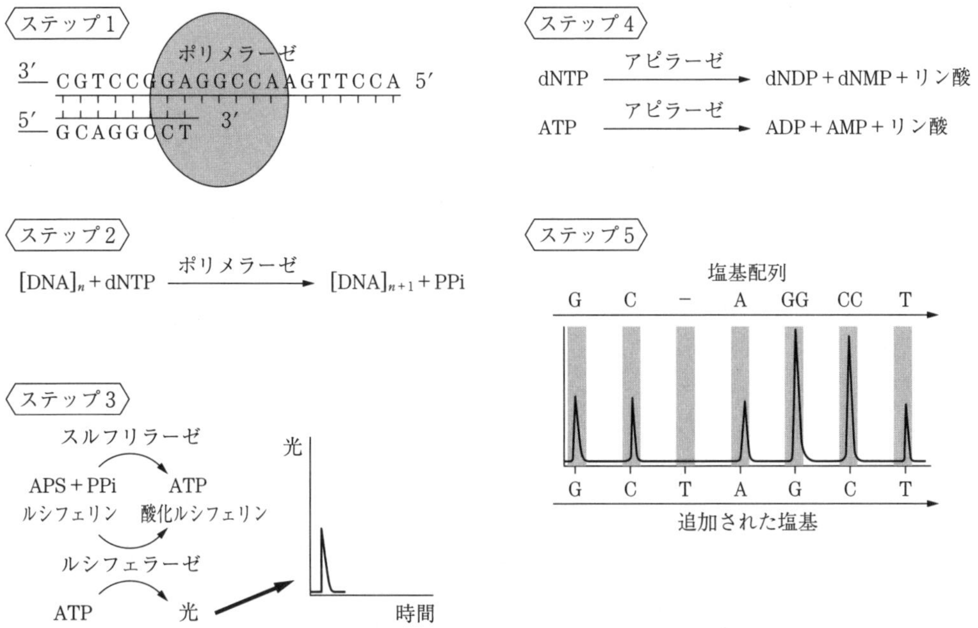

る．この反応で生じた分子（PPi）はステップ 3 に示す反応によって ATP に変換される際に，ルシフェリン＝ルシフェラーゼにより光を発する．この光を CCD カメラで検出する．ステップ 4 では，前のステップで反応に使われなかった化学物質を分解している．これらの反応を繰り返すことによって，ステップ 5 に示すように，塩基配列が決定される．

次世代シークエンサーには，454 のほかに Solexa（イルミナ社），SOLiD（ABI 社），Ion torrent（イオントレント社），PacBio（パシフィックバイオ社）などがある．検出に用いるシステムにはそれぞれの特徴がある．Solexa はつぎつぎに改善されており，配列生成量（スループット）が膨大なために，現在，最も広く使われている．また，PacBio は同じ DNA 分子を何度も読み直すことができるので，環状のバクテリアゲノムの配列決定には威力を発揮する．なお，日本では，大阪大学の川合知二らが開発した半導体技術を用いるシステムをもとにして，クオンタムバイオシステムズ社がシークエンサーの実用化をめざしている．

2.2　塩基配列決定における情報学的側面

2.2.1　ショットガン法

一つの実験で塩基配列を決定できる DNA 分子は，サンガー法の場合，700 塩基程度である．このため，もっとずっと長い DNA 分子の塩基配列を決定するには，これら比較的短い DNA 配列の情報を組み合わせて，長い配列（コンティグ（contig））を作成する必要がある．

最初に決定したDNA分子から始めて，少しずつ伸ばしていく方法がすぐに思い浮かぶが，この場合，時間がかかり，また塩基配列決定のためのシークエンスプライマーを一つの配列ごとに作成する手間もかかる。そこで1980年にサンガーらは，同一のシークエンスプライマーを用いて大量に短い塩基配列を生成し，それらをコンピュータ上でつなぎ合わせるというショットガン法（shotgun method）を考案した[3]。図2.3にこの方法の原理を示す。本来の長いDNA配列を，まず短いDNA断片に分断する。これには，制限酵素を用いて生物学的に切る場合と，超音波を用いて物理的に切る方法がある。もしも長大なDNA配列内に繰り返し配列（リピート配列）がほとんど存在しなければ，本来の長いDNAの長さの10倍ほどの総塩基数を短い配列で生成することにより，短配列どうしで重なっている部分をコンピュータで発見し，最終的につなぎ合わせることができる。このように，塩基配列は大量に決定しなければならないが，同一のプライマーを用いて短時間で配列を決定できるので，大容量メモリーのコンピュータを使える現在では，ゲノム全体をショットガン法で決定する「全ゲノムショットガン法」が広く用いられている。ただし，ヒトゲノムのように多数の繰り返し配列が存在する場合には，染色体まるごとが完全につながった長大な配列は得ることができない。この場合には，コンティグ（長い場合にはスーパーコンティグと呼ぶことがある）が数千個，数万個にとどまることがある。

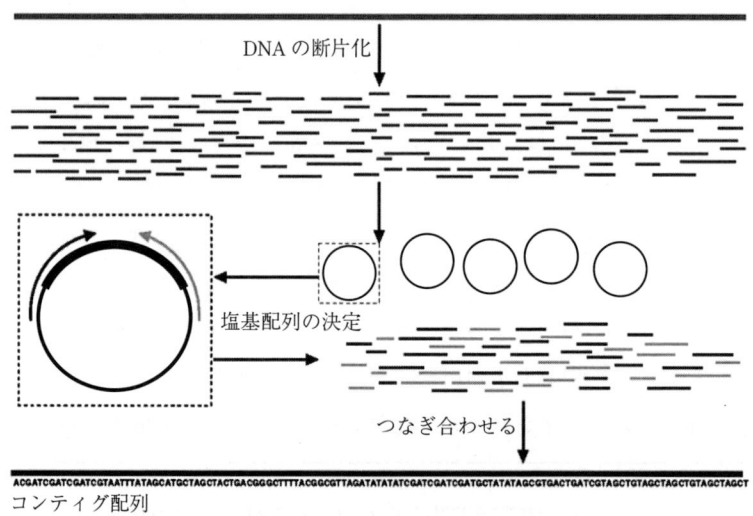

図2.3 ショットガン法の原理

2.2.2 リシークエンシング

一つの生物種内には多数の個体が存在し，それらは少しずつ遺伝的に異なっている。そこ

で，ヒトゲノムの場合，最初に膨大な予算を用いて一つのゲノムが決定されたあと，もっと安価に多数個体のゲノム配列を決定し，ヒトという生物種内の遺伝的多様性を調べることが行われた。ヒトに限らず，このように一つのゲノムを「参照ゲノム配列」としてまず決定しておき，そのあとに同種個体のゲノム配列をすべてあるいは部分的に決定することを**リシークエンシング**（resequencing）と呼ぶ。近縁種の個体をリシークエンシングすることもある。たとえば，チンパンジーゲノムはヒトゲノムと平均して1％程度しか異ならないので，ヒトゲノムを参照ゲノム配列として，全ゲノムショットガン法で生成された多数の短い塩基配列が相同性検索によりヒトゲノムで対応する配列にマップされている。

塩基配列を決定するシステムが4種類のヌクレオチドのどれかのシグナルを検出した場合，そのシグナルの正確性を示す尺度が必要となる。Greenらはこの尺度 Q（quality value）について，検出されたヌクレオチドが間違っている確率をデータから推定し，それを対数変換して，彼らが開発したソフトウェア phred/phrap/consed において，$-10 \log_{10} P_e$ と定義した[4]。例えば，エラーの確率が 0.001 の場合，Q は 30 になる。もともとはサンガー法で決定された塩基配列に対して定義されたものだが，次世代シークエンサーの時代になっても，この Q 値は使われている。リシークエンシングで得られた塩基配列を参照ゲノム配列にマップする際に，Q 値は重要な指標である。

ヒトゲノムの大部分が2003年に決定された前後に，ヒトゲノムの多様性を調べるHapMap計画が始まり，2005年には，東ユーラシア人（東京周辺の日本人と北京周辺の中国人），西ユーラシア人（ヨーロッパ人），およびアフリカ人（ナイジェリアのヨルバ族）について，ゲノム中の多数の配列をリシークエンシングして多様性が調べられた。現在では次世代シークエンサーの導入により，個人のゲノム配列をリシークエンシングする費用は100万円前後になっており，数年後にはさらに数十万円，数万円と急速にコストダウンしていくことが期待される。

ヒトゲノム参照配列は，単一の塩基配列になっているが，実際の人間は父方と母方の両方からゲノムを受け継ぐ二倍体である。このため，個人のゲノム（personal genome）配列が決定されると，両親から受け継いだ2本の染色体の塩基配列を区別する必要が生じる。これは遺伝学では昔からよく知られた問題であり，**図2.4**にその概念を示した。2個の塩基サイトでSNP（single nucleotide polymorphism）が存在すると，それらの塩基の連なりの関係は

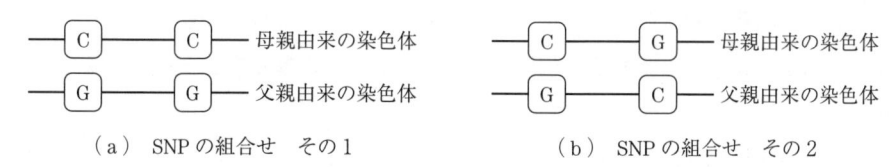

```
—[C]—[C]— 母親由来の染色体        —[C]—[G]— 母親由来の染色体
—[G]—[G]— 父親由来の染色体        —[G]—[C]— 父親由来の染色体
    （a） SNPの組合せ　その1          （b） SNPの組合せ　その2
```

図2.4　2本の染色体の塩基配列の区別

2種類があり得る。これらを識別することは，そう簡単ではない。理想的には両親と子供のゲノム配列があればよいが，親子のゲノムデータがない場合は，同一集団の多数個体のゲノム配列から集団遺伝学理論を用いて推定する方法がとられる。

2.3 相同性検索と多重整列化

2.3.1 相同性とは

2個の遺伝子の塩基配列を比較したとき，それらがある程度以上の割合で一致していれば，両方の遺伝子が共通祖先遺伝子から由来していることは，ほとんど確実である。その理由は，似かよった遺伝子の配列が偶然に生まれる確率が，無視できるくらい小さいからである。たとえば，300個のアミノ酸からなるあるタンパク質を2種類の生物で比較してみたら，そのうち半分の150個が同一であったとしよう。20種類のアミノ酸がみな同じ頻度であるという単純化した条件のもとではあるが，このような一致が偶然に起こるのはきわめて小さい確率でしかない。このような場合，二つのタンパク質が独立に進化してきたのではなく，共通の祖先遺伝子から進化したと考えてまず間違いない。このとき，これらの配列は「相同である」(homologous)と呼ぶ。相同という概念は，もともとは比較解剖学者のオーウェン(Richard Owen, 1804-1892)が相似(analogy)と対にして，進化的な考察なしに提唱した。その後，進化論が確立し，異なる生物種において祖先を共有する形質のあいだの関係という定義になった。アミノ酸配列や塩基配列などの配列データを用いるようになると，相同の概念はより客観的に，より明確になった。その大きな理由は，配列という位置情報が保存されているものが対象となったからである。逆位などが生じなければ，共通祖先から由来した複数の配列は，各サイトごとに相同性を定義できる。

2.3.2 相同性検索の原理

塩基配列データベースもしくはアミノ酸配列データベースを検索し，自分の興味のある配列（**問合せ配列**（query sequence））と一定基準以上の類似度を持つ配列を発見することが，**相同性検索**（homology search）である。たとえば，100塩基からなる2個の塩基配列が80サイトで同じ塩基を持っている場合，それらが偶然に一致している確率はほとんど0に近いので，これらの塩基配列は共通祖先から由来した，すなわち相同だと考えてよい。これが相同性検索の基本的な考え方である。相同性検索は，本書の3章で論じられる類似性検索と深く関連する。

実際に相同性検索を行うソフトウェアとしては，FASTA, BLAST, BLATなどが存在する。これらのうち，汎用性と計算速度から，現在BLASTが広く使われている。基本的には

短い塩基配列の一致/不一致をチェックして，一致する部分を発見するとその前後を検索し，一致していればさらにその前後を調べるというように，長さを伸ばしていくのである。なお，タンパク質のアミノ酸配列を相同性検索する場合には，特定のアミノ酸置換行列を与える必要がある。

2.3.3 BLAST

相同性検索システム BLAST は，1990 年に最初に発表されて以来，長年にわたって米国の NCBI（National Center for Biotechnology Information）で開発され改良されてきたものである。"Basic Local Alignment Search Tool" の略称ということになっているが，英語の単語としては突風や爆風という意味があり，急速に求める配列を得られるシステムという意味が込められているようである。**表2.1**に示すように，相同性を調べようとするクエリー配列と対象データベースの組合せによって，5種類のプログラムが用意されている。BLAST システムの原理は以下のようなものである。通常，数百から数千の塩基からなるクエリー配列から10個前後の短い配列を選び，それと一致する対象データベース中の配列を探索する。クエリー配列上で連続する短配列がデータベースに見つかったら，それらをもとにさらにデータベース配列の上流と下流に伸ばしていく。

表 2.1 5種類のBLAST ソフトウェアにおけるクエリー配列と対象データベースの組合せ

ソフトウェア	クエリー配列	対象データベース
BLASTN	塩基配列	塩基配列
BLASTP	アミノ酸配列	アミノ酸配列
BLASTX	塩基配列*	アミノ酸配列
TBLASTN	アミノ酸配列	塩基配列*
TBLASTX	塩基配列*	塩基配列*

＊ 自動的にアミノ酸配列に翻訳される。

BLAST システムは，クエリー配列と似かよったデータベース中の配列の一致が偶然発見される期待値（E値）を与える。対象データベースが巨大である場合，クエリー配列と似かよった配列がそこで見つかる確率は，配列が短いと無視できなくなる。そこでこのような E 値が計算される。BLAST システムについて詳しくは，NCBI のウェブサイト（http://blast.ncbi.nlm.nih.gov/Blast.cgi）を参照されたい。また，BLAST アルゴリズムについての詳しい説明は 3.1.2 項〔4〕（b）を参照されたい。

2.3.4 2個の配列を整列化する原理

相同だと考えられる配列が見出されると，つぎに必要なのは，それらの整列化（alignment）である。具体例として，**図2.5**で示した2本の配列間の整列化を考えてみよう。DNA が自

祖先配列 ACGTCCATTGAAAATCTGAG

G⇒A 置換：サイト3　　　A⇒C 置換：サイト7

T⇒A 置換：サイト15　　　AA 欠失：サイト11-12

AA 欠失：サイト14-15　　G⇒T 置換：サイト18

塩基配列 A　ACATCCATTGAAACTGAG　　塩基配列 B　ACGTCCCTTGAATCTTAG

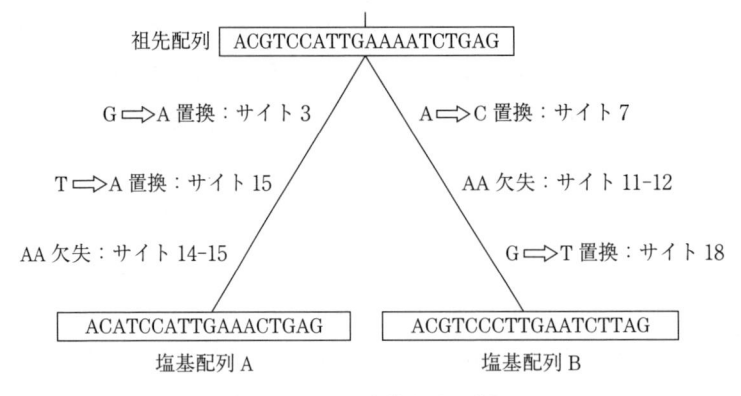

図 2.5 2本の塩基配列の進化

```
祖先配列：ACGTCCATTGAAAATCTGAG
配列A：  ACATCCATTGAAA--CTGAG       配列A：  ACATCCATTGAAA-CTGAG
配列B：  ACGTCCCTTG-AAATCTTAG       配列B：  ACGTCCCTTGAAATCTTAG
         *   *        *                  *    *        *
      （a）正しい整列                 （b）数学的に最適な整列　その1
```

```
配列A：ACA-TCC-ATTGAAA-CT-GAG
配列B：AC-GTCCC-TTGAAATCTT-AG
```
（c）数学的に最適な整列　その2

図 2.6 図 2.5 の 2 配列の整列化結果

己複製を続けて子孫に伝わっていく長い間には，塩基配列に置換，挿入，欠失などが生じていく。これらの歴史を正しく示した整列化の結果を**図 2.6**（a）に示す。配列 A と B の間には，＊印で示した塩基の不一致（mismatch）が 3 か所あり，またダーシ（-）で示した 2 塩基と 1 塩基のギャップが 2 か所にある。しかし，これらの 2 配列を数学的に最適化すると，たとえば図 2.6（b）に示した整列が得られる。塩基の不一致は同じだが，ギャップについては 1 塩基のみである。数学的な最適解を求めるには，塩基の不一致とギャップの 2 種類の量を合わせた，整列化された配列間の整列距離 D を定義し，その距離が最小となるようにギャップを入れるのが一般的である。整列距離 D は，塩基やアミノ酸の一致しない（ミスマッチ（miss-match））サイト数で表した距離 α と，ギャップにその長さと個数に適当な重み（ギャップペナルティ（gap penalty））をつけた，ギャップが存在することによる距離 β の合計で定義することが多い。ただし，これも便宜的な定義であり，配列の整列化問題には，まだ未開拓の部分が多い。

塩基サイト数 k 個のギャップに対するギャップペナルティ w_k は，計算量が大幅に減少するという後藤 修の指摘[5]にしたがって，k の一次関数である以下の式が使われることが多い（本書の図 3.8 関連の説明を参照）。

$$w_k = ku + v \tag{2.1}$$

ギャップ開始ペナルティー v が大きいとギャップそのものが入りにくくなり，ギャップ延進ペナルティー u も v も小さいと，単一の長いギャップよりも短い複数個のギャップが選ばれる。図2.6で示した2本の塩基配列の3種類の整列を考えてみよう。$w_k = 3k + 8$ と定義すると，図（a）では $\alpha = 3$，$\beta = 25\{=(3\cdot 1+8)+(3\cdot 2+8)\}$ なので，距離 $D = 28$ である。図（b）では $\alpha = 3$，$\beta = 11$（$= 3\cdot 1 + 8$）なので，$D = 14$ である。図（c）では $\alpha = 0$，$\beta = 77$ なので，$D = 77\{=(3\cdot 1 + 8)\cdot 7\}$ である。したがって，これら3種類の整列では図（b）が，D がもっとも小さく数学的にもっとも適した整列となる。ところが，もし $w_k = 0.1k + 0.1$ と定義すると，図2.6の3種類の整列に対する距離 D は，A，B，Cの順に3.5，3.2，2.1となり，図（c）が数学的にもっとも適した整列となる。このように，ミスマッチペナルティとギャップペナルティの定義の仕方によって最適な整列が異なることがあるので，整列化の結果の解釈には注意が必要である。

　整列化したいそれぞれの配列対に対して，適切なギャップペナルティを決めることができればよいのだが，それは簡単ではない。自然淘汰がかかっておらず，純粋に中立進化をしている塩基配列の場合には，挿入や欠失の突然変異のパターンが推定されていることがある。それをもとにギャップペナルティ式を決定することが可能であろう。しかし一般には，ゲノム領域によって淘汰上の制約が異なる。整列化して進化距離を求めて初めてそのような制約の程度を見積もることができるので，前もってそれを知ることは難しい。このため，塩基配列の整列化の結果には注意が必要である。アミノ酸配列の場合には，ゲノム塩基配列よりも最大長がずっと短く，また挿入欠失はタンパク質の立体構造の制約からそれほど多くはないと考えられるので，進化的に遠い関係で多数のギャップが入らない限り，ある程度信頼できる整列が得られるだろう。

　また，実際の配列間にはギャップパターンに莫大な可能性があるので，**動的計画法**（dynamic programming）という手法を用いて効率よくしかもすべての可能性を調べている。この方法の詳しい説明は3章を参照されたい。

2.3.5　多重整列化の原理

　3個以上の塩基配列やアミノ酸配列を整列することを**多重整列化**（multiple alignment）と呼ぶ。数学的には2本の配列の整列化で用いた方法を拡張すればいいのだが，**組合せ爆発**（combinatorial explosion）が発生するために，現実的な計算時間ではダイナミックプログラミングを適用することが困難である。このため，いろいろな方法が提案されている。これまで広く用いられてきたCLUSTAL W[6)]では，総当たりの2本の整列の結果の情報をもとにして案内木を作成し，その系統樹の樹形に沿って多重整列化を段階的に行っている。日本で開発されたシステムとしては，加藤ら（2002）が開発したMAFFT[7)]，Kryukovと斎藤が開発

した MISHIMA[8] などがあげられる。

　ゲノム規模の配列データが登場する前の分子進化学研究では，ソフトウェアで自動的に生成された多重整列化の結果を鵜呑みにすることなく，必ず人間が目でチェックして整列化結果を向上させることが推奨されていた。これは人間の視覚パターン認識能力がきわめて優れているからである。しかし，大量の多重整列が日常的に得られるようになると，人力でのチェックが困難になってしまい，現在ではソフトウェアの出力結果をそのまま用いることが多い。配列の相同性がきわめて高く，ギャップが少ない場合にはそれでもいいが，相同性があまり高くない場合には，単一のギャップペナルティ式だけに基づいた多重整列化結果は，それほど信頼することができない。この問題は，ゲノム進化の研究にとって重要であり，近い将来検討する必要がある。

2.3.6 MISHIMA

　クリュコフ（K. Kryukov）と斎藤成也が開発した MISHIMA[8]（Method for Inferring Sequence History though Multiple Alignment）は，従来のアルゴリズムとは異なり，12塩基までの短い塩基配列がゲノム配列中のどこに位置するかを高速に調べ，それらの位置関係と個数の統計をもとにしてアンカー（anchor）配列とする。動物のミトコンドリア DNA など，あまり挿入や欠失が多くない配列の場合に威力を発揮する。

　MISHIMA は配列総当たりの比較を行わず，配列データ全体から長さ k 文字（$k=1 \sim 12$）の配列をすべて取得する。これを「辞書」と読んでいる。それらの中から，いくつかの基準を用いて有用な文字列を選ぶ。基準としては，すべての配列で1個だけ存在するもので，それらの順序がどの配列でも同一のものである。文字列の間に1塩基の違いがあっても同一だとみなされる。それらの文字列をもとにしてもとの塩基配列を断片化し，ここの断片の多重整列化を既存のシステムである CLUSTAL W あるいは MAFFT で行い，それぞれの結果をつなぎ合わせて最終的な多重整列化結果を得る。ただし，このアルゴリズムでは重複や逆位などは検出できない。同じ動物種あるいは近縁な動物種のミトコンドリア DNA の塩基配列のように，比較するどの配列でも遺伝子が同じ並び方である場合が前提となっている。図 2.7 は，MISHIMA で用いている一連の手法をフローチャートの形で示したものである。k 文字（$k=1 \sim 12$）の塩基単語からなる辞書の作成とアンカー配列（図では種）の位置決定には総塩基数 N に比例した計算が必要だが，その他の主要3ステップはデータの大きさに依存しない計算である。

　表 2.2 は，哺乳類のミトコンドリア DNA ゲノム配列を 50 種，100 種，200 種において多重整列化するのに必要だった計算時間を，4種類のソフトウェアで比較したものである。どの種数であっても MISHIMA の計算時間がもっとも少ない。特に，これまで広く用いられて

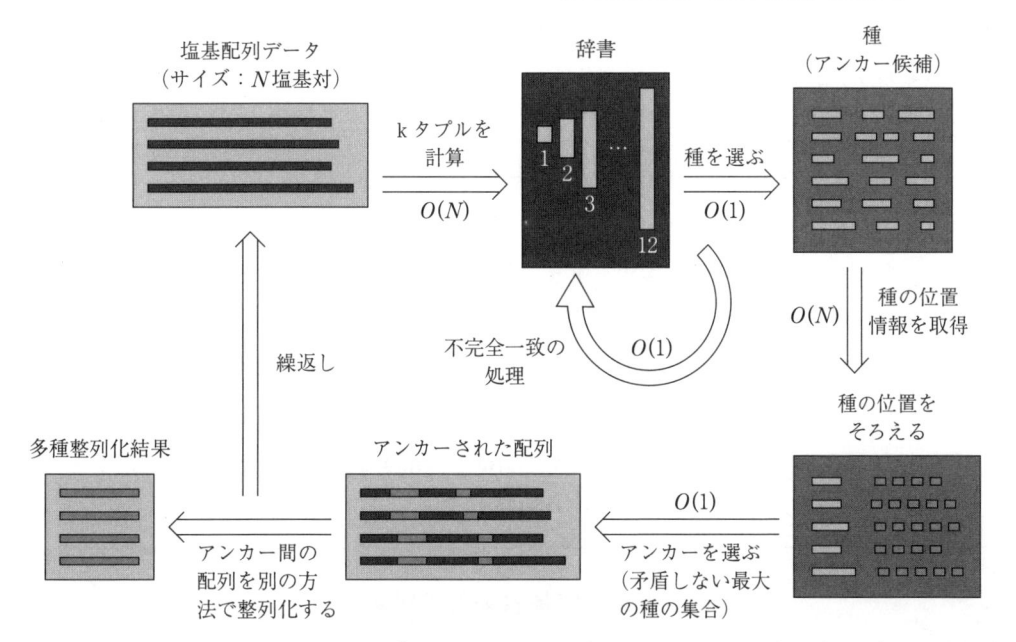

図 2.7 MISHIMA のアルゴリズムフローチャート (Kryukov and Saitou (2009) より)

表 2.2 哺乳類ミトコンドリア DNA ゲノム配列の多重整列化に要する時間の比較

方法	比較した配列数		
	50	100	200
MISHIMA	6′ 50″	10′ 24″	19′ 03″
MAFFT	12′ 13″	33′ 36″	53′ 38″
MUSCLE	46′ 13″	1° 38′ 59″	—*
CLUSTAL W	2° 15′ 04″	5° 05′ 20″	10° 40′ 31″

＊ メモリーの問題が生じて計算不可能。

きた CLUSTAL W を用いた場合と比べると，20 倍から 30 倍以上高速である。

　数百万個から千万個規模の塩基配列からなるバクテリアのゲノムでも，近縁な配列どうしであれば MISHIMA はきわめて高速に多重整列化結果を生み出す。一方，相同ではない配列が多重整列化をするデータの中に誤って含まれていた場合，MISHIMA はすばやく多重整列化できないという結果を出す。例として，それぞれが 2 万塩基の長さでたがいに相同性がまったくないランダム配列 100 個を多重整列化しようとする場合を考えてみよう。MISHIMA がわずか 15 秒で多重整列化不可能という結果を出す（ただし，「辞書」からアンカー配列を出力するまでの時間）のに対して，CLUSTAL W は 8 時間以上計算したあとに意味のない多重整列化結果を出力する[8]。したがって，一つひとつの配列が長かったり，あるいはそれほど長くなくても多数の配列を多重整列化しようとする場合には，まず MISHIMA (http://sayer.lab.nig.ac.jp/~saitou/MISHIMA.html) を用いてみるとよいだろう。

2.3.7 長大なゲノム配列間の相同性解析

長大なゲノム配列間で相同性解析をすると，そもそも出発点のデータが巨大なので，結果を図示するのに特別なソフトウェアが必要となる。いくつかが開発されているが，広く使われているものに，PipMaker（http://pipmaker.bx.psu.edu/pipmaker/）がある。相同性検索システム BLAST の出力結果を pip（percent identity plot）としてまとめて表示するものである。すなわち，ゲノム配列を端から端まで整列化することはあきらめて，進化的に高い保存性を示す領域のみを表示するという機能を持っている。PipMaker と似た機能を持つソフトウェアに VISTA（http://genome.lbl.gov/vista/）がある。こちらはゲノム配列の持つ情報を記述したアノテーション（annotation）を含めてカラフルに表示する機能がある。日本で開発されたシステムとしては，MURASAKI[9]（http://murasaki.dna.bio.keio.ac.jp/）がある。これらのシステムの詳細については，それぞれの Web サイトを参照されたい。

2.4 塩基置換数の推定

2.4.1 1 変数法による推定

進化的に相同な2本の塩基配列が長い進化のあいだに蓄積した塩基置換数を推定することは，ゲノム塩基配列の進化を解析する場合の基本である。図 2.6（b）で配列 A と B の整列化結果を見ると，3 サイトで塩基が異なっている。実際に生じた塩基置換数は，図 2.5 を見ると 4 個だが，サイト 15 で生じた塩基置換は，その後の塩基の欠失により隠れてしまっているので，事実上の塩基置換数は 3 個である。このように，塩基が異なっている部分の個数を数えるだけでも，実際に生じた塩基置換数を推定できることがある。ところが，進化時間が長くなると，どちらの系統でも同じサイトで同じ塩基置換が生じたり（たとえば共通祖先が T のとき，T から C への変化が左の枝でも右の枝でも生じる場合），A→G→A というように，もとの塩基にもどったりすることがある。このような置換がひんぱんに生じると，単純に塩基が 2 本の配列で異なっている数だけでは過小推定となる。そこで，なんらかの数学モデルを用いて，塩基置換数を推定する必要が生じる。それには，4 種類の塩基（4 種類のヌクレオチドに対応する）の**置換行列**（substitution matrix）を仮定しなければならない。

置換行列でもっとも簡単なものは，**表 2.3（a）**に示した 1 変数のものであり，全部で 12 種類ある塩基の置換がすべて同じ確率 α で生じるとする。塩基置換の速度を λ とすると，一つの塩基から他の 3 塩基にどれも α の確率（速度）で変化するので，$\lambda = 3\alpha$ である。1 変数法は Jukes と Cantor[10] によって考案されたので，Jukes-Cantor 法とも呼ぶ。t 年前に共通な祖先配列から分岐した 2 個の塩基配列 X と Y を考える。q_t を X-Y 間で同一な塩基の割合とし，$p_t = 1 - q_t$ を異なる塩基の割合とする。時間 $t+1$ における同一な塩基の割合 q_{t+1} は，

2.4 塩基置換数の推定

表2.3 塩基置換行列

(a) 1変数法

		\multicolumn{4}{c}{NEW}
		A	C	T	G
O	A	$1-3\alpha$	α	α	α
L	C	α	$1-3\alpha$	α	α
D	T	α	α	$1-3\alpha$	α
	G	α	α	α	$1-3\alpha$

(b) 2変数法

		NEW			
		A	C	T	G
O	A	$1-\alpha-2\beta$	β	β	α
L	C	β	$1-\alpha-2\beta$	α	β
D	T	β	α	$1-\alpha-2\beta$	β
	G	α	β	β	$1-\alpha-2\beta$

1変数法では以下のようにして得られる。まず，時間 t に X-Y 間で同一な塩基をもつサイトが，時間 $t+1$ でも同じままである確率 $(1-\lambda)^2$ は λ^2 を含む項を無視して，$1-2\lambda$ で近似される。つぎに，時間 t で異なる塩基を持つサイトは，再び λ^2 の項を無視すれば，時間 $t+1$ には $\frac{2\lambda}{3}$ の確率で同じ塩基を持つことになる。したがって，つぎの方程式が成立する。

$$q_{t+1} = (1-2\lambda)q_t + \frac{2}{3}\lambda(1-q_t) \tag{2.2}$$

ここで $q_{t+1} - q_t = \frac{dq_t}{dt}$ と表し，微分方程式の形にする。下付き文字 t を省略すると

$$\frac{dq}{dt} = \frac{2}{3}\lambda - \frac{8}{3}\lambda q \tag{2.3}$$

が得られる。初期条件は $t=0$ かつ $q=1$ なので，この微分方程式の解は

$$q = 1 - \frac{3}{4}\left(1 - e^{-\frac{8\lambda t}{3}}\right) \tag{2.4}$$

で与えられる。ここで注意しておきたいのは，q は $t=\infty$ でも0にならず，その最低値は $1/4$ であることである。これは，塩基が4種類しかないため，進化的に相同ではない塩基配列の間でも $1/4$ のサイトは偶然によって同じ塩基を持つからである。塩基配列 X と Y において，サイトあたりの塩基置換数の期待値 d は $2\lambda t$ で与えられる。したがって，d は以下の式で推定される。

$$d = -\frac{3}{4}\ln\left(1 - \frac{4}{3}p\right) \tag{2.5}$$

この式では，塩基の異なる割合 p が $3/4(=0.75)$ を超えると，d の推定ができなくなることに注意してほしい。これは，系統的にまったく関係のないランダムな2配列を比較すると，塩基の異なる割合 p が $3/4$ になることがこの1変数モデルから期待されるためである。なお，ここでは共通祖先から由来した現在存在する2個の塩基配列を比較して式 (2.5) を導いたが，祖先配列と現在の配列を比較しても同様に式 (2.5) を導くことができる[2]。

d の標本誤差 $\mathrm{SE}(d)$ は，以下の式で推定される。

$$\mathrm{SE}(d) = \frac{3}{3-4p}\sqrt{\frac{p(1-p)}{n}} \tag{2.6}$$

ここで，n は比較した塩基サイトの総数である。この標本誤差は，p が二項分布することを

仮定している．ちなみに，塩基が異なっている割合 p は，実際の塩基配列データからの観察値である．例として，図 2.6（b）の整列では，ギャップ（ダーシ（−）で示されている）のあるサイトを除くと全体では 18 サイトなので，塩基が異なっている割合 p は 0.17（＝3/18）である．

2.4.2 2変数法による推定

1 変数法では，どんな塩基置換のタイプでも同一の確率で生じると仮定したが，一般に転位（プリン（A と G）どうし，ピリミジン（C と T）どうしの置換）は転換（プリンとピリミジンのあいだの置換）よりもひんぱんに生じることが知られている．そこで，塩基置換を 2 種類（転位と転換）に分けて考えることによって現実のパターンにより近いモデル（表 2.3（b））とし，塩基置換数をよりよく推定するために木村資生が 1980 年に発表したのが 2 変数法である[11]．このとき，塩基置換数 d は転位の総数 $2\alpha t$ と転換の総数 $4\beta t$ の合計で表されるので，次式のようになる．

$$d = 2\alpha t + 4\beta t \tag{2.7}$$

2 変数法を用いて塩基置換数を推定するには，2 本の塩基配列を比較したとき，以下の 3 種類のクラスに塩基サイトを分類する．

2本とも同一塩基のクラス	頻度（個数／全塩基数）＝ R
転位型の違いがあるクラス	頻度（個数／全塩基数）＝ P
転換型の違いがあるクラス	頻度（個数／全塩基数）＝ Q

たとえば，ある塩基サイトで，一方の塩基配列が A，他方が G のときは，転位型の違いがあるクラスに，二つが T と G であるときは，転換型の違いがあるクラスに分類される．塩基置換数 d は，以下の式で推定される．

$$d = -\frac{1}{2}\ln(1-2P-Q) - \frac{1}{4}\ln(1-2Q) \tag{2.8}$$

この式の右辺の第 1 項は $2\alpha t$ の，第 2 項は $4\beta t$ の推定値である．

2 変数法は 1 変数法に比べてよい面もあるが，標準誤差が大きいという短所もある．両方の方法を用いて進化距離を推定し，ほとんど同じであったら 1 変数法の結果を用いればよいだろう．さらに，塩基置換数がきわめて少ない場合には，1 変数法すら必要なく，塩基の異なる割合 p そのものを，塩基サイトあたりの置換数と考えればよい．これは，x が小さいときには $\log(1-x)$ が $-x$ で近似されることを用いれば，式 (2.5) の d は $\{-(3/4)\} \times \{-(4/3)p\} = p$ で近似されることからもわかる．

塩基置換行列には同じ塩基になるという対角線上の成分を除くと，12 個の成分があるので，最大 12 変数のモデルを考えることができるが，2 変数と 12 変数の間には，3～9 変数

のさまざまな塩基置換行列モデルが提唱されている[1),2)]。

これまでは，暗黙のうちに比較する塩基配列のどのサイトでも同一の進化速度λであると仮定してきたが，実際の進化ではタンパク質コード領域であれば，コドンの第1～第3位置によって進化速度が異なることがよく知られている。このように，淘汰上の制約の強弱によって進化速度は異なってくる。長大な塩基配列を比較する場合には，全体が淘汰のかからない純粋に中立な進化を生じている領域であっても，部位によって突然変異率が異なることがあり得る。そこで，各塩基サイトの進化速度に違いがある場合も考慮した方法が開発されている。よく用いられるのは，サイトあたりの塩基置換率λが以下のガンマ分布に従うという仮定である。

$$f(\lambda) = \frac{b^a}{\Gamma(a)} e^{-b\lambda} \lambda^{a-1} \tag{2.9}$$

ここで $a = M^2/V$, $b = M/V$ であり，M と V は λ の平均と分散を表す。また

$$\Gamma(a) = \int_0^\infty e^{-1} t^{a-1} dt \tag{2.10}$$

であり，分布型変数 a を持つガンマ関数である。ガンマ分布は確かに便利ではあるが，適切な分布型変数 a の値を推定する必要がある。前もってなんらかのデータから推察しておくことが可能ならばよいが，一般にこの推定は簡単ではない。

2.4.3　同義置換数と非同義置換数の推定

タンパク質翻訳領域の塩基配列を複数比較すると，それらのあいだの違いを同義置換（アミノ酸は変化せず，塩基の変化のみ）と非同義置換（アミノ酸も塩基も変化する）に分割することができる。標準遺伝暗号表を見ると，コドンの第3位置の多くで，およびコドンの第1位置の一部で，塩基が変化してもそれと対応するアミノ酸が変化しない場合が見出される。たとえば，コドン CAA はグルタミン（Gln）に対応するが，第3位置のAがGに変化して CAG になっても，依然としてグルタミンに対応する。このような変化が同義置換である。コドンの第2位置での変化はすべてアミノ酸を変える非同義置換である。たとえば，CAA の第2位置AがGに変わると，新しいコドン CGA はアルギニン（Arg）に対応する。

同義・非同義置換の推定には，塩基置換によって同義置換や非同義置換が起こり得るサイトである同義サイトと非同義サイトの個数をまず推定する必要がある。同義サイトは，四重縮退，三重縮退，二重縮退，非縮退サイトに分類することができる。コドンの第3位置は塩基が変化すると別のアミノ酸に対応するので，すべて非縮退サイトである。コドンの第3位置は，コドンによって四重縮退（どの塩基でも同一のアミノ酸に対応）だったり二重縮退（転位では同じアミノ酸に対応するが転換では異なるアミノ酸に対応）だったりする。そこ

で，各コドンごとに同義と非同義のサイト数を計算する．1コドンは3塩基からなるので，サイト数の合計は3である．たとえば，ロイシン（Leu）をコードするコドンTTAの場合，第1位置ではTからCへの変化のみ同義で他の二通りは非同義なので，同義サイト数に1/3を，非同義サイト数には2/3を加える．第2位置は同義サイト数に0を，非同義サイト数に1を加える．第3位置は二重縮退なので同義サイト数に1/3を加える．合計すると，同義サイト数が2/3，非同義サイト数が7/3となる．これだけだと簡単にみえるが，標準遺伝暗号表には停止コドンが3個あるので，これらの扱いは簡単ではない[2]．

同義置換と非同義置換の推定法は，これまでに多数発表されている．塩基置換のモデルや，コドン変化の経路推定の重み付けなどでいろいろな可能性があるからだ．塩基置換のモデルとしては，4種類の塩基が相互に等確率で置換するという，もっとも単純な1変数モデルや，転位と転換は異なる確率になるという2変数モデルなどが用いられることが多い．ここでは，現在広く用いられている根井正利と五條堀 孝の方法[12]を説明する．

同一コドン間の変化に2種類以上の経路が考えられる場合がある．たとえば，フェニルアラニンに対応するコドンTTTとヴァリンに対応するコドンGTAを考えてみよう．両者は第1位置と第3位置の双方で塩基が異なっているので，最小2個の塩基置換が必要である．しかも，GTT（ヴァリン）とTTA（ロイシン）というどちらかの中間状態が可能である．前者の中間状態では，同義置換1個と非同義置換1個だが，後者では，同義置換0個と非同義置換2個となる．

経路1：　　　TTT（Phe）　⇔　GTT（Val）　⇔　GTA（Val）

経路2：　　　TTT（Phe）　⇔　TTA（Leu）　⇔　GTA（Val）

宮田 隆と安永照雄[13]は，アミノ酸の化学的性質を考慮したアミノ酸間の距離を用いて，経路の重み付けをした．しかし，コンピュータシミュレーションの結果，どの経路にも同じ重みを与える簡素化をしても結果はあまり変わらなかった[12]．これは，長い進化時間で残ってきたタンパク質を比較するので，非同義置換の大部分は中立進化の結果であり，ほとんどが中立進化をしていると考えられる同義置換とあまり大きな違いがないと考えられるからである．

根井と五條堀の方法[12]では，同義置換と非同義置換については，このように重み付けをせずに各場合を考慮して，それぞれに1変数法を用いる．すなわち，塩基の異なる割合pを同義サイト，非同義サイトそれぞれで計算し，式(2.5)を用いて同義置換数と非同義置換数を推定するのである．

塩基配列があまり進化的に大きく異なっていない場合には，同義サイト，非同義サイトの個数推定はそれほど問題ではないが，長い進化時間のあいだには多数の置換が生じて，非同義サイトだったものが同義サイトに変化する場合もある．この場合には，同義サイト，非同義サイトに分けることが困難になる．そもそも，2塩基配列の間で同義・非同義サイト数を

定義するとき，通常は単に2配列で平均をとっている。しかし，進化距離が大きくなれば，それぞれの配列の同義サイト，非同義サイトの数も異なってくることが予想される。このように，同義・非同義置換の推定には，じつは大きな問題が存在している。

この問題を回避する一つの方法は，コドンの第1，第2，第3位置を分けて塩基置換を推定することである。この場合には，コドン配列，つまりアミノ酸配列の整列が正しければ，安定な結果を得ることができる。これら三つのコドン位置は，同義・非同義置換が平均してどれくらいの割合で生じるのかがわかっているので，同義置換と非同義置換をきちんとわけて推定することはできないが，分岐の大小にかかわらず，概略のパターンを安定して示すことができる。実際に五條堀 孝と横山 棘三[14]は，ウイルス遺伝子の塩基置換数をコドンの第1～第3位置に分けて比較している。

2.5 遺伝子予測に基づくゲノムアノテーション

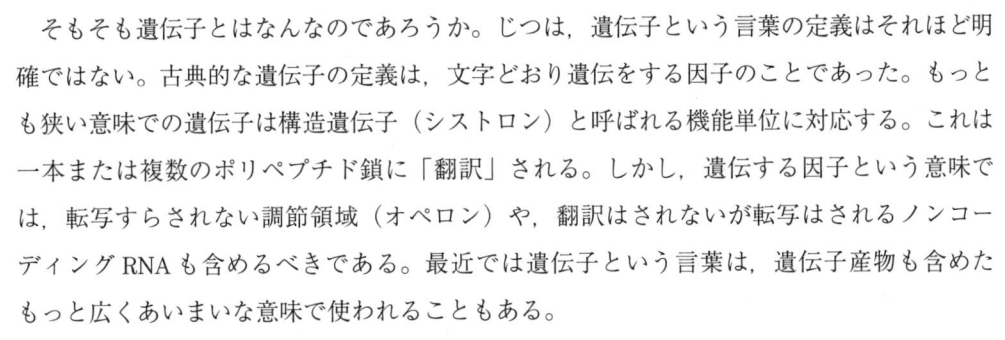

そもそも遺伝子とはなんなのであろうか。じつは，遺伝子という言葉の定義はそれほど明確ではない。古典的な遺伝子の定義は，文字どおり遺伝をする因子のことであった。もっとも狭い意味での遺伝子は構造遺伝子（シストロン）と呼ばれる機能単位に対応する。これは一本または複数のポリペプチド鎖に「翻訳」される。しかし，遺伝する因子という意味では，転写すらされない調節領域（オペロン）や，翻訳はされないが転写はされるノンコーディングRNAも含めるべきである。最近では遺伝子という言葉は，遺伝子産物も含めたもっと広くあいまいな意味で使われることもある。

普通，遺伝子予測といった場合，これらの「遺伝子」のうち，最初の構造遺伝子に対応するゲノム領域を予測することを指す場合が多い。

かつて遺伝子の同定は複雑な実験が必要であった。まず対象となる遺伝子がどの染色体に乗っているかを調べ，複数の遺伝子の相同組換え率を統計解析することで，その染色体上での「順序」を決め，この知見を蓄積していくことで，遺伝子の相対的な位置を遺伝子地図として作製する。遺伝子間のゲノム上の物理的な（塩基レベルの）距離を正しく反映した物理地図を作るためにはさらなる解析が必要である。しかし今日，われわれは「完全」なゲノム情報を持っている。つまり，すべての遺伝子はすでにそこに「書かれている」はずである。今日，遺伝子同定の主役は，実験ではなくコンピュータによる計算論的アプローチになりつつある。

遺伝子予測には大きく分けてつぎの三つのアプローチがあると考えられている[16]～[18]。

（1）経験的方法：　たとえば，EST（expressed sequence tag），メッセンジャーRNA，あるいはタンパク質等の遺伝子産物が手元にあったとしよう。ESTやメッセンジャーRNA

であれば，即座にそれらを問合せ配列としてゲノムを検索することができる。つまりこの検索によって，直接物理地図が（理論的には）作成可能である。タンパク質の場合であっても，そのタンパク質を「エンコード」する遺伝コードに対応する領域を絞り込むことができる。これらの検索にはよく局所整列化アルゴリズム（local alignment algorithms）が用いられる。局所的な整列アルゴリズムの代表は，Blast[19]，Fasta[20]，Smith-Waterman[21] などである。この方法は，いうまでもなくなんらかの遺伝子産物がすでに入手済みであることが前提になっている。

（2） ab initio（原理）的方法： この方法では遺伝産物などのゲノム配列以外のデータは用いない。タンパク質をコードする遺伝子配列そのものの持つある種の特徴，すなわち遺伝子近傍における特定の配列パターン（シグナル）や塩基組成における統計的特徴などを用いる。このアプローチは，特に原核生物において有効である。

一方，真核生物においては，この方法を応用することははるかに難しい。シグナルを持つプロモーターや調節領域は複雑で，その特徴はまだよくわかっていないからである。真核生物における代表的な遺伝子配列のシグナルは，CpG アイランドやポリ（A）テール（Poly（A）tail）の結合サイト程度である。また，真核生物においては，スプライシングによってゲノム領域がコーディング（エクソン）配列とノンコーディング（イントロン）配列に分断されていることが，真核生物ゲノムの遺伝子予測の困難さに拍車をかけている。ただし，このスプライシングサイト自身も，遺伝子予測のシグナルとみなすことは可能である。

ab initio 的方法の実装においては，隠れマルコフモデル[17]，サポートベクターマシン[22]，ニューラルネットワーク[23] など複雑なモデルが用いられている。

（3） 比較ゲノム的方法： 一つのゲノムだけを見るのではなく，複数の生物種のゲノムを比較し，進化的な視点から遺伝子予測を行う。単純ではあるが，強力な方法である。これも，多量のゲノムデータが入手できるからこそ応用可能な方法であり，ビックデータの面目躍如といったところである。すなわち，遺伝子領域のような種の生存に必要な機能を持った領域は，その進化速度が遅い（変化しにくい）はずであるという考えに基づく。この方法はヒトとマウスの間のゲノムの比較において初めて応用された[24]。

さて，20 世紀の終わりから 21 世紀の初頭にかけての約 10 年間は，まさにゲノムプロジェクトの時代だった。さまざまな生物種のゲノムがつぎつぎと決定され，巨大な資金の投入により，2001〜2004 年にヒトのゲノムも発表されたこの約 10 年間ほどの間に，生物学は永久に変わってしまったと考える人もいる。ゲノム解析というのは新しい波という言葉ではいい足りない。生物学者にとって，むしろすべてを押し流す津波のようなものだった。

その津波が引き，後に残ったのは膨大な量のデータであった。ひょっとすると人類がコツコツと蓄積してきた生物学的データをはるかに凌駕するデータを，このたった 10 年間で取

得したといってよいかもしれない。

ゲノムはしかし，そのままではただの文字データにすぎない。つまり，そのことだけから生物学的意味を見出すことは難しい。膨大な時間と資金を投入してゲノムプロジェクトが推進されたのは，ゲノムこそが生命の設計図であるという信念があったからである。では，どのようにしたら，人間にとっては未知のゲノムという生命の設計図，もしくは生命を成り立たせている究極の「ソフトウェア」を解読できるのであろうか。

遺伝子予測を行うということは，この文字列としてのゲノム領域に解釈，すなわちアノテーションをつけることに等しい。もちろん，計算論的なアプローチでつけられたアノテーションは，あくまで作業仮説であり，今後のより詳細な解析を行うための一種の足場であるととらえるべきである。最終的には，その「機能」がなんであるかということを，表現型との対応づけや，場合によっては生理学的な実験とも関連づけを行うことで，慎重に解析していく必要がある。

ゲノム解析を行った結果，研究者たちが驚いたことは，われわれが遺伝子と考えることのできる領域が少なかったことである。たとえば 2004 年 10 月時点でわかっていたヒト「遺伝子」の数は，20 000 ～ 25 000 個程度であった。これは当初の予想よりも 1 万個程度少ない。このことはどのように解釈したらよいのだろうか。ゲノムのほとんどはただの生物学的な意味のない「ノイズ」にすぎず，膨大な時間と資金を投入したゲノムプロジェクトは，ノイズのカタログを作っただけの徒労にすぎなかったのだろうか。それとも，われわれの知識では判別できない情報が，一見ノイズのように見える領域に隠されているのだろうか。

私が「古典的な意味での遺伝子」という書き方をしたのは，近年つぎつぎと新しい発見がなされ，われわれの既知の常識が翻されつつあるからである。本節ではそのことに深入りはしない。おそらく，どんな教科書もあっという間に陳腐化してしまうのが昨今の生物学の実状である。ここで述べたことは，あくまで現時点での方法論の概説としてとらえていただきたい。

2.6 SNP の同定と解析

一塩基多型（single nucleotide polymorphism，**SNP**）とは，ある集団内での一塩基レベルでの遺伝的多様性のことである。ヒトの遺伝的多型の代表例にはマイクロサテライトがあり，その突然変異率の高さを生かして連鎖解析に多く用いられてきた。SNP はマイクロサテライトよりもゲノム中に高頻度に分布しているため，疾患遺伝子の研究で広く利用されている。

今日の SNP 解析は，まさにゲノムプロジェクトの申し子である。すなわち，2.2.2 項で述

べたように「標準」とみなせる参照ゲノム配列に対してあるサンプル配列のどの塩基が違っているかを調べれば，即座にSNPを同定できる。もっともそのゲノム配列自身も，多様性のある集団からの標本（サンプル）であることに注意すべきである。つまり，アリル（対立遺伝子の意味だが，ここでは一塩基単位なのでアリルという言葉の意味が拡張されて使われている）のうちどの変異が祖先型でどの変異が新しく生じたものかは自明でない。つまり，突然変異の方向性を知ることはできない。この方向性を知るためにはどうしたらよいであろうか。

一つの方法はアリルの頻度を見ることである。つまり，もし突然変異の起き方が完全にランダムであるなら（つまり中立であるなら），最近出てきた若い突然変異は，その祖先型よりもアリルの頻度が小さいことが期待できる。

アリル頻度による判別よりも確実な方法は**外群**（outgroup）を用いることである。すなわち，明らかに集団の外側に位置する別種のゲノムと集団内のゲノムを用意して，三者間で比較を行う（図2.8）。

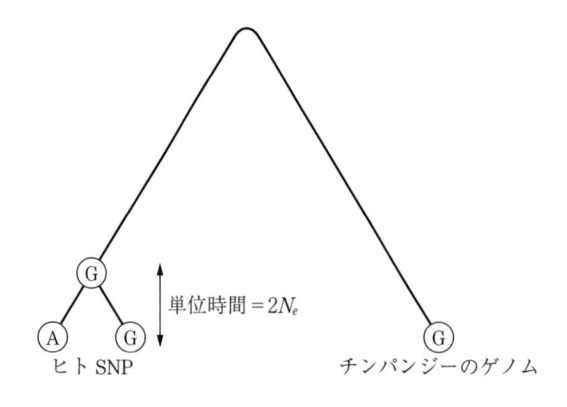

完全な中立を仮定できる場合，ランダムにサンプルしたSNPアリルがその祖先配列を共有するまでの時間の平均値は，$2N_e$世代（N_eは集団の有効な大きさ）である[15]。

図2.8 ヒトのSNPデータと祖先型をチンパンジーゲノムを外群として用いて推定する方法

この推定にはいくつかの仮定が用いられている。すなわち，① 現在観察できる状態が，最小のコストで導かれた（最大節約的な推定が適用できる），② 外群のゲノムの状態と，集団内の対応する（相同な）ゲノム配列アリルの一つが偶然に一致する可能性は低い，③ その集団の一つの祖先的なコピー（つまりmost recent common ancestor）と外群の配列がほぼ同じである。

このように，SNPデータと近縁種どうしのゲノムデータを用いて，突然変異の動態を，その方向性も含めて推定することができる。このことにはきわめて大きな意味がある。ゲノムの領域ごとに，突然変異がどのようなパターンで起きているかを知ることができるからである。

たとえば，有羊膜類のゲノムにはGC含量の空間的な高低があることが知られている。これは，アイソコア（isochore）と呼ばれる[25]。もともとアイソコアは，ベルナルディ（G.

Bernardi）が，「ゲノム以前」の時代に熱的融解点と密度勾配遠心分離器を使って発見したゲノムの構造である。上述のとおり，古典的な意味での遺伝子の定義によれば，ゲノムのほとんどはある種のノイズであるということになる。このようなゲノムの遺伝子間領域のことを **がらくた DNA**（junk DNA）と呼ぶこともある。もし本当にその領域がただノイズであるのなら，その領域はすみやかに突然変異を一様に蓄積し，「構造」など生じようもないはずである。しかし，ベルナルディは，ゲノム規模の明確な構造を発見したのである。

ゲノムの時代になり，配列レベルでの蓄積が入手できるようになると，このアイソコアの存在は一層明確なものになった。ただし，もともとのアイソコアの定義は，200 kbp 以上の GC 含量の「一様な」ブロックが，はっきりとした境界に区切られてゲノム全体を覆っているというものであった。しかし，今日ではそのような視覚的にわかりやすい構造はむしろまれであって，統計処理をして初めてわかる GC 含量の非均一性ととらえるのが普通である。いずれにせよ，「がらくた」であるはずの遺伝子間領域がなぜそのような構造を持っているのかはよくわかっていない。さらに，その構造は遺伝子間領域だけではなく，遺伝子領域にも及んでいることがわかっている。すなわち，非翻訳領域（UTR），イントロン，さらにはエクソンの多重縮退サイトの GC 含量は，その遺伝子領域の周囲のゲノム領域の GC 含量と高い相関がある。これはどういうことなのだろうか。いわばアイソコアという「背景雑音」の非均一性の海の上に，遺伝子領域が浮かんでいるように見えるのである。

これは，近頃話題になった遺伝子間領域の「RNA 大陸」とはまったく別の現象であり，文字どおりゲノムレベルでの不思議な特徴である。いくつかの仮説が提示されてはいるが，まだ決定的な結論は出ていない。

SNP データを用いて突然変異の方向性が推定できるようになると，このアイソコアがどのように進化してきたかを調べることができる。アイソコア進化の難しいところは，非遺伝子間領域を対象にしなくてはならないということである。分子進化研究の基本は相同性のある遺伝子やゲノム領域を比較することである。相同性の概念は，基本的に機能的制約によって配列が保存されていることがそもそもの大前提である。したがって，「保存されていない」遺伝子間領域をの長期的な進化を扱うために考案された分子進化のツールを使って調べることは適切でない。

一方，ごく「近い」生物種どうしであれば，突然変異の蓄積が相同な領域の特徴を破壊してしまう前に比較することができる可能性がある。さらに遺伝子プールを共有する同じ生物種であれば，（より短い時間の変化を見ているという意味で）その相似性はさらに保たれている可能性が高い。SNP は，種内の一塩基レベルの違いを指すのであるから，遺伝子間領域の進化的挙動を調べるのにうってつけのデータなのである。

読者の中には，種間の進化（置換）と種内の進化（突然変異）を同列に扱っていることに

違和感を覚える方もいるかもしれない。もちろん，この二つは異なったレベルの現象である。しかし，完全に中立な進化を考える限りにおいては，置換率λと突然変異率μは同じであることを示すことができる。一方で，SNPは集団からサンプルされた個体のゲノム情報の比較に基づいているわけで，集団そのものの特徴をただちに代表するわけではない。このことは慎重に考慮するべきである。もっともヒトデータのようにサンプル数が十分に大きい場合は，それほど問題にはならないだろう。

また，外群のゲノムデータも集団からサンプルされたものであって，必ずしもその集団の特徴を代表しているわけではない。理想的には外群も複数個体を用いたコンセンサス配列を用いるのが望ましいが，現実にはコストとの兼ね合いになる。

SNPは新しいタイプのデータであると同時に，従来の集団遺伝学的なツールを解析に応用できる可能性もあり，今後さまざまな研究が進むことが期待できる。

【引用・参考文献】

1) 斎藤成也：ゲノム進化学入門，共立出版（2007）
2) Naruya Saitou：Introduction to Evolutionary Genomics, Springer（2014）
3) Frederick Sanger, Alan R. Coulson, Bart G. Barrell, Andrew J. H. Smith, and Bruce A. Roe：Cloning in single-stranded bacteriophage as an aid to rapid DNA sequencing, Journal of Molecular Biology, Vol. 143, pp. 161-178（1980）
4) Brent Ewing, LaDeana Hillier, Michael C. Wendl, and Phil Green：Base-calling of automated sequencer traces using Phred. I. Accuracy assessment, Genome Research, Vol. 8, pp. 175-185（1998）
5) Osamu Gotoh：An improved algorithm for matching biological sequences, Journal of Molecular Biology, Vol. 162, pp. 705-708（1982）
6) Julie D. Thompson, Desmond G. Higgins, and Toby J. Gibson：CLUSTAL W：improving the sensitivity of progressive multiple sequence alignment through sequence weighting, position-specific gap penalties and weight matrix choice, Nucleic Acids Research, Vol. 22, No. 22, pp. 4673-4680（1994）
7) Kazutaka Katoh, Kazuharu Misawa, Keiichi Kuma, and Takashi Miyata：MAFFT：a novel method for rapid multiple sequence alignment based on fast Fourier transform, Nucleic Acids Research, Vol. 30, Issue 14, pp. 3059-3066（2002）
8) Kirill Kryukov and Naruya Saitou：MISHIMA—a new method for high speed multiple alignment of nucleotide sequences of bacterial genome scale data, BMC Bioinformatics, Vol. 11, Article 142（2010）
9) Kris Popendorf, Hachiya Tsuyoshi, Yasunori Osana, and Yasubumi Sakakibara：Murasaki：a fast, parallelizable algorithm to find anchors from multiple genomes, PLoS ONE, Vol. 5, No. 9, Article e12651（2010）

10) Thomas H. Jukes and Charles R. Cantor : Evolution of protein molecules, H. N. Munro (Ed.), Mammalian Protein Metabolism, Academic Press, pp. 21-132 (1969)
11) Motoo Kimura : A simple method for estimating evolutionary rates of base substitutions through comparative studies of nucleotide sequences, Journal of Molecular Evolution, Vol. 16, pp. 111-120 (1980)
12) Masatoshi Nei and Takashi Gojobori : Simple methods for estimating the numbers of synonymous and nonsynonymous nucleotide substitutions, Molecular Biology and Evolution, Vol. 3, pp. 418-426 (1986)
13) Takashi Miyata and Teruo Yasunaga : Molecular evolution of mRNA : a method for estimating evolutionary rates of synonymous and amino acid substitutions from homologous nucleotide sequences and its application, Journal of Molecular Evolution, Vol. 16, pp. 23-36 (1980)
14) Takashi Gojobori and Shozo Yokoyama : Rates of evolution of the retroviral oncogene of Moloney murine sarcoma virus and of its cellular homologues, Proceedings of National Academy of Sciences, USA, Vol. 82, pp. 4198-4201 (1985)
15) Satoshi OOta, Kazuhiro Kawamura, Yosuke Kawai, and Naruya Saitou : A New Framework for Studying the Isochore Evolution : Estimation of the Equilibrium GC Content Based on the Temporal Mutation Rate Model, Genome Biology and Evolution, Vol. 2, pp. 558-571 (2010)
16) Catherine Mathe, Marie-France Sagot, Thomas Schiex and Pierre Rouze : Current methods of gene prediction, their strengths and weaknesses, Nucleic Acids Research, Vol. 30, Issue 19, pp. 4103-4117 (2002)
17) Jin Hwan Do and Dong-Kug Choi : Computational approaches to gene prediction, Journal of Microbiology, Vol. 44, No. 2, pp. 137-144 (2006)
18) Paola Bonizzoni, Raffaella Rizzi, and Graziano Pesole : Computational methods for alternative splicing prediction, Briefings in Functional Genomics and Proteomics, Vol. 5, Issue 1, pp. 46-51 (2006)
19) Stephen F. Altschul, Warren Gish, Webb Miller, Eugene W. Myers, David J. Lipman : Basic local alignment search tool, Journal of Molecular Biology, Vol. 215, pp. 403-10 (1990)
20) William R. Pearson and David J. Lipman : Improved tools for biological sequence comparison, Proceedings of the National Academy of Sciences of the United States of America, Vol. 85, pp. 2444-2448 (1988)
21) Michael S. Waterman and Mark Eggert : A new algorithm for best subsequence alignments with application to tRNA-rRNA comparisons, Journal of Molecular Biology, Vol. 197, pp. 723-8 (1987)
22) Donald J. Patterson, Ken Yasuhara, and Walter L. Ruzzo : Pre-mRNA secondary structure prediction aids splice site prediction, Pacific Symposium on Biocomputing, pp. 223-34 (2002)
23) Anders Krogh : What are artificial neural networks?, Nature Biotechnology, Vol. 26, No. 2, pp. 195-197 (2008)
24) Richard J. Mural, Mark D. Adams, Eugene W. Myers, Hamilton O. Smith, George L. Gabor Miklos, Ron Wides, et al. : A comparison of whole-genome shotgun-derived mouse chromosome 16 and the human genome, Science, Vol. 296, No. 5573, pp. 1661-16671 (2002)
25) Giorgio Bernardi, Birgitta Olofsson, Jan Filipski, Marino Zerial, Julio Salinas, Gerard Cuny, et al. : The mosaic genome of warm-blooded vertebrates, Science, Vol. 228, No. 4702, pp. 953-958 (1985)

3 モチーフの表現と抽出

　本章では，非類似度や類似度を指標とする類似性検索について紹介し，相同性検索をはじめとして，モチーフに関連するするさまざまなアルゴリズムについて紹介する。特に，モチーフのさなざまな表現法をはじめとして，それらの利用法やモチーフ抽出に重要な多重整列化やプロファイルの概念について紹介する。つぎに，列挙法やギブスサンプリング法などに基づくモチーフ抽出法について紹介する。最後に，食物連鎖ネットワークや遺伝子制御ネットワーク（遺伝子と転写因子タンパク質の相互作用）で見られるネットワークモチーフを抽出する方法について紹介する。

3.1　類 似 性 検 索

　類似性検索（similarity search）では，二つの対象が類似しているかどうかを評価するために，一般に，二種類の**指標**が知られており，それらは**非類似度**（dissimilarity）および**類似度**（similarity）と呼ばれている。二つの対象どうしの非類似度が小さい場合あるいは類似度が大きい場合に，両者は似ていると判断されている。

　テキストや文書などからなる配列データベース（文字列データベース）の類似性検索では，非類似度を指標とする場合が多く，非類似度の尺度として**ハミング距離**（Hamming distance）や**編集距離**（edit distance）などが知られている。このような尺度を用いた類似性検索は，問合せ配列（query sequence，検索キー）に類似する文字列を**配列データベース**（string database, sequence database）から検索するのに利用され，**近似文字列検索**（approximate string search, approximate string matching）とも呼ばれている。塩基やアミノ酸などからなる**配列データベース**（sequence database）の類似性検索では，**類似度**を指標として利用し，類似度の尺度として進化的な知識が利用される。この類似性検索は**相同性検索**（homology search：**ホモロジー検索**）とも呼ばれている[1]。2.3節でも紹介したように，相同性検索とは，利用者にとって興味のある**問合せ配列**をもとに，進化学的に類似する配列を配列データベースから見つけ出すことを意味する。

　類似性検索において，**問合せ配列**の全体に類似する配列データを配列データベースからす

べて見つけ出すことを**全域的な類似配列検索**と呼び，**問合せ配列**の一部分に類似する部分配列を配列データベースからすべて見つけ出すことを**局所的な類似配列検索**（類似部分配列検索）と呼ぶ。

本節では，まず，**非類似度**を指標とする類似性検索の仕組みについて紹介する。つぎに，**類似度**を指標とする類似性検索の仕組みについて紹介する。それぞれの説明では，全域的な類似性検索と局所的な類似性検索の二種類に分けて紹介する。なお，類似度を指標とする類似性検索は，相同性検索の仕組みを理解する上での基礎となっている。

3.1.1 非類似度に基づく検索と整列化

非類似度の尺度として，ハミング距離と編集距離がよく知られている。ここでは，これらの各尺度に基づく全域的な類似性検索と局所的な類似性検索の二種類について紹介する。

ここでは，配列データベース DB に対する問合せ $Q=(K, \varepsilon)$ は配列 K と**許容誤差** $\varepsilon(\geq 0)$ で構成されるとする。なお，非類似に基づく検索で扱われる DB は，単なる文字列データベースとして扱っており，進化学的に類似する配列の検索を意図するものではないことに注意されたい。

〔1〕 **全域的な類似検索**　　非類似度を指標とする**全域的な類似配列検索**とは，問合せ $Q=(K, \varepsilon)$ が与えられたとき，$d(K, X) \leq \varepsilon$ を満たすように，配列 X を DB からすべて見つけ出すことを意味する。ここでは，非類似度の尺度として，編集距離を取り上げる。なお，ハミング距離の計算法については，次ページのコラムを参照されたい。

問合せ配列を S_1 とし，配列データベース中の配列の一つを S_2 とする。ただし，S_1 と S_2 の長さをそれぞれ N と M とする。編集距離 $d(S_1, S_2)$ が誤差 ε 以内にあるか否かを知るためには，S_1 と S_2 の間の編集距離 $d(S_1, S_2)$ を計算する必要がある。編集距離 $d(S_1, S_2)$ は，文字

コラム

非類似度と類似度

対象とする要素（文字列や配列等を意味する）の集合 Ω において，$x, y \in \Omega$ とする。

【非類似度】x と y の非類似の度合を示す指標 $d(x, y)$ は，以下の条件を満足する。

（条件1）$x \neq y$ を満たす任意の $y \in \Omega$ について，$d(x, x) \leq d(x, y)$

（条件2）任意の $x, y \in \Omega$ について，$d(x, y) = d(y, x)$

さらに，任意の $x, y, z \in \Omega$ について，三角不等式（$d(x, y) + d(y, z) \geq d(x, z)$）を満たせば，距離空間における距離の性質を満たすが，必ずしも満たさなくてもよい。

【類似度】類似の度合を示す指標 $s(x, y)$ は，以下の条件を満足する。

（条件1）$x \neq y$ を満たす任意の $y \in \Omega$ について，$s(x, x) \geq s(x, y)$

（条件2）任意の $x, y \in \Omega$ について，$s(x, y) = s(y, x)$

列 S_1 から文字列 S_2 に変形するために必要な文字列編集操作回数の最小値を意味し，それは**動的計画法**[2),3)] (dynamic programming：**ダイナミックプログラミング**) により計算可能である。

動的計画法を用いて，その編集操作回数の最小値 $d(S_1, S_2)$ を計算する方法を紹介する。なお，この方法は，S_1 と S_2 のどちらについても全域を見ながら整列化を進めていることから**全域的な整列化** (global alignment，全域的なアラインメント) と呼ばれる。

非類似度スコア $D[i, j]$ を，$S_1[1..i]$ から $S_2[1..j]$ に変換するために必要な編集操作回数の最小値とする。$D[i, j]$ は，$S_1[1..i]$ と $S_2[1..j]$ の間の編集距離を意味する。ただし，$1 \leq i \leq N$, $1 \leq j \leq M$ とする。また，$S_1 = S_1[1..N]$ と $S_2 = S_2[1..M]$ との間の編集距離を $d(S_1, S_2) = D[N, M]$ とする。

計算は $D[0, 0] = 0$ から始める。$D[i, 0]$ や $D[0, j]$ は，**基底条件** (base condition) と呼ばれ，二つの文字列 S_1, S_2 の間の編集距離 $d(S_1, S_2)$ を計算する場合は，$D[i, 0] = i$, $D[0, j] = j$ が利用される ($1 \leq i \leq N, 1 \leq j \leq M$)。これらの基底条件は妥当である。すなわち，長さ i の文字列 $S_1[1..i]$ から S_2 の空文字列 (長さ 0) に変換するには，$S_1[1..i]$ に対して i 回の文字削除が必要であるため，$D[i, 0] = i$ を満たす。また，S_1 の空文字列 (長さ 0) から長さ j の文字列 $S_2[1..j]$ に変換するには，$S_1[1..i]$ に対して j 回の文字挿入が必要であるため，$D[0, j] = j$ を満たす。

これらの基底条件をもとに，**非類似度スコア** $D[i, j]$ は次式で計算することができる。

$$D[i, j] = \min\{D[i-1, j-1] + w(i, j),\ D[i, j-1] + 1, D[i-1, j] + 1\} \tag{3.1}$$

ただし，$w(i, j)$ は非類似度の**スコア関数** (文字間の非類似度の値を返す関数) と呼ばれ，

コラム

ハミング距離と編集距離

同一長で 2 件の文字列として，S_1 および S_2 が与えられているとしよう。ハミング距離とは，文字列 S_1 に対する文字置換操作により文字列 S_1 から文字列 S_2 に変形するとき，その置換操作回数の最小値を意味する。編集距離とは，文字列 S_1 に対する文字編集操作 (挿入・削除・置換) により文字列 S_1 から文字列 S_2 に変形するとき，その操作の最小値回数を意味する。編集距離は Levenshtein 距離とも呼ばれる。編集距離の計算には動的計画法が利用されており，動的計画法では，置換のほかに挿入や削除の操作が許されているので，比較する二つの文字列の長さは必ずしも等しい必要はない。

さて，ハミング距離と編集距離の簡単な計算例を示しておこう。たとえば，S_1 = <ATATATAT>，S_2 = <TATATATA> とすると，文字列どうしはたいへんよく似ているにもかかわらず，ハミング距離の計算結果は $d(S_1, S_2) = 8$ となり，大きな値を持ってしまう。そこで，編集距離を計算してみよう。S_2 にギャップ (-) を挿入し，S_1 の最後にギャップを挿入した結果を S_1' = <ATATATAT->，S_2' = <-TATATATA> とすると，編集距離は $d(S_1', S_2') = 2$ となり，今度はたいへんよく似ているという直観と一致する。

文字列間の編集距離の計算では，$S_1[i]=S_2[j]$ のとき $w(i,j)=0$ とし，$S_1[i]\neq S_2[j]$ のとき $w(i,j)=1$ と設定される（$1\leqq i\leqq N, 1\leqq j\leqq M$）。

二つの配列 S_1＝＜ATATATAT＞，S_2＝＜TATATATA＞について考えてみよう。どちらも配列長は，8 である。**図 3.1** は，非類似度スコアを計算した結果の行列表現である。この 9×9 の行列は**全域的な累積距離行列**（**累積非類似度行列**）と呼ばれている。図の右下に丸印で表記されている $D[8,8]=2$ が，編集距離 $d(S_1,S_2)$ である。すなわち，$d(S_1,S_2)=2$ となる。

		j=0	1	2	3	4	5	6	7	8
			T	A	T	A	T	A	T	A
i=0		0	1	2	3	4	5	6	7	8
1	A	1	1	1	2	3	4	5	6	7
2	T	2	1	2	1	2	3	4	5	6
3	A	3	2	1	2	1	2	3	4	5
4	T	4	3	2	1	2	1	2	3	4
5	A	5	4	3	2	1	2	1	2	3
6	T	6	5	4	3	2	1	2	1	2
7	A	7	6	5	4	3	2	1	2	1
8	T	8	7	6	5	4	3	2	1	2

図 3.1　全域的な累積距離行列の計算例

編集距離の計算のために，S_1＝＜ATATATAT＞から S_2＝＜TATATATA＞に変形した結果は，累積距離行列の $D[8,8]$ の区画から $D[0,0]$ の区画の方向に向かう**最適経路**を見つけ出すことにより得られる。具体的には，$D[i,j]$ の区画からつぎの区画への最適経路は，$D[i-1,j-1]$，$D[i-1,j]$，$D[i,j-1]$ から最小値を持つ区画を選択することにより得られる。一般に，この処理は**トレースバック**（traceback）と呼ばれ，複数の最適経路が得られる。

図 3.2 には，トレースバックにより得られる複数の最適経路のうちの二つが示されている。経路 1 からは S_1'＝＜-ATATATAT＞，S_2'＝＜TATATATA-＞が得られ，経路 2 からは S_1'＝＜ATATATAT-＞，S_2'＝＜-TATATATA＞が得られる。ただし，記号 - は，**ギャップ**（gap）と呼ばれるもので，S_1' にギャップが挿入されている位置を i とする場合，$S_2'[i]$ の文字は削除を意味する（$S_1'[i]$＝'-'）。これとは逆に，$S_1'[j]$ の文字を削除する場合，$S_2'[j]$＝'-' を意味する。

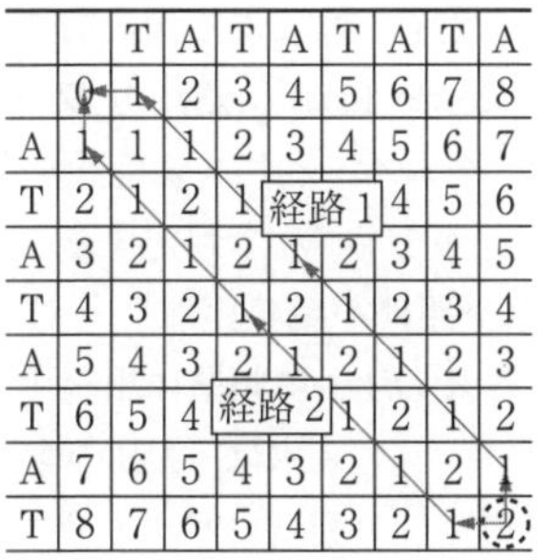

図 3.2　トレースバックの例

〔2〕 **局所的な類似性検索** 　**非類似度を指標とする局所的な類似配列検索**とは，問合せ $Q=(K, \varepsilon)$ が与えられたとき，$d(K, X') \leq \varepsilon$ を満たすように，$X \in DB$ の部分配列 X' を DB からすべて見つけ出すことを意味する。この場合も非類類似度の尺度には，ハミング距離や編集距離が利用される。

以下では，局所的な類似性検索の尺度の一つである編集距離の計算法について紹介する。この編集距離の計算は，**局所的な整列化**（local alignment，局所的なアラインメント）により実施される。

〔1〕で紹介した全域的な整列化では，配列 S_1 から配列 S_2 に変形するために，基底条件を $D[i, 0] = i$, $D[0, j] = j$ と設定している（$1 \leq i \leq N$, $1 \leq j \leq M$）。このため，そのような設定に基づく計算では配列の先頭からの違いだけが考慮されており，どちらの配列も配列の途中からの違いは考慮されていない。

これに対して，局所的な整列化では，基底条件を $D[i, 0] = 0$, $D[0, j] = 0$, あるいは $D[i, 0] = i$, $D[0, j] = 0$ と設定する（$1 \leq i \leq N$, $1 \leq j \leq M$）。前者は，配列 S_1 と配列 S_2 とを比較し，たがいに類似する部分配列を探し出そうとするが，後者は，S_2 に含まれる部分配列から S_1 の全体に類似するものを探し出そうとしている。後者に基づく計算は，前者と区別して**準局所的な整列化**（semi-local alignment）と呼ぶことにする。準局所的な整列化により，問合せ配列 S_1 に類似する部分配列を DB 中の配列 S_2 から見つけ出すことができる。なお，どちらも $D[0, 0] = 0$ から計算を始める。

以下では，基底条件を，$D[i, 0] = i$, $D[0, j] = 0$ とする準局所的な整列化について，例を用いて紹介する。非類似度スコア $D[i, j]$ の計算方法は，式 (3.1) と同じである

問合せ配列を $S_1 = <$CGA$>$ とし，配列データベース中のある配列を $S_2 = <$ACGACG$>$ とし，S_1 と S_1 の間の**準局所的**な整列化を実施する。**図 3.3** は，その結果として得られる 4×7

> コラム
>
> **ハミング距離による局所的な類似性検索**
>
> 　誤差 ε を 0 とすると，完全一致検索を意味する。完全一致による代表的な検索アルゴリズムとして，**BM**（Boyer-Moore）**法**，**KMP**（Knuth-Morris-Pratt）**法**，**サフィックス木**（sufix tree）による検索法などが知られている。サフィックス木を利用する完全一致検索では，長さ N の問合せ配列が長さ M の配列上に存在するかどうかを $O(N)$ で判定することができる（$N \ll M$）。また，サフィックス木を利用すると，ハミング距離や編集距離[4]～[6]に基づく類似部分配列の検索（$\varepsilon \neq 0$）をはじめとして，配列データベース DB 中に頻繁に出現する部分配列の出現頻度の高速な数え上げにも利用可能である[7]。サフィックス木は，DB の索引構造の一つであり，あらかじめディスク上に構築される。長さ M の 1 件の配列に対するサフィックス木を二次記憶上で構築する際の時間計算量は $O(M^2)$，領域計算量は $O(M)$ であることが知られている[8],[9]。

```
        j=0 1 2 3 4 5 6
              A C G A C G
    i=0     0 0 0 0 0 0 0
      1   C 1 1 0 1 1 0 1
      2   G 2 2 1 0 1 1 0
      3   A 3 2 2 1 0 1 1
```

図 3.3 $S_1 = <\text{CGA}>$ と $S_2 = <\text{ACGACG}>$ に対する準局所的な累積距離行列

の行列であり，その行列は**準局所的な累積距離行列**である。図の最後の行 $D[3, j]$ は，問合せ配列 S_1 と S_2 の部分配列 $S_2' = S_2[i..j]$ との距離を意味し，その距離を持つ部分配列 S_2' は，S_2 の j 列目を最右端とする位置に存在する（$1 \leq i \leq j \leq 6$）。ただし，i の値はトレースバックにより求まる。

問合せ配列の誤差を $\varepsilon = 0$ とし，トレースバックを適用すると，図の矢印の経路が得られる。このため，配列 S_2 の2文字目から4文字目の間に存在する部分配列 $S_2' = S_2[2, 4] = <\text{CGA}>$ は，問合せ配列と一致することがわかる。

問合せ配列を $S_1 = <\text{CC}>$ に変更し，誤差を $\varepsilon = 1$ とするとき，**図 3.4** の準局所的な累積距離行列 $D[i, j]$ が得られる。この図からは，誤差以内の類似部分配列が配列 S_2 上に存在することや，その部分配列の最右端に該当する配列 S_2 上の位置はわかるが，トレースバックによりその部分配列の先頭位置をすべて探し出すことはできない。たとえば，長さ2の類似部分配列 $<\text{AC}>$，$<\text{CG}>$ は，それぞれ配列 S_2 上に2か所存在するが，トレースバックでは，$<\text{CG}>$ しか見つからない。

```
      A C G A C G
    0 0 0 0 0 0 0
  C 1 1 0 1 1 0 1
  C 2 2 1 1 2 1 1
```

図 3.4 $S_1 = <\text{CC}>$ と $S_2 = <\text{ACGACG}>$ に対する準局所的な累積距離行列

この問題を解決するには，なんらかの方法で類似部分配列の先頭を見つける必要がある。以下に，簡単に見つけられる方法を紹介する。

（1） 配列 S_1 を構成する文字の並びを反転させ，長さ N の文字列 R_1 を生成する。

（2） 準局所的な累積距離行列 $D[i, j]$ を参照し，誤差以内にある S_2 の位置を終端とする部分列 PS_2（S_2 のプレフィックス）の並びを反転させ，文字列 R_2 を生成する。ただし，PS_2 と R_2 の長さは同じであり，L とする。

（3） R_1 と R_2 の間の整列化により全域的な累積距離行列 $R[i, j]$ を作成する（$0 \leq i \leq N, 0 \leq j \leq L$）。

（4） 全域的な累積距離行列 $R[i, j]$ の最後の行で，誤差以内にある列をすべて探し，そ

れらに対応する部分配列の位置を類似部分配列の先頭とする。

たとえば，図3.4の距離スコア$D[2,5]$および$D[2,6]$に該当する配列S_2上の位置は，許容誤差以内にある四つの列のうちの二つであり，それぞれのプレフィックスPS_2は<ACGAC>と<ACGACG>である。これらの要素の並びを反転させた文字列R_2はそれぞれ<CAGCA>と<GCAGCA>となる。配列S_1の並びを反転させた文字列R_1は<CC>であることを考慮して，R_1とR_2の間の全域的な整列化をすると，**図3.5**の累積距離行列が得られる。図3.5にトレースバックを適用し，長さ2の部分配列を探し，それらの並びをもとに戻すと，図（a）から<AC>，図（b）から<CG>が得られる。

	C	A	G	C	A
	0	1	2	3	4	5
C	1	0	1	2	3	4
C	2	1	1	2	2	3

（a） $R_1=$<CC>, $R_2=$<CAGCA>
から計算されたもの

	G	C	A	G	C	A
	0	1	2	3	4	5	6
C	1	1	1	2	3	4	5
C	2	2	1	2	2	3	4

（b） $R_1=$<CC>, $R_2=$<GCAGCA>
から計算されたもの

図3.5 R_1とR_2に対する全域的な累積距離行列

3.1.2 類似度に基づく検索と整列化

相同性検索の基礎となるが，類似度を指標とする全域的な類似性検索と局所的な類似性検索の二種類について紹介する。二つの配列の間の類似度の計算においても動的計画法が利用されている。二つの配列どうしの類似度の値が大きければ，たがいに似ていることから，類似度スコア（アラインメントスコア）が最大となるように，類似度を指標とする整列化が行われる。この指標を利用する場合も，全域的な整列化と局所的な整列化がある。前者の整列化に基づく類似性検索を全域的な類似性検索と呼び，後者を局所的な類似性検索と呼ぶ。

見つけ出された配列は，整列化により計算される類似度スコアでランキングされて一覧表が示される。二つの配列が進化学的に類似する配列であるか否かの判断には，ある種の評価基準が必要となる。相同性検索では，その判断には，進化学的な十分な考察が必要だが，類似度スコアに対する統計的有意性（確率的に本当なのか偶然なのか）を評価し，その評価結果を手がかりにしている。このとき，統計的に有意であることと進化学的に有意であることは同意ではないので，つねに注意しておきたい[12]。

以下では，統計的な有意性について触れた後，類似度による全域的な類似性検索と局所的な類似性検索について紹介する。

〔1〕 **統計的有意性**[13)~16)]　類似性検索において，全域的な整列化の**統計的有意性**（statistical significance）の評価は，局所的な整列化よりも難しく，その基礎となる理論がないといわれている。全域的な整列化では，できるだけ多くの文字を一致させようとすること

が原因となり，有意性の評価のために生成される**ランダム配列**（元の配列の長さを変えずに，配列の文字のランダムな並び替えによって生成された配列）でも大きな類似度スコアをもってしまうことがあり得るからである．以下では，統計的有意性の評価に利用されている三つの指標について紹介する．なお，これらは，局所的な整列化に有効である．

（1） ***Z*-スコア**：2本の配列の類似度スコアを S とするとき，一方をランダム化した配列により得られる類似度スコア S_{random} と S を比較して，統計的に有意かどうかを判断する指標である．その指標を計算するために，n 個のランダム配列を生成し，それらから n 個の類似度スコアの集合を求める必要がある．その集合の平均値を μ，標準偏差を σ とするとき，Z-スコアは，$Z=(S-\mu)/\sigma$ により得られる．$Z=0$ のとき，S はランダム配列の平均値 μ をとっているため，2本の配列の類似度スコアは偶然性が高く，統計的な有意性はない．経験的に，$Z≧5～7$ のとき，統計的に有意であると判断されている．この計算のためには，非常に多くの数のランダム配列を生成して整列化を実施する必要があるため，大規模な配列データベースに対する類似性検索には使われにくい．

（2） ***P* 値**：この指標は，2本の配列の類似度スコアを S とするとき，スコア S 以上のスコアを持つランダム配列が現れる確率を意味し，$P=1-e^{-E}$ により計算される．経験的に，$P≦0.1$ のとき，2本の配列は進化的に類縁関係にあると判断されている．ただし，E はつぎの（3）で紹介する E 値を意味する．

（3） ***E* 値**：ある問合せ配列 K と配列データベース DB から検索される配列との類似度スコアを S とする．E 値とは，K によりランダムな配列データベース DB' を検索したとき，類似度スコア S_{random} が S 以上となるランダム配列（偽陽性）が出現する回数（期待値）を意味する．問合せ配列 K の文字数を $|K|$ とし，DB に含まれる配列の総文字数を $|DB|$ とすると，DB に偶然に（ランダム配列が）出現する回数は，$E=\kappa \cdot |K| \cdot |DB| \cdot e^{-\lambda S}$ により計算される．ただし，κ と λ は，それぞれ，同一長のランダム配列の類似度スコア分布についての最大値の位置と幅に関するパラメータ定数である．多くの場合（アミノ酸配列の整列化に広く利用されている BLOSUM 62 行列を利用する場合），$\kappa ≒ 0.1$，$\lambda ≒ 0.25$ である．経験的に，$E ≦ 10^{-4} ～ 10^{-2}$ のとき，ほぼ進化的に類縁関係にあると判断されている．配列データベースに格納される文字数の増加に比例して，E の値も増加する．E 値は P 値よりも理解しやすい．

〔2〕 **全域的な類似性検索** 類似度を指標とする**全域的な類似配列検索**とは，**問合せ配列 K に類似する配列 $X \in DB$ を配列データベース DB からすべて見つけ出すことを意味する．X が K に類似しているかどうかの判断は，なんらかの統計的有意性などによる評価が重要である．この全域的な類似性検索では，2本の配列の間の類似度を指標とする全域的な整列化（global alignment）を実施する仕組みが基本になっている．

この全域的な整列化では，進化の過程で発生したと考えられる挿入や削除を配列に施すことにより，類似度スコアが最大となる最適解が見つけ出される．最適解を見つけ出すために，動的計画法が採用されており，その基本部分は 1970 年に Needleman と Wunsch によって開発されている[10]．彼らによって開発された手法に基づくアルゴリズムは，**Needleman-Wunsch アルゴリズム**（Needleman-Wunsch algorithm）と呼ばれている．このアルゴリズムにより 2 本の配列の間の整列化を実施すると，それらの配列にギャップ領域が出現する．

$S_1[1..i]$ と $S_2[1..j]$ の間の非類似度スコア $D(i,j)$ の計算法は 3.1.1 項で紹介したが，これと対比させて，Needleman-Wunsch による類似度スコア $E(i,j)$ の計算法を示すと以下のとおりである（$1 \leq i \leq N, 1 \leq j \leq M$）．

（1） 非類似度スコアの計算と同じように，類似度スコアの計算は $E[0,0]=0$ から始める．

（2） 非類似度スコア $D(i,j)$ では，基底条件として，$D(i,0)=i, D(0,j)=j$ を与えたが，類似度スコア $E(i,j)$ では，$E(i,0)=-i \times d, E(0,j)=-j \times d$ を与える（$1 \leq i \leq N, 1 \leq j \leq M$）．

（3） 非類似度スコア $D(i,j)$ の最小値を求める処理を，類似スコア $E(i,j)$ の最大値を求める処理に変更する（$1 \leq i \leq N, 1 \leq j \leq M$）．

（4） 挿入や削除に伴うギャップが発生したときは，非類似度スコア $D(i,j)$ では正の値として 1 を与えていたが，類似度スコア $E(i,j)$ ではギャップペナルティとして負の値（$-d$）を与える（$d>0$）．

以上を整理すると，Needleman-Wunsch アルゴリズムによる計算式は以下のようになる（$1 \leq i \leq N, 1 \leq j \leq M$）．

$$\left.\begin{array}{l} E(0,0)=0, \quad E(i,0)=-i \times d, \quad E(0,j)=-j \times d \\ E[i,j]=\max\{E[i-1,j-1]+s(i,j), \ E[i,j-1]-d, \ E[i-1,j]-d\} \end{array}\right\} \quad (3.2)$$

ただし，類似度のスコア関数 $s(i,j)$ は，生物の進化の過程で文字 $S_1[i]$ から文字 $S_2[j]$ に置換する割合であり，その値は文字間の類似度を意味する．アミノ酸配列の整列化では，スコ

［コラム］

動的計画法と Needleman-Wunsch アルゴリズム

動的計画法は，1957 年に Bellman によって提案された最適化技術[2]の一つである．Needleman-Wunsch アルゴリズムは，生物の分子配列の比較のために 1970 年に開発された全域的な整列化アルゴリズム[10]である．開発当時，Needleman と Wunsch らは，このアルゴリズムが Bellman の動的計画法と類似していることに，まったく気が付いていなかったようである[11]．

ア関数として，**アミノ酸置換行列**（amino acid substitution matrix, amino acid score matrix）が利用されている。これには，Dayhoffの方法[17]による **PAM**（point accepted mutation）**行列**，**Henikoff の BLOSUM 行列**[18),19]（BLOck SUbstitution Matrices）などが知られている。塩基配列の整列化では，スコア関数として，**塩基置換行列**[20]（nucleotide substitution rate matrix）が利用されている。

図 3.6 の左側の類似度スコアは，2本のアミノ酸配列をそれぞれ S_1 = <KKIP>，S_2 = <RKIPSF> とし，S_1 と S_2 の間の全域的な整列化を行った結果の行列表現である。本書では，この 5×7 の行列を**全域的な累積類似度行列**と呼ぶ。図 (b) に，トレースバックにより得られる複数の最適経路を示す。S_1 と S_2 の間の全域的な整列化を実施した結果を S_1' および S_2' と表記すると，S_1' = <-KKIP-->，S_2' = <RK-IPSF> が得られる。ただし，ギャップペナルティについては $d=1.0$ としている。また，類似度のスコア関数 $s(i,j)$ については，S_1 と S_2 の間の整列化の結果をわかりやすくするため，$S_1[i]=S_2[j]$ のとき $s(i,j)=1.0$ とし，$S_1[i]\neq S_2[j]$ のとき $s(i,j)=-1.0$ としている。

		R	K	I	P	S	F
	0	-1	-2	-3	-4	-5	-6
K	-1	-1	0	-1	-2	-3	-4
K	-2	-2	0	-1	-2	-3	-4
I	-3	-3	-1	1	0	-1	-2
P	-4	-4	-2	0	2	-1	0

（a）累積類擬似度行列

		R	K	I	P	S	F
	0	-1	-2	-3	-4	-5	-6
K	-1	-1	0	-1	-2	-3	-4
K	-2	-2	0	-1	-2	-3	-4
I	-3	-3	-1	1	0	-1	-2
P	-4	-4	-2	0	2	-1	0

（b）最適経路

丸印の $E(4,6)$ は，配列間の全域的な類似度スコアである。

図 3.6 S_1 = <KKIP> と S_2 = <RKIPSF> の間の全域的な累積類似度行列

さて，これまでの説明には，長さ L の**ギャップ列**（連続するギャップの並び）についてペナルティを与える方法が含まれていない。長さ L のギャップ列に応じたペナルティの与え方として，**線形ギャップスコア**（linear gap score）と**アフィンギャップスコア**（affine gap score）が知られている。それらを，それぞれ $g_1(L)$ および $g_2(L)$ と表記すると，以下のとおりである。

$$g_1(L) = -L \times d \tag{3.3}$$

$$g_2(L) = -(d+e\times L) \quad \text{または} \quad -(d+e\times(L-1)) \tag{3.4}$$

ここで，d は**ギャップ開始ペナルティ**，e は**ギャップ伸長ペナルティ**と呼ばれている。また，アミノ酸配列の場合，$d \geq e$ を満たし，通常，d については使用するスコア関数の最大値程度，全域的な整列化における e については $(1/10) \times d$ 程度が設定される[13]。

式 (3.3)，(3.4) のギャップスコアを $g(L)$ と表記すると，このギャップスコアが考慮された全域的な整列化の計算式は，以下のとおりである（$1 \leq i \leq N, 1 \leq j \leq M$）。

$$\left.\begin{aligned} &E(0,0)=0, \qquad E(i.\,0)=g(i), \qquad E(0,j)=g(j) \\ &E[i,j]=\max\{E[i-1,j-1]+s(i,j), \\ &\qquad \max_{1\leq k\leq j}\{E[i,j-k]+g(k)\},\ \max_{1\leq l\leq i}\{E[i-l,j]+g(l)\}\} \end{aligned}\right\} \tag{3.5}$$

図 3.7 に，長さ L のギャップ列に与えるアフィンギャップスコアとして $g(L)=g_2(L)=-(1.0+0.1\times(L-1))$ を設定し，$S_1=$ <KKIP> と $S_2=$ <RKIPSF> の間の全域的な整列化の結果を示す。また，類似度の**スコア関数** $s(i,j)$ については，$S_1[i]=S_2[j]$ のとき $s(i,j)=1.0$ と設定し，$S_1[i]\neq S_2[j]$ のとき $s(i,j)=-1.0$ と設定した。

		j=0	1	2	3	4	5	6
			R	K	I	P	S	F
i=0		0.0	−1.0	−1.1	−1.2	−1.3	−1.4	−1.5
1	K	−1.0	−1.0	0.0	−1.0	−1.1	−1.2	−1.3
2	K	−1.1	−2.0	0.0	−1.0	−1.1	−1.2	−1.3
3	I	−1.2	−2.1	−1.0	1.0	0.0	−1.0	−0.2
4	P	−1.3	−2.2	−1.1	0.0	2.0	1.0	0.9

丸印の $E(4,6)$ は，配列間の全域的な類似度スコアである。

図 3.7　アフィンギャップスコアを考慮した全域的な累積類似度行列

さて，式 (3.5) を用いて，図 3.7 における $E[4,1]$ と $E[4,2]$ がそれぞれ -2.2 と -1.1 になることを確認してみよう。また，$s(4,1)$ と $s(4,2)$ について考えてみると，$S_1[4]=$'P'，$S_2[1]=$'R'，$S_2[2]=$'K'であり，$S_1[4]\neq S_2[1]$，$S_1[4]\neq S_2[2]$ が成立することから，$s(4,1)=s(4,2)=-1.0$ となる。また，アフィンギャップスコアについては，$g_2(1)=-1.0$，$g_2(2)=-1.1$，$g_2(3)=-1.2$，$g_2(4)=-1.3$ となる。以上を踏まえ，以下に計算例を示す。

$$\begin{aligned} E[4,1]&=\max\{E[3,0]+s(4,1), \\ &\qquad \max\{E[4,0]+g_2(1)\}, \\ &\qquad \max\{E[3,1]+g_2(1),\ E[2,1]+g_2(2),\ E[1,1]+g_2(3),\ E[0,1]+g_2(4)\}\} \\ &=\max\{-1.2-1.0, \\ &\qquad \max\{-1.3-1.0\}, \max\{-2.1-1.0,\ -2.0-1.1,\ -1.0-1.2,\ -1.0-1.3\}\} \\ &=\max\{-2.2, \\ &\qquad \max\{-2.3\}, \max\{-3.1,\ -3.1,\ -2.2,\ -2.3\}\} \\ &=\max\{-2.2,\ -2.3,\ -2.2\} \\ &=-2.2 \end{aligned}$$

$$\begin{aligned} E[4,2]&=\max\{E[3,1]+\mathrm{s}(4,2), \\ &\qquad \max\{E[4,1]+g_2(1), E[4,0]+g_2(2)\}, \\ &\qquad \max\{E[3,2]+g_2(1), E[2,2]+g_2(2), E[1,2]+g_2(3), E[0,2]+g_2(4)\}\} \end{aligned}$$

$$= \max\{-2.1-1.0,$$
$$\max\{-2.2-1.0, -1.3-1.1\},$$
$$\max\{-1.0-1.0, 0.0-1.1, 0.0-1.2, -1.1-1.3\}\}$$
$$= \max\{-3.1, \max\{-3.2, -2.4\}, \max\{-2.0, -1.1, -1.2, -2.4\}\}$$
$$= \max\{-3.1, -2.4, -1.1\}$$
$$= -1.1$$

ところで，式 (3.5) に対して，後藤 修は図 3.8 に示されるような効率的な整列化アルゴリズムを開発した[21)]。ただし，この図は，式 (3.5) の $g(L)$ にアフィンギャップスコア $g(L) = -(d+e\times(L-1))$ を導入したものである。このため，線形ギャップスコアの場合は，図の e を d に置き換えるだけで十分である。この整列化アルゴリズムでは，二つの二次元配列 $F[i,j]$, $G[i,j]$ の二つの領域を新たに用意し，それらを利用することにより，時間計算量を $O(N^2M+NM^2)$ から $O(NM)$ に減少させている。

```
入力：  2本の配列データ S₁, S₂; S₁[i]とS₂[j]に対するスコア関数値 s(i,j)；
出力：  E(i,j) for 0≦i≦N, 0≦j≦M
  F(0,0):=0；G(0,0):=0；E(0,0):=0；
  F(i,0):=g(i)；G(i,0):=g(i)；E(i,0):=g(i)；for 0＜i≦N
  F(0,j):=g(j)；G(0,j):=g(j)；E(0,j):=g(j)；for 0＜j≦M
  for i=1 to N{
    for j=1 to M{
      if j=1 then F(i,j):=E(i,j-1)+g(1)；
           else F(i,j):=max{E(i,j-1)+g(1), F(i,j-1) - e}；
      if i=1 then F(i,j):=E(i-1,j)+g(1)；
           else G(i,j):=max{E(i-1,j)+g(1), G(i-1,j) - e}；
      E(i,j):=max{E(i-1,j-1)+s(i,j), F(i,j), G(i,j)}；
    }
  }
```

図 3.8 アフィンギャップスコアを考慮した全域的な整列化アルゴリズム

図 3.8 に示されている $F(i,j)$ の計算式は，式 (3.5) から容易に導出可能であり，$F(i,j)$ は以下のように導出できる。

まず，アフィンギャップスコアでは，$k≧1$ に対してつぎの漸化式が成り立つことがわかる。

$$g(k+1) = g(k) - e \tag{3.6}$$

$F(i,j) = \max_{1≦k≦j}\{E(i,j-k)+g(k)\}$ とおき，式 (3.4) の関係を考慮すると，次式が得られる（$1≦i≦N, 1≦j≦M$）。

$j=1$ のとき，$1≦k≦1$ となるので，$F(i,j) = E(i,j-1)+g(1)$

$j≧2$ のとき，$F(i,j) = \max\{E(i,j-1)+g(1), \max_{2≦k≦j}\{E(i,j-k)+g(k)\}\}$

$k≧2$ に対して $k'=k-1$ とおくと，次式が得られる。

$F(i,j) = \max\{E(i,j-1)+g(1), \max_{1≦k'≦j-1}\{E(i,j-(k'+1))+g(k'+1)\}\}$

式 (3.6) を用いると，次式が得られる。

$$F(i,j) = \max\{E(i,j-1)+g(1),\ \max_{1 \leq k' \leq j-1}\{E(i,(j-1)-k')+g(k')-e\}\}$$
$$= \max\{E(i,j-1)+g(1),\ \max_{1 \leq k' \leq j-1}\{E(i,(j-1)-k')+g(k')\}-e\}$$
$$= \max\{E(i,j-1)+g(1),\ F(i,j-1)-e\}$$

以下，同様に，$G(i,j) = \max_{1 \leq l \leq i}\{E(i-l,j)+g(l)\}$ と置き，上記と同じような変形操作を行うと，次式が得られる。

$j=1$ のとき，$1 \leq k \leq 1$ となるので，$F(i,j) = G(i,j-1)+g(1)$

$j \geq 2$ のとき，$G(i,j) = \max\{E(i,j-1)+g(1),\ G(i,j-1)-e\}$

以上により，図 3.8 の最後の行に示されている計算式 $E[i,j] = \max\{E[i-1,j-1]+s(i,j),\ F(i,j),\ G(i,j)\}$ が導出される。

〔3〕 **局所的な類似性検索**　　**類似度を指標とする局所的な類似配列検索**とは，問合せ配列 S_1 の部分配列 S_1' に類似する配列 X を配列データベース DB からすべて見つけ出すことを意味する。ただし，X は DB に含まれる配列 S_2 の部分配列である。類似度を指標とする局所的な類似性検索は，2 本の配列 S_1 と S_2 に対して，類似度を指標とする**局所的な整列化**（local alignment）を実施する仕組みが基本となっている。この局所的な整列化の方法は，1981 年に開発された **Smith-Waterman アルゴリズム**（Smith-Waterman algorithm）として知られている[22]。

Smith-Waterman アルゴリズムは，式 (3.2) や式 (3.5) の全域的な整列化とは，以下の点が異なる。

（1）基底条件を，$E[i,0] = E[0,j] = 0$ とする（$1 \leq i \leq N$，$1 \leq j \leq M$）。

　　$E[i,0]=0$ とすることにより，動的計画法による類似度スコア計算の開始位置として，配列 S_1 側は任意の位置が許される。これにより，配列 S_2 に対して，配列 S_1 の途中に存在する類似部分配列を見つけ出すことができる。また，$E[0,j]=0$ とすることにより，動的計画法による類似度スコア計算の開始位置として，配列 S_2 側は任意の位置が許される。これにより，配列 S_1 に対して，配列 S_2 の途中に存在する類似部分配列を見つけ出すことができる。

（2）$E[i,j]$ の計算式の中で，最初の max 計算では，0 を選択肢に入れる。

　　基底条件を 0 としても，すべての経路は負の値の影響を受けるので，配列の途中から始まる類似部分配列をすべて見つけ出すことはできない。そこで，両方とも任意の開始位置から計算ができるようにするため，$E[i,j]$ の最初の max 計算で 0 を選択肢に含めている。これにより，どの類似度スコア $E[i,j]$ でも負とならないので，整列化によって導出されるどんな経路も負の値の影響を受けない。

以上により，式 (3.5) に対応する局所的な整列化の式はつぎのようになる。

$$\begin{aligned}&E(0,0)=0, \quad E(i,0)=0, \quad E(0,j)=0 \\ &E[i,j]=\max\{0, E[i-1,j-1]+s(i,j) \\ &\qquad \max_{1\leq k\leq j}\{E[i,j-k]+g(k)\}, \max_{1\leq l\leq i}\{E[i-l,j]+g(l)\}\}\end{aligned} \right\} \quad (3.7)$$

図 3.9 に，長さ L のギャップ列に与えるアフィンギャップスコアとして $g(L)=g_2(L)=-(1.0+0.1\times(L-1))$ を設定し，$S_1=<\text{KKIP}>$ と $S_2=<\text{RKIPSF}>$ の間の局所的な整列化の結果を行列表示する。本書では，このような行列を**局所的な累積類似度行列**と呼ぶ。ただし，ここでは計算を単純化するため，類似度のスコア関数 $s(i,j)$ についてはアミノ酸の置換行列を使わず，$S_1[i]=S_2[j]$ のとき $s(i,j)=1.0$ とし，$S_1[i]\neq S_2[j]$ のとき $s(i,j)=-1.0$ とした。

	$j=0$	1	2	3	4	5	6
		R	K	I	P	S	F
$i=0$		0.0	0.0	0.0	0.0	0.0	0.0	0.0
1	K	0.0	0.0	1.0	0.0	0.0	0.0	0.0
2	K	0.0	0.0	1.0	0.0	0.0	0.0	0.0
3	I	0.0	0.0	0.0	2.0	1.0	0.9	0.8
4	P	0.0	0.0	0.0	1.0	3.0	2.0	1.9

類似度スコアの高い順に並べると，$E(4,4), E(4,5), E(4,6), E(4,3)$ となる。

図 3.9 $S_1=<\text{KKIP}>$ と $S_2=<\text{RKIPSF}>$ に対する局所的な累積類似度行列（5×7 の行列）

図中の丸印は，上位二つの類似度スコアを持つ類似部分配列の終端位置を意味する。2 本の配列を S_1, S_2 とし，両者の間の局所的な整列化の結果を (S_1', S_2') と表記すると，これらの終端位置からトレースバックをすることにより，局所的な整列化の結果 (S_1', S_2') として，$(<\text{KKIP}>,<\text{K-IP}>)$ および $(<\text{KKIP-}>,<\text{K-IPS}>)$ の 2 組みが得られる。

式 (3.7) を用いて，図 3.7 の類似度スコアの中で，$E[4,4]$, $E[4,5]$ がそれぞれ 3.0, 2.0 になることを確認してみよう。$s(4,4)$, $s(4,5)$ のそれぞれのスコア関数について考えてみると，$S_1[4]={'P'}$, $S_2[4]={'P'}$, $S_2[5]={'S'}$ であることから，$s(4,4)=1.0$, $s(4,5)=-1.0$ となる。また，アフィンギャップスコアについては，$g_2(1)=-1.0$, $g_2(2)=-1.1$, $g_2(3)=-1.2$, $g_2(4)=-1.3$, $g_2(4)=-1.4$ となる。以下に計算例を示す。

$$\begin{aligned}E[4,4]&=\max\{0.0, E[3,3]+s(4,4), \\ &\quad \max\{E[4,3]+g_2(1), E[4,2]+g_2(2), E[4,1]+g_2(3), E[4,0]+g_2(4)\}, \\ &\quad \max\{E[3,4]+g_2(1), E[2,4]+g_2(2), E[1,4]+g_2(3), E[0,4]+g_2(4)\}\} \\ &=\max\{0.0, 2.0+1.0, \\ &\quad \max\{1.0-1.0, 0.0-1.1, 0.0-1.2, 0.0-1.3\}, \\ &\quad \max\{1.0-1.0, 0.0-1.1, 0.0-1.2, 0.0-1.3\}\}\end{aligned}$$

$$= \max\{0.0, 3.0, \max\{0.0, -1.1, -1.2, -1.3\}, \max\{1.0, -1.1, -1.2, -2.3\}\}$$
$$= \max\{0.0, 3.0, 0.0, 0.0\}$$
$$= 3.0$$
$$E[4, 5] = \max\{0.0, E[3, 4] + s(4, 5),$$
$$\max\{E[4, 4] + g_2(1), E[4, 3] + g_2(2), E[4, 2] + g_2(3), E[4, 1] + g_2(4), E[4, 0] +$$
$$g_2(5)\},$$
$$\max\{E[3, 5] + g_2(1), E[2, 5] + g_2(2), E[1, 5] + g_2(3), E[0, 5] + g_2(4)\}\}$$
$$= \max\{0.0, 1.0 - 1.0,$$
$$\max\{3.0 - 1.0, 1.0 - 1.1, 0.0 - 1.2, 0.0 - 1.3, 0.0 - 1.4\},$$
$$\max\{0.9 - 1.0, 0.0 - 1.1, 0.0 - 1.2, 0.0 - 1.3\}\}$$
$$= \max\{0.0, 0.0,$$
$$\max\{2.0, -0.1, -1.2, -1.3, -1.4\},$$
$$\max\{-0.1, -1.1, -1.2, -2.3\}\}$$
$$= \max\{0.0, 0.0, 2.0, -0.1\} = 2.0$$

〔4〕 **相同性検索** 相同性検索は，進化的な類縁関係にある配列を配列データベースからすべて見つけ出す類似性検索である．このため，相同性検索では，〔3〕で紹介した類似度に基づく局所的な整列化アルゴリズム（Smith-Waterman アルゴリズム）が基礎になっている．この整列化アルゴリズムは，動的計画法を用いたアルゴリズムであり，進化学的な知識を導入し，配列中に進化の過程で保存された核酸配列パターンやアミノ酸配列パターンを見つけようとしている．

進化学的な知識の一部を整列化アルゴリズムに導入するために，類似度のスコア関数にアミノ酸置換行列や塩基置換行列，ギャップペナルティに線形ギャップスコアやアフィンギャップスコアなどが用いられている．このような事情により，類似性検索の結果として得られる類似配列（あるいは類似部分配列）を依然として仮説とみなさざるを得ない．このため，この仮説を統計的に検定することで，進化的には関係なくても，計算上偶然に類似すると判断された結果（偽陽性）を排除しようとしている．これは，〔1〕で紹介した統計的有意性の評価に該当する．

さて，問合せ配列 K の長さを $|K|$ とし，配列データベース DB の全配列をつなげた長さを $|DB|$ とすると，動的計画法に基づく整列化アルゴリズムの時間計算量は $O(|K|\cdot|DB|)$ になることが知られており，1970 年代にはこのアルゴリズムに基づく相同性検索を配列データベースに適用して多くの処理時間を要していた．その後，コンピュータの処理能力が過去 30 年間（1970〜2000 年）に 15 000 倍も向上したため，この処理時間の問題が解決されたかのように見える．

3.1 類 似 性 検 索　　59

しかしながら，現在でも整列化アルゴリズムがかかえる処理時間の問題が依然として残されている。その理由は，近年，シークエンサー技術のめざましい発達により，過去25年間（1985年〜2010年）にその性能がおよそ1億倍も向上する中で，整列化アルゴリズムが処理対象とする配列データベースのサイズが巨大化してきているからである。グリッド計算機環境や超並列計算機をうまく使い，動的計画法の問題を複数の計算機で並列に解くアプローチは，処理時間を短縮するのに有効であろう。

　一般に，動的計画法だけを頼りにする整列化アルゴリズムは，最適な整列化を厳密に計算するため，巨大な配列データベースを対象にすると多くの計算時間を要する。このため動的計画法だけを頼りにする厳密な計算をやめ，多少の検索漏れを許す代わりに，厳密な相同性検索よりも高速な検索処理を実現する方法がいくつか開発されている。

　PearsonとLipmanが開発した **FASTA アルゴリズム**[23),24)] やAltschulらが開発した **BLAST**（Basic Local Alignment Search Tool）**アルゴリズム**[25)] は，Smith-Watermanアルゴリズムよりも高速な相同性検索のアルゴリズムとして知られている[26)〜28)]。以下では，それらのアルゴリズムを簡単に紹介する。

　〔**a**〕　**FASTA アルゴリズム**　　第1ステップでは，配列データベースに含まれる配列と問合せ配列に対して，直接，動的計画法を適用せずに，たがいに**完全一致**する**部分配列**をすべて検索する。完全一致する部分配列を効率的に見つけ出すために，配列上に出現する文字をキー（key）とし，その文字の位置情報をバリュ（value）とする**ハッシュ表**（key, value）を利用している。また，検索された完全一致の短い部分配列の集合をもとに，**図3.10**に示すように，よく一致する「ギャップなし領域」（動的計画法では対角線上に並ぶ領域に相当）をすべて見つける。なお，図中で部分配列どうしの完全一致領域は**シード**（seed：種）と呼ばれる。ある一定のスコア関数（文字の一致/不一致に対して，ある一定の正/負の値を与える）を用いて，それらの「ギャップなし領域」のスコアを計算し，上位

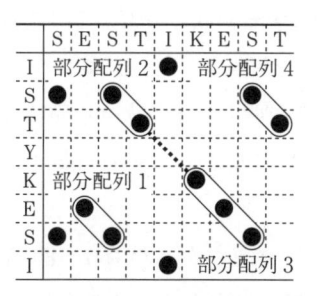

対角線上にある部分配列2と部分配列3の2本のシードを結合して作られる1文字違いの類似箇所（＜STYKES＞と＜STIKES＞）が，「ギャップなし領域」となる。部分配列1および部分配列4は，それぞれ単独で「ギャップなし領域」となる。

図3.10　　＜ISTYKESI＞と＜SESTIKEST＞に対する「ギャップなし領域」の探索

10個の「ギャップなし領域」を選択する．

第2ステップでは，**置換行列**（アミノ酸置換行列や塩基置換行列など）を用いて，10個の「ギャップなし領域」のそれぞれに対するスコアを計算する．第3ステップでは，ギャップを考慮しながら，10個の「ギャップなし領域」から，最適なスコアをもつ組合せを選択する．これにより，最適に結合された長い領域が生成される．この長い領域は，ある程度の横幅を持っており，その領域のスコアを配列のスコアとする．第4ステップでは，スコアで上位にランキングされた配列を配列データベースから選択し，それらに対してSmith-Watermanアルゴリズム（類似度に基づく**局所的な整列化アルゴリズム**）を適用する．これにより，選択された配列ごとに，最適な類似度スコア（FASTAでは**optスコア**と呼ばれる）が計算される．

さて，FASTAアルゴリズムでは，相同性検索における整列化の高速化を行うために，**ワード**（word）と呼ばれる長さ k の連続文字列をハッシュ表のキーとして，配列をワード列とみなしている．ワードの長さは **ktup**（k-タプルの略語）と呼ばれている．ktupは，あらかじめ，設定される値であり，アミノ酸配列では1～2文字，塩基配列では4～6文字が利用される．アミノ酸配列でktup=2とすると$20 \times 20 = 400$種類のワードが定義される．塩基配列でktup=2とすると，$4 \times 4 = 16$種類のワードが定義される．ただし，ktupの値を大きくすると，整列化の高速化につながるが，数学的な厳密性が失われる傾向が高まる．

〔b〕**BLASTアルゴリズム**　　高速化の仕組みの一つとして，FASTAと同じようにワードという概念を利用している．ワード長は，アミノ酸配列では3文字，塩基配列では11文字の固定値が与えられている．

第1ステップでは，問合せ配列の先頭からワード長のウィンドウを1文字ずつ移動し，類似するワード（置換行列を用いて計算されたスコアが閾値を超えたとき，ワードどうしは類似すると定義）を同じリストに蓄積する．このリストを用いて，データベースの配列上でリストに蓄積されたワードと一致する領域を検索する．この領域は「**ヒット**」と呼ばれる．

第2ステップでは，「ヒット」を起点として，スコア（置換行列を用いて算出）が減少するまで領域を両側に伸ばしながら拡張し，より大きな領域（ギャップを許さない領域）を生成する．この大きな領域は，**HSP**（high-scoring segment pair）と呼ばれている．HSP領域のスコアはHSPスコアと呼ばれる．

第3ステップでは，複数のHSPが見つかった場合，FASTAアルゴリズムと同じ手順を踏み，最適に組み合わせられた領域を生成する．この時点で，ギャップありのHSPが生成されることがある．第4ステップでは，統計的に有意なHSPスコアを計算し，その結果を閾値とし，配列データベースから統計的に有意なHSPが出力される．このときSmith-Watermanアルゴリズムにより，HSPの類似度スコアが計算される．

アミノ酸配列に限定はされているが，**PSI-BLAST**（position-specific-iterated BLAST）と呼ばれる高精度なアルゴリズムが開発されている[29]。PSI-BLAST アルゴリズムには，次節以降で紹介する**多重整列化**（multiple alignment）や**プロファイル**（profile）などがうまく導入されている。このため，BLAST よりも処理速度は落ちるが，Smith-Waterman アルゴリズムが見逃していた遠縁の配列（問合せ配列と類縁だが一致度が低い配列）を検索できる。

3.2 多重整列化

3本以上の配列を比較し，それらに対する**全域的**な整列化を**多重整列化**（multiple alignment：**マルチプルアラインメント**）と呼ぶ。本節では，類似度のみを指標とする多重整列化の方法を紹介する。多重整列化は，3.4節で紹介するプロファイル HMM の計算や4章で紹介する**分子進化系統樹**の計算などのさまざまな応用がある。整列化あるいは3本以上の配列を多重整列化した結果は，横に並ぶ各配列を「行」とみなし，縦に並ぶ各文字列を「列」とみなすことができる。N本の配列 $\{S_1, S_2, \cdots, S_N\}$ を多重整列化した結果，列数が L となるとき，$N \times L$ の行列を**プロファイル行列**と呼び，$PF(\{S_1, S_2, \cdots, S_N\})$ と表記する（$N \geq 2$)。また，プロファイル行列の i 行目に配置されている配列を S_i' と表記する。

2本の配列の長さを L とすると，類似度に基づく全域的な整列化（ペアワイズアラインメント）では，$O(L^2)$ の時間計算量を必要とする。これに対して，N本の配列に対する全域的な多重配列化では，$O(L^N)$ の時間計算量を必要とする。これらの計算では，類似度のスコア関数が使用されているが，前者については2引数のスコア関数（アミノ酸置換行列や塩基置換行列）が用意されるのに対して，後者については N 引数のスコア関数を用意しなければならない。配列の本数に対応する N 引数のスコア関数を用意するのはうまいやり方といえない。このため，**SPスコア**や**最小エントロピースコア**などが利用されている。

また，**多重整列化**の処理速度を向上させるため，さまざまな**ヒューリスティック**な方法が利用されている。その中でももっとも一般的な計算方法として，**累進法**（progressive alignment）と呼ばれるものがある。累進法には，**Feng-Doolittle 累進法**[30]（Feng-Doolittle algorithm），**プロファイル累進法**[31],[32]（profile alignment）などがある。累進法では 3.2.2 項で紹介する**案内木**（guide tree）と呼ばれる木構造が用いられる。現在，広く利用されている **CLUSTAL W**[32] と呼ばれる多重整列化プログラムには，プロファイル累進法が採用されている。

一般に，累進法は，途中の整列化により決定された文字位置の関係が凍結され，計算を進めていく過程で，その関係を変更することができないという問題点がある。この問題点を解決する方法として，プロファイル累進法を繰り返し適用する**逐次改善法**[33]がある。そのほかに，プロファイル累進法にアドホックなスコア計算が含まれていることに注目し，累進法

のプロファイル行列を確率的な形式で取り扱う**プロファイル HMM**[34),35)] に置き換えて多重整列化を行う方法もある。

以下では，まず，累進法で用いられる案内木を構築する際に基礎となる**階層併合的クラスタリング**（agglomerative hierarchical clustering, AHC）を紹介する。その後，Feng-Doolittle 累進法およびプロファイル累進法の2種類の累進法を紹介する。なお，SPスコアについては，プロファイル累進法の中で紹介する。

3.2.1 階層併合的クラスタリング

このクラスタリングでは，まず，N本の配列に対する**距離行列**を計算する必要がある。そのためには，2本の配列 S_i と S_j の組みのすべてに対して，類似度に基づく全域的な整列化を実施しなければならない。以下では，距離行列の簡単な計算法について紹介し，**平均距離法**に基づく**階層的クラスタリング**の方法について紹介する。

〔1〕 **距離行列の計算**　2本の配列 S_i と S_j の組みに対する全域的な整列化により，$\{S_i, S_j\}$ に対するプロファイル行列 $PF(\{S_i, S_j\})$ が作成されているとする。距離行列の (i, j)-成分は，$\{S_i, S_j\}$ に対するプロファイル行列を用いて計算される（$1 \leq i \leq j \leq N$）。距離行列の (i, j)-成分を計算する方法としては，さまざまな方法が開発されている。ここでは，説明を単純化するため，S_i と S_j の間の**距離スコア**（distance score）を以下のように定義する。

$$d(S_i, S_j) = 1 - \frac{N_y}{N_x} \tag{3.8}$$

ただし，N_x は S_i と S_j から成るプロファイル行列 $PF(\{S_i, S_j\})$ に対する非ギャップ列（ギャップが一つも入らない列）の数，N_y は文字どうしが一致する列の数とする。たとえば，以下の5本のアミノ酸配列に対する距離行列について考えてみよう。

S_1 = <PPGVKSDCAS>,　　S_2 = <PADGVKDCAS>,　　S_3 = <PPDGKSDS>,

S_4 = <GADGKDCCS>,　　S_5 = <GADGKDCAS>

$\{S_1, S_2\}$ と $\{S_1, S_3\}$ のプロファイル行列（2×11）は，それぞれ以下のようになる。

$$PF(\{S_1, S_2\}) = \begin{pmatrix} S_1' \\ S_2' \end{pmatrix} = \begin{pmatrix} \text{<P-PGVKSDCAS>} \\ \text{<PADGVK-DCAS>} \end{pmatrix},$$

$$PF(\{S_1, S_3\}) = \begin{pmatrix} S_1' \\ S_3' \end{pmatrix} = \begin{pmatrix} \text{<PPGVKSDCAS>} \\ \text{<PPDGKSD--S>} \end{pmatrix}$$

$\{S_1, S_2\}$ のプロファイル行列の非ギャップ列は9個あり，一致列は8個あるので，距離スコアは $d(S_1, S_2) = 1 - (8/9) = 0.111$ となる。また，$\{S_1, S_3\}$ のプロファイル行列の非ギャップ列は8個あり，一致列は6個あるので，距離スコアは $d(S_1, S_2) = 1 - (6/8) = 0.25$ となる。他

3.2 多重整列化   63

	S_1	S_2	S_3	S_4	S_5
S_1	0	0.11	0.25	0.55	0.44
S_2		0	0.38	0.22	0.11
S_3			0	0.50	0.50
S_4				0	0.11
S_5					0

図 3.11 距離行列の例

	C_1	C_2	C_3	C_4	C_5
$C_1=\{S_1\}$	0	0.11	0.25	0.55	0.44
$C_2=\{S_2\}$		0	0.38	0.22	0.11
$C_3=\{S_3\}$			0	0.50	0.50
$C_4=\{S_4\}$				0	0.11
$C_5=\{S_5\}$					0

図 3.12 初期クラスタの距離行列

の組み合わせについても同様に計算すると，図 3.11 に示すような距離行列が得られる。

〔2〕 **クラスタリングの手順** クラスタリングの開始時点では，図 3.11 に示される五つの配列 $\{S_1, S_2, S_3, S_4, S_5\}$ に対する距離行列を，図 3.12 に示される五つのクラスタ $\{C_1, C_2, C_3, C_4, C_5\}$ に対する距離行列とみなす。開始時点では，どのクラスタにも 1 本の配列のみが配置されている。この状態からクラスタリングを始めると，図 3.12 の距離行列で最小距離関係にある初期クラスタ $C_1=\{S_1\}$ と $C_2=\{S_2\}$ が選択され，これらを新たな一つのクラスタ C_6 に併合することにより，$C_6=C_1\cup C_2=\{S_1, S_2\}$ が生成される。

新たなクラスタ C_6 に基づき，**クラスタ間距離** $d(C_6, C_3)$, $d(C_6, C_4)$, $d(C_6, C_5)$, $d(C_6, C_6)$ をなんらかの方法で計算できれば，図 3.12 の距離行列の内容を一部更新し，$\{C_3, C_4, C_5, C_6\}$ に対する距離行列を作成することができる。明らかに，$d(C_6, C_6)=0$ である。

更新された新たな距離行列の中から最小距離の関係にあるクラスタどうしを併合する。このような処理を繰り返し，クラスタが一つになった時点で，初期クラスタと生成されたクラスタの間の包含関係を調べると，たとえば，図 3.13 に示すような案内木が得られる。クラスタ間の包含関係は次式のとおりである。

図 3.13 案内木の例

$$\left.\begin{array}{lll} C_9=C_8\cup C_7, & C_8=C_6\cup C_3, & C_6=C_1\cup C_2=\{S_1, S_2\}, \\ C_3=\{S_3\}, & C_7=C_4\cup C_5=\{S_4, S_5\} & \end{array}\right\} \quad (3.9)$$

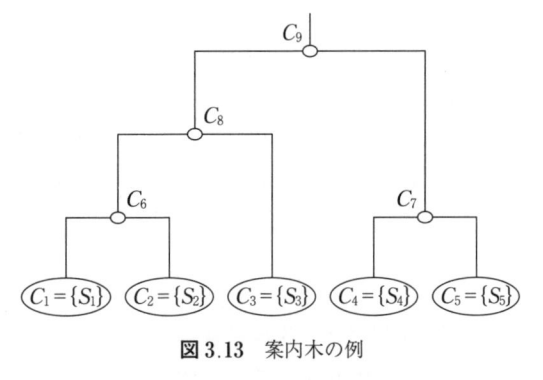

3.2.2 Feng-Doolittle 累進法

Feng-Doolittle 累進法では，2 本の配列に対して，全域的な整列化を行う Needleman-Wunsch アルゴリズムと Fitch と Margoliash の方法により生成される**案内木**[36] が利用されている。N 本の配列に対する多重整列化の手順は以下のとおりである（$N\geq 3$）。

〔第 1 ステップ〕

N 本の配列から 2 本で 1 組みの配列を $_N C_2 = N(N-1)/2$ 個取り出す。それぞれの組みに

対して，Needleman-Wunschアルゴリズムによる整列化を行い，類似度スコアを計算する。適当な手法を用いて，類似度スコアを距離（非類似度の尺度）に変換し，$N(N-1)/2$個の距離を表現する**距離行列**を作成する。この距離は，進化系統樹を直接作成することが目的ではなく，**案内木**を作成するために用意されるものであるため，特に正確である必要はない。次式は，2本の配列S_iとS_jの距離$d(S_i, S_j)$を計算するために提案されたFengとDoolittleらによる変換式である[40]。

$$d(S_i, S_j) = -\log\left(\frac{S_{obs} - S_{rand}}{S_{ident} - S_{rand}}\right) \tag{3.10}$$

ここで，S_{obs}は，2本の配列S_iとS_jの全域的な整列化により計算された類似度スコアである。S_{ident}は，2本の配列の配列ごとに，自分自身と整列化したときの類似度スコアの平均値である。S_{rand}は，長さが同じで，文字の出現数が同じ（文字の並びは気にしない）であるような配列の中からランダムに2本を選択し，整列化したときの類似度スコアの期待値である。

［第2ステップ］

FitchとMargoliashの**クラスタリングアルゴリズム**を用いて，距離行列から**案内木**と呼ばれる木構造を作成する。

［第3ステップ］

N個の各配列を異なる初期クラスタに配置し，N個の初期クラスタから出発し，より多くの配列を含む大きなクラスタを作成することにより案内木が作成されているとみなす。このとき，案内木の作成過程において，作成されたクラスタリングの順番に全域的な整列化を行う。このとき，二つのクラスタの間の整列化をなんらかの方法で実施する必要がある。しかし，2本の配列に対する整列化の範囲を超えていないという問題を抱えている。

3.2.3 プロファイル累進法

現在，広く利用されているCLUSTAL Wと呼ばれる多重整列化のプログラム[32]は，プロファイル累進法に分類されるものである。3.2.2項の処理手順と対比して説明すると，

コラム

案内木

　案内木は，1958年にSokalとMichenerによって開発された**UPGMA**（unweighted pair group method using arithmetic average）と呼ばれる**クラスタリング法**に基づいている。階層的クラスタリングは，すでに1951年にポーランドの研究者によって提案されたが，これとは独立に，1957年にMcQuittyやSneathによって提案されている[37],[38]。以後，数学や統計学の分野では**階層的クラスタリング**[39]として体系化され，UPGMAは，**階層併合的クラスタリング**の一手法であり，クラスタ間距離の計算に**平均距離法**が導入されていると位置づけられている。

CLUSTAL Wの第1ステップでは，塩基配列の場合，2本の配列間の進化距離を2.4節で紹介した塩基置換数により計算している。アミノ酸配列間の進化距離は，1983年に木村資生によって提案されたアミノ酸の置換数[41]により計算している。いずれも，大域的な整列化をもとに計算される。第2ステップでは，1987年に斎藤成也と根井正利により提案された**近隣結合法**[1),42)] (neighbor-joining algorithm) により案内木を作成している。近接結合法の詳細については，4.3.4項で紹介する。第3ステップでは，類似度が高い節点から低い節点という順番で**プロファイル行列**どうしの整列化が順次計算される。すなわち，プロファイル累進法では，案内木を下から上にたどりながらプロファイル行列どうしの整列化がつぎつぎと行われる。

以下では，まず，**SPスコア**（SP score）について紹介する。つぎに，それを用いて，プロファイル行列間のスコア関数を計算する方法について紹介する。最後に，プロファイル行列どうしの整列化を実施する方法について紹介する。

〔1〕 **SPスコア**　長さの異なるN本の配列にギャップを適当に挿入することにより，どの配列も等しい長さにすることができたとする。このとき，長さが等しくなった配列の集合を行列MATとみなすことにしよう。SPスコアは，このような行列MATの**最適性**を評価する尺度である。すなわち，N本の配列に対する最適な**多重配列**は，SPスコアが最大となる行列MATを探索することにより得られると解釈できる。

SPスコアの'SP'は sum of pairs を意味する。行列MATの各列のスコアは，**置換行列**を用いたスコアの和として定義されている。具体的には，行列MATのi列目を$MAT[i]$と表記すると，列$MAT[i]$に対するSPスコアは以下のように定義される。

$$SP(MAT[i]) = \sum s(MAT^k[i], MAT^l[i]) \ [1 \leq k < l \leq N] \tag{3.11}$$

ただし，$s(x, y)$は二つの比較文字x, yに対する類似度のスコア関数であり，これには置換行列が利用される。また，$MAT^k[i]$は，行列のk行i列の文字を意味する。Lを行列MATの列数とすると，行列MATに対するSPスコアは以下のように定義される。

$$\begin{aligned} SP(MAT) &= \sum SP(MAT[i]) \ [1 \leq i \leq L] \\ &= \sum \sum s(MAT^k[i], MAT^l[i]) \ [1 \leq i \leq L][1 \leq k < l \leq N] \end{aligned} \tag{3.12}$$

N本の配列に対する多重整列化は，$SP(MAT)$が最大になるような行列MATを探索することに相当する。N本の配列に対するプロファイル行列が得られているとし，それを1〜M行の部分C_pと$M+1$〜N行の部分C_qに2分割し，それに合わせて式(3.12)を分解すると，$\sum \sum s(C_p^k[i], C_q^l[i]) \ [1 \leq i \leq L] \ [1 \leq k \leq M] \ [1 \leq l \leq N-M]$の項のみから行列どうしの最適整列が決まることが知られている。これは，2本の配列に対する全域的な**整列化アルゴリズム**が利用できることを意味する。

〔2〕 **SPスコアに基づくスコア関数**　**プロファイル行列**どうしの整列化に必要となる

列どうしの**スコア関数**について紹介する。このスコア関数は SP スコアに基づいて定義される。N 本の配列に対する案内木を作成するときに生成されるプロファイル行列を C_k とすると，$1 \leq k < N(N-1)/2$ が成立する。案内木の中間ノードに出現する二つのプロファイル行列を C_p と C_q とし，それぞれの列数を L_p と L_q とする。また，C_p の i 列目を $C_p[i]$，C_q の j 列目を $C_q[j]$ と表記する。$C_p^k[i]$ は，C_p の k 行 i 列の文字を意味する。

C_p と C_q の間の整列化に必要となる列どうしのスコア関数 $PSP(C_p[i], C_q[j])$ は，次式の SP スコアで定義される（$1 \leq i \leq L_p$，$1 \leq j \leq L_q$）。

$$PSP(C_p[i], C_q[j]) = \sum s(C_p^k[i], C_q^l[j]) \ [1 \leq k \leq L_p] \ [1 \leq l \leq L_q]$$
$$= \sum F_i(x) F_j(y) s(x, y) \ [x, y \in \Omega] \tag{3.13}$$

ただし，Ω は配列を定義する文字の集合，$F_i(x)$ は C_p の i 列目に出現する文字 x の数，$F_j(y)$ は C_q の j 列目に出現する文字 y の数である。また，$s(x, y)$ は二つの比較文字 x, y に対する類似度のスコア関数であり，$\alpha \in \Omega$ を配列データの構成文字，d をギャップペナルティとすると，$s(-, \alpha) = s(\alpha, -) = -d$，$s(-, -) = 0$ と定義されている。ただし，ここでは，簡単のため，式 (3.3) の線形ギャップスコアを利用している。

たとえば，図 3.14 において，$C_8 = PF(\{S_1, S_2, S_3\})$ と $C_7 = PF(\{S_4, S_5\})$ のプロファイル行列を整列化する際に必要となるスコア関数 $PSP(C_6[i], C_7[j])$ について考えてみよう（$1 \leq i \leq 11$，$1 \leq j \leq 9$）。

$$PF(\{S_1, S_2, S_3\}) = \begin{pmatrix} S_1' \\ S_2' \\ S_3' \end{pmatrix} = \begin{pmatrix} <\text{P-PGVKSDCAS}> \\ <\text{PADGVK-DCAS}> \\ <\text{PPDG-KSD--S}> \end{pmatrix},$$

$$PF(\{S_4, S_5\}) = \begin{pmatrix} S_4' \\ S_5' \end{pmatrix} = \begin{pmatrix} <\text{GADGKDCCS}> \\ <\text{GADGKDCAS}> \end{pmatrix}$$

プロファイル行列 $C_8 = PF(\{S_1, S_2, S_3\})$ の 3 列目と $C_7 = PF(\{S_4, S_5\})$ の 3 列目に対するスコア関数の値を計算する式は，以下のとおりである。

$$PSP(C_8[3], C_7[3]) = 1 \times 2 \times s(\text{P}, \text{D}) + 2 \times 2 \times s(\text{D}, \text{D}) \tag{3.14}$$

プロファイル行列 $C_8 = PF(\{S_1, S_2, S_3\})$ の 9 列目と $C_7 = PF(\{S_4, S_5\})$ の 8 列目に対するスコア関数の値を計算する式は，以下のとおりである。

$$PSP(C_8[9], C_7[8]) = 2 \times s(\text{C}, \text{C}) + 2 \times s(\text{C}, \text{A}) + s(-, \text{C}) + s(-, \text{A})$$
$$= 2 \times s(\text{C}, \text{C}) + 2 \times s(\text{C}, \text{A}) - 2 \times d \tag{3.15}$$

〔3〕 **プロファイル行列どうしの整列化**　$E[i, j]$ を二つのプロファイル行列 $C_p[1, \cdots, i]$ と $C_q[1, \cdots, j]$ に対する最適な整列化により得られる類似度スコアとする。式 (3.2) と似た方

法を用いると，C_p と C_q に対する全域的な整列化は次式により達成される。

$$E(0,0) = 0, \qquad E(i,0) = PSP(C_p[i], -), \qquad E(0,j) = PSP(-, C_q[j])$$

$$\begin{aligned}
E[i,j] = \max\{ &E[i-1, j-1] + PSP(C_p[i], C_q[j]), \\
&E[i, j-1] + PSP(-, C_q[j]), \\
&E[i-1, j] + PSP(C_p[i], -)\}
\end{aligned} \tag{3.16}$$

このような整列化は**プロファイル対プロファイルの整列化**（profile-to-profile alignment）と呼ばれることがある。このような整列化に基づき，図 3.13 の案内木にそって計算された**プロファイル行列**の例を**図 3.14** に示す。この図を見てもわかるように，案内木の途中で対応づけられたプロファイル行列 C_6 の位置関係（たとえば，3 列目には文字 P と文字 D が対応づけられている）は凍結され，C_6 と C_3 との整列化や C_8 と C_7 との整列化が行われてもこの部分の位置関係が更新されることはないという問題がある。この問題に対処するために，以下の手順で示される**逐次改善法**（iterative improvement method）が利用されている。

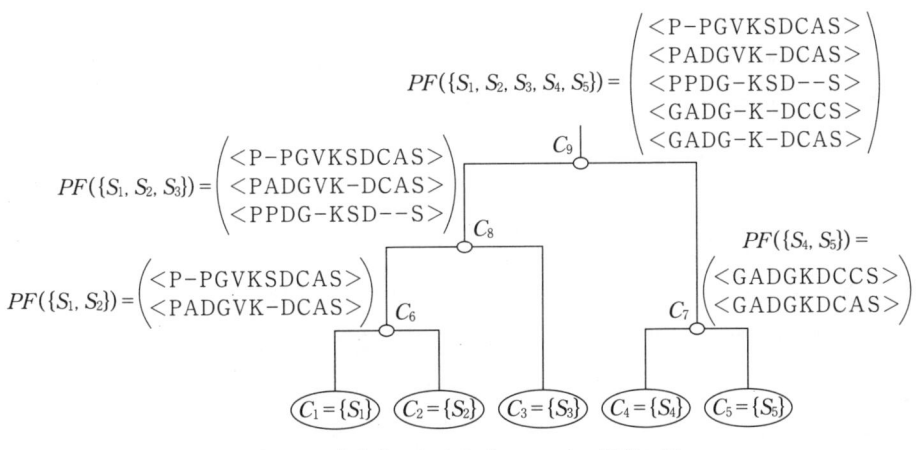

図 3.14 案内木におけるプロファイル行列の例

［第 1 ステップ］

最終結果のプロファイル行列 A（図 3.14 の例では C_9 に相当する）からランダムに k 行目の配列 S_k を取り除いたものをプロファイル行列 B とし，配列 S_k をプロファイル行列 C とみなす。

［第 2 ステップ］

二つのプロファイル行列 B と C に対して，プロファイル対プロファイルの整列化を実施する。

［第 3 ステップ］

この整列化の結果が改善されなくなるまで，第 1 ステップと第 2 ステップを繰り返し実行する。

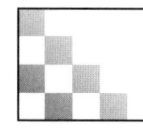

3.3 プロファイルと類似性検索

本書では，類似する同一長の配列の集まりを行列とみなしたものを**整列行列**と呼ぶ．ただし，整列行列を構成する各配列はギャップを含めて同一長でなければならない．**プロファイル**（profile）とは，整列行列あるいは**プロファイル行列**の列ごとに，出現する文字やギャップをある種の統計量で表現した数値を意味する．プロファイルには，**出現頻度行列**，**位置依存スコア行列**，**プロファイル HMM** などがある．プロファイルは，**モチーフ**（motif）を表現するために重要な役割を果たしている．一般に，モチーフとは，あるデータ上に出現する特徴的なパターンを意味する．ゲノム情報学分野のモチーフには，アミノ酸配列や塩基配列に頻繁に見られる**配列モチーフ**をはじめとして，タンパク質の分子間相互作用ネットワークに頻繁に見られる**ネットワークモチーフ**，立体構造に頻繁に見られる**立体構造モチーフ**（**局所構造**）などが知られている[43]．ここでは，配列モチーフのプロファイルに基づく検索の仕組みを明らかにするために，その基礎となる配列モチーフの表現法，正規表現の導出法，プロファイル HMM の導出法などについて紹介する．なお，ネットワークモチーフについては 3.6 節で，立体構造については 6 章で紹介する．

3.3.1 モチーフの表現法

アミノ酸の配列モチーフは，進化の過程で保存されている配列パターンであり，タンパク質の機能や構造の推定に重要な役割を果たしている．塩基の配列モチーフは，繰り返し出現する配列パターンを指すこともあるが，多くの場合，**転写因子結合部**（transcription factor binding site）のように機能との関係が強い配列パターンを意味する．配列パターンは，単独に存在する短い部分配列をはじめとして，一定間隔ごとに並ぶ特定の部分配列のパターンや多様な表現形態をとっている．モチーフを表現する際，このような表現上の多様性をうまく表現することが重要である．本項では，配列モチーフの表現法として，コンセンサス配列，出現頻度行列，位置依存スコア行列，プロファイル HMM について紹介する．

〔1〕 **コンセンサス配列** **コンセンサス配列**（consensus sequence）は，塩基あるいはアミノ酸の配列データが複数本あるとき，その中に共通に見られるパターンを文字列で表現したものを意味する．コンセンサス配列は，モチーフを文字列表現するのに利用される．コンセンサス配列によるモチーフの表現方法にはさまざまなものが考案されているが，以下ではもっとも簡単な方法から順に紹介する．

長さ 5 を持つ三つの配列 S_1 = <AGCAT>，S_2 = <AGACT>，S_3 = <GGAAT>がそれぞれ 3 種類の生物（たとえば，イヌ，ネコ，ウマ）に存在する共通の遺伝子であるとしよう．図

3.3 プロファイルと類似性検索

$$
\begin{array}{c}
\ 1\ 2\ 3\ 4\ 5 \\
\begin{array}{c}S_1\\S_2\\S_3\end{array}\!\!
\begin{pmatrix}
A & G & C & A & T \\
A & G & A & C & T \\
G & G & A & A & T
\end{pmatrix}
\end{array}
$$

（a）整列行列 *AMAT*

$$
\begin{array}{c}
A\\C\\G\\T
\end{array}\!\!
\begin{pmatrix}
2 & 0 & 2 & 2 & 0 \\
0 & 0 & 1 & 1 & 0 \\
1 & 3 & 0 & 0 & 0 \\
0 & 0 & 0 & 0 & 3
\end{pmatrix}
\qquad
\begin{array}{c}
A\\C\\G\\T
\end{array}\!\!
\begin{pmatrix}
0.7 & 0.0 & 0.7 & 0.7 & 0.0 \\
0.0 & 0.0 & 0.3 & 0.3 & 0.0 \\
0.3 & 1.0 & 0.0 & 0.0 & 0.0 \\
0.0 & 0.0 & 0.0 & 0.0 & 1.0
\end{pmatrix}
$$

（b）文字出現数行列 *CMAT*　　　（c）出現頻度行列 *FMAT*

図3.15 *CMAT* と *FMAT* の計算

3.15に示すように，配列集合 $\{S_1, S_2, S_3\}$ に対する3×5の整列行列 *AMAT* から4×5の**文字出現数行列**（character count matrix）を作成し，その文字出現数行列を *CMAT* = (c_{ij}) と表記する（$1 \leq i \leq 4, 1 \leq j \leq 5$）。$c_{ij}$ は，整列行列 *AMAT* の j 列目において i 行目に対応する文字の出現回数を意味する。文字出現数行列の列ごとに一番大きな値を持つ文字を列の代表として選択すると，配列集合 $\{S_1, S_2, S_3\}$ に対するコンセンサス配列 S_{123} = ＜AGAAT＞が得られる。

図3.15に出現頻度行列の例が示されているが，**出現頻度行列**（frequency matrix）*FMAT* は整列行列 *AMAT* の各列に現れる文字の出現頻度を表した行列であり，*FMAT* = (p_{ij}) の各要素は，文字出現数行列 *CMAT* = (c_{ij}) を用いて次式により定義される。

$$p_{ij} = c_{ij} \div \sum c_{kj} \quad [1 \leq k \leq M] \tag{3.17}$$

ただし，*AMAT* 内の各配列は文字集合 Ω に含まれる文字を用いて表現されているとし，$M = |\Omega|$ とする。また，出現頻度行列 *FMAT* のどの列についても，列内要素の総和 $\sum p_{kj} [1 \leq k \leq M]$ は1であることに注意されたい。

コンセンサス配列 S_{123} =＜AGAAT＞と三つの配列 S_1, S_2, S_3 とのハミング距離はそれぞれ1である。それらの値の総和はコンセンサス配列 S_{123} の**誤差**（この場合は3となる）と呼ばれる。また，文字出現数行列 *CMAT* の各列の最大値を合計したものは**コンセンサススコア**（consensus score）と呼ばれ，*score*（*CMAT*）と表記される。この例では，*score*（*CMAT*）= 2+3+2+2+3 = 12 となる。コンセンサススコアは文字出現数行列の保存度の高さを評価するのに利用される。

一般に N 本の配列からコンセンサス配列を抽出する手順は以下のとおりである。

［第1ステップ］

N 本の各配列データからなんらかの方法により長さ L の部分配列を取り出し，$N \times L$ の整列行列 *AMAT* を作成する。

3. モチーフの表現と抽出

[第2ステップ]

文字 i が整列行列 $AMAT$ の j 列に現れる回数を (i,j)-成分に持つ $M \times L$ の文字出現数行列 $CMAT = (c_{ij})$ を作成する（$1 \leq i \leq M, 1 \leq j \leq L$）。ただし，配列を表現するために使われる文字の集合を Ω とし，$M = |\Omega|$ とする。たとえば，DNA 塩基配列を表現する場合は $M = 4$，アミノ酸配列を表現する場合は $M = 20$ である。

[第3ステップ]

文字出現数行列 $CMAT$ の各列から一番大きな値を持つ文字を列の代表文字として選択し，コンセンサス配列を作成する。同時に，文字出現数行列 $CMAT$ から得られたコンセンサス配列を評価するために，コンセンサススコア $score(CMAT) = \sum \max_{1 \leq i \leq M} \{c_{ij}\} [1 \leq j \leq L]$ を計算する。

図 3.15 の例において，コンセンサス配列 S_{123} の誤差（= 3）が含まれるという問題がある。その原因は，この表現方法では，配列の各位置に配置される文字を 1 文字に限定したからである。

この誤差の問題については，**正規表現**（regular expression）を利用すると，ある程度解消できる。正規表現を用いると，配列上の各位置に複数文字の配置や可変長のワイルドカード領域などを表現することができる。この例では，コンセンサス配列の正規表現は <[AG]G[CA][CA]T> と表せる。[AG] は，**曖昧文字**（ambiguous character）と呼ばれ，1 文字目の位置に A および G のどちらの配置も許されることを意味する。しかし，この正規表現は，全部で $2 \times 2 \times 2 = 8$ 本の配列を表現しており，3 本の配列（S_1, S_2, S_3）以外に 5 本の配列についても共通の遺伝子が存在する可能性を示唆しているが，それらが本当に確かかどうかは，さらに吟味等が必要である。なお，類似する配列の集合から正規表現を正確に計算する方法

コラム

正規表現

正規表現の例として，**Kringle モチーフ**について紹介しよう。Kringle モチーフの正規表現は，<[FY]-C-[RH]-[NS]-x(7, 8)-[WY]-C> の形式の配列パターンで知られている。この配列パターンの [FY] は，集合 {F, Y} の中のどの要素文字でも配置が許されることを意味する。[NS] と [WY] の間の記号 x(7, 8) は，ワイルドカード文字（任意の 1 文字を意味する特殊文字）の許容数を表現しており，この場合は，[NS] と [WY] の間に 7～8 文字からなるワイルドカード列の配置が許されることを示している。

ところで，**Kringle** ドメインを特徴づけるモチーフには，Kringle モチーフと **Kunitz** モチーフがある。Kringle モチーフにより特徴づけられる Kringle ドメインは，**脳梗塞**，**血栓**などの治療薬として利用[45),46)] されている。最近，**癌治療薬**の有力な候補として注目されている。Kunitz モチーフにより特徴づけられる Kringle ドメインは，古くからヘビ毒に含まれており，**アルツハイマー病患者**[47),48)] の脳からも検出されている。

の詳細については，3.3.2項で紹介する。

さて，なんらかの解釈等により5個のうち＜GGCAT＞および＜GGACT＞だけが共通遺伝子であることが確かめられたとしよう。このとき，**SPSP**（scored position specific pattern）表現[44]を用いると，＜[AG]G(CA|AC|AA)T＞と表記することができる。ただし，(CA|AC|AA)は，三つの部分文字CA，AC，AAのどれもが3～4文字目の領域に配置可能であることを意味する。

以上により，共通パターンをコンセンサス配列で表現すると，文字の並び方を知る上でたいへんわかりやすいが，表現に誤差を含む。すなわち，正しくない配列を表現に入れてしまうという**偽陽性**（false positive）の問題が発生するので，注意を要する。

〔2〕 **位置依存スコア行列** 最大M種類の文字が利用されているN本の各配列からなんらかの方法により長さLの部分配列を切り出し，$N \times L$の整列行列$AMAT$が作成されたとしよう。以下では，この部分配列の切り出しにより残された配列の集合を**背景配列集合**（background sequences）と呼ぶ。背景配列集合には，$AMAT$内の配列が存在しない。

位置依存スコア行列 $PSSM$（position specific score matrix）は，$M \times L$行列であり，**重み行列**（weight matrix）とも呼ばれる。位置依存スコア行列$PSSM$の(i, j)-成分は，整列行列$AMAT$のj列において，文字i（i行目に割り当てられている文字）が出現する頻度p_{ij}を意味する。$PSSM$の(i, j)-成分は，通常，以下の**対数オッズ比**（log odds ratio）により定義される（$1 \leq i \leq M, 1 \leq j \leq L$）。

$$PPSM の (i, j)\text{-成分} = \log_2 \left(\frac{p_{ij}}{b_i} \right) \tag{3.18}$$

式(3.18)のlogの底は2以外でも問題ないが，その値を一度決めたら固定しておくことが重要である。b_iは，背景配列集合における文字iの出現頻度を意味し，**背景的出現頻度**（background frequency）とも呼ばれる。また，十分に多い配列数があれば，出現頻度p_{ij}はc_{ij}/Nで計算できる。c_{ij}はj列における文字iの**出現数**（support count），Nは配列数を意味する。配列数が少なければ，正確な出現頻度p_{ij}を推定することが重要になる。このため，**擬似度数**（pseudocount）が出現頻度の推定に導入されている。詳しくは次頁のコラムを参照されたい。

図3.16は，式(3.18)の計算例である。擬似度数を導入すると，出現頻度は$p_{ij} = (c_{ij} + 0.25)/(N + 1.0)$となる。ただし，$N=3$，$k=1$，$b_i = 1/4$としている。

位置依存スコア行列の問題点として，列（配列の位置）どうしの依存関係はなく，文字の出現頻度を列内で閉じた形で独立に与えていることが挙げられる。また，モチーフなどのよく保存されている領域は，ギャップを含まない領域としているので，進化的意味で発生する文字の挿入や欠失に対応するギャップを扱えない。このため，ギャップが重要なモチーフの

$$
\begin{array}{c}
\;1\;2\;3\;4\;5 \\
S_1 \\
S_2 \\
S_3
\end{array}
\begin{pmatrix}
A\;G\;C\;A\;T \\
A\;G\;A\;C\;T \\
G\;G\;A\;A\;T
\end{pmatrix}
\qquad
\begin{array}{c}
A \\ C \\ G \\ T
\end{array}
\begin{pmatrix}
-0.13 & -2.00 & -0.13 & -0.13 & -2.00 \\
-2.00 & -2.00 & -0.78 & -0.78 & -2.00 \\
-0.78 & 0.32 & -2.00 & -2.00 & -2.00 \\
-2.00 & -2.00 & -2.00 & -2.00 & 0.32
\end{pmatrix}
$$

（a）整列行列　　　　　　　（b）位置依存スコア行列

図 3.16 位置依存スコア行列の例

コラム

擬似度数を考慮した位置依存スコア行列

$N \times L$ の整列行列 $AMAT$ から $M \times L$ の位置依存スコア行列 $PSSM$ を計算するとしよう。N を配列の本数，整列行列 $AMAT$ から計算される $N \times L$ の文字出現数行列 $CMAT$ を $CMAT = (c_{ij})$ とするとき，$PSSM$ の計算式（式(3.18)）において，出現頻度 p_{ij} に擬似度数を加える式は以下のとおりである。

（1）塩基配列の場合[49]

$$p_{ij} = \frac{c_{ij} + b_i \times k}{N + k}$$

b_i を $1/4$ としても大きな問題は生じない。k については，たとえば 1 とするなどの適当な値を利用する。

（2）アミノ酸配列の場合

簡単なベイズ推定によると，つぎのようになる[50]。

$$p_{ij} = \frac{c_{ij} + b_{ij}}{N_j + B_j}$$

ここで，b_{ij} は擬似度数，$N_j = \sum c_{ij} [1 \leq i \leq 20]$ を意味する。また，$B_j = \sum b_{ij} [1 \leq i \leq 20]$ の代わりに $B_j = \sqrt{N}$ が利用される。置換行列の値 $s(k, i)$ を利用すると，擬似度数 b_{ij} は以下のように計算される。

$$b_{ij} = B_j Q_i, \qquad Q_i = \sum q_{ki} [1 \leq k \leq 20]$$

BLOSUM 62 では $s(k, i) = 2 \log_2 \left(\dfrac{q_{ki}}{q_k q_i} \right)$ が成立

ここで，q_{ki} はアミノ酸の文字 k から文字 i への置換頻度であり，BLOSUM 62 の値を利用すると $q_{ki} = q_k q_i 2^{s(k,i)/2}$ で計算する。q_k は文字 k の出現確率である。上記の式ではアミノ酸の置換情報のみが考慮されていたが，出現頻度 b_{ij} を整列行列の列 j に依存するような計算もできる。

$$b_{ij} = B_j \sum (c_{kj} / N_j \times q_{ki} / Q_i) [1 \leq k \leq 20]$$

なお，$B_j = \sqrt{N}$ の計算式では，列 j ごとの差異が考慮されていない。以下のようにアミノ酸が保存された列 j に，さらに少ない擬似度数を与える推定法がある。

$$B_j = m \times R_j$$

B_j（擬似度数の総和）には，アミノ酸の種類の数 R_j が導入されている。明らかに，アミノ酸が保存されている部位では $R_j = 1$ である。m は試験的な検索実験により決定される正の数であり，Swiss-Prot や PROSITE を用いて，既知のファミリー（進化的に類似の生化学的機能を持つタンパク質のグループ）の一員を位置依存スコア行列により検索する際，$m = 5 \sim 6$ がもっとも有効であると報告されている。

表現には，直接利用できない。このような問題点があるために，位置依存スコア行列を拡張するよりもプロファイル HMM を用いるほうが合理的であると考えられている。

〔3〕 **プロファイル HMM**　　位置依存スコア行列 *PSSM* では，文字の**挿入**（insertion）や**欠失**（deletion）を扱えないので，ギャップの存在が重要な領域をうまく表現することができない。これに対処可能なプロファイルとして，**プロファイル HMM**（profile hidden Markov model）が知られている。プロファイル HMM は，**隠れマルコフモデル**（hidden Markov model, HMM）を用いて，プロファイルを表現したものを意味する。HMM は，システムの内部状態が未知の**マルコフ過程**（Markov process）であると仮定し，観測情報から未知の内部状態を推定する確率モデルの一つである。

プロファイル HMM では，モデルの**内部状態**は，類似する配列集合の各位置が三つの内部状態（一致・削除・挿入）のどれかの状態にあるとみなし，その内部状態における文字の**出力確率**（output probability）と状態間の**遷移確率**（state transition probability）を定めている。**開始状態**（beginning state）と**終了状態**（ending state）を除き，一致状態の数を**プロファイル HMM の長さ**と呼ぶ。状態間の遷移確率のすべてを表す集合を A とし，各内部状態における文字の出力確率のすべてを E とすると，それらの組み (A, E) は HMM の**モデルパラメータ**（model parameter）θ と呼ばれる。この関係を $\theta = (A, E)$ と表記する。なお，モデルパラメータ θ の計算方法については，3.4 節で紹介するが，プロファイル HMM と**多重整列化**のあいだには密接な相互関係がある。すなわち，プロファイル HMM から容易に多重整列を計算することができるし，多重整列からプロファイル HMM を計算することもできる。

位置依存スコア行列 *PSSM* や出現頻度行列 *FMAT* は，プロファイル HMM の特別な形とみなせる。図 3.17 は，図 3.15 の出現頻度行列 *FMAT* をプロファイル HMM で表現した例である。各状態 M[i] は出現頻度行列の i 列に対応する（$1 \leq i \leq 5$）。以下ではモデルの内部状態を単に**状態**（state）と呼ぶことにする。図の矢印で示されているが，状態 M[i] から状態 M[$i+1$] への遷移確率は 1.0 である（$1 \leq i \leq 4$）。また，開始状態 M[0] から状態 M[1]，M[5] から**終了状態** M[6] への遷移確率も 1.0 である。なお，各状態には，4 文字のそれぞれの出力確率が表記されているが，開始状態および終了状態には出力される文字は存在しないとしている。

図 3.17 の例では，モデルの内部状態は**一致状態**（match state）のみを考慮していた。こ

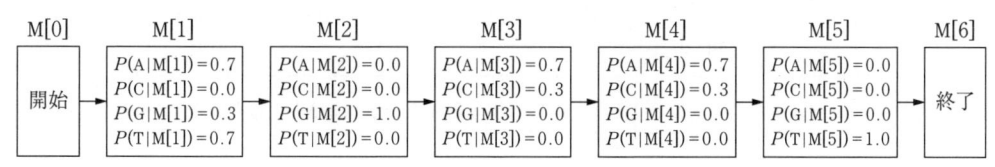

M[0]	M[1]	M[2]	M[3]	M[4]	M[5]	M[6]
開始	$P(A\|M[1])=0.7$ $P(C\|M[1])=0.0$ $P(G\|M[1])=0.3$ $P(T\|M[1])=0.7$	$P(A\|M[2])=0.0$ $P(C\|M[2])=0.0$ $P(G\|M[2])=1.0$ $P(T\|M[2])=0.0$	$P(A\|M[3])=0.7$ $P(C\|M[3])=0.3$ $P(G\|M[3])=0.0$ $P(T\|M[3])=0.0$	$P(A\|M[4])=0.7$ $P(C\|M[4])=0.3$ $P(G\|M[4])=0.0$ $P(T\|M[4])=0.0$	$P(A\|M[5])=0.0$ $P(C\|M[5])=0.0$ $P(G\|M[5])=0.0$ $P(T\|M[5])=1.0$	終了

図 3.17 プロファイル HMM の表現例

3. モチーフの表現と抽出

れに対して，**多重整列化**により図 3.18 の整列行列が得られたとしよう．これを用いて，一致状態のほかに挿入状態や欠失状態が考慮されたプロファイル HMM について紹介する．図 3.18 の 5 本の配列に対する隠れマルコフモデルにはさまざまなネットワーク構造が考えられる．図 3.19 はその一つの例であるが，配列の平均長を計算し，その値の小数点以下を切り捨てた値（= 3）を一致状態の数（プロファイル HMM の長さ）としている．あるヒューリスティクスによれば，整列行列の列に含まれるギャップの割合が閾値以上であれば，その列は挿入列とし，それ以外の列は一致列としている．この閾値としては 50% がよく採用される．

	1	2	3	4	5	6
S_1	A	G	–	–	–	C
S_2	A	–	A	G	–	C
S_3	A	G	–	A	A	–
S_4	–	–	A	A	A	C
S_5	A	G	–	–	–	C

図 3.18 整列行列の例

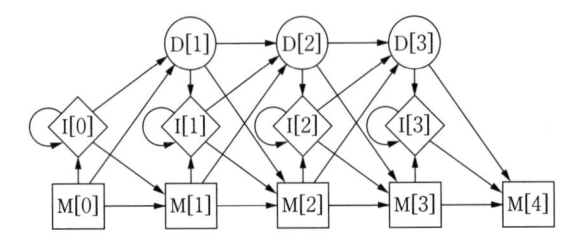

図 3.19 プロファイル HMM のネットワーク構造

図 3.19 の例では，一致状態を M[1]，M[2]，M[3] の三つ，挿入状態を I[0]，I[1]，I[2]，I[3] の四つ，削除状態を D[1]，D[2]，D[3] の三つとし，挿入状態についてのみ繰返しを許すものとしている．また，開始状態を M[0]，終了状態を M[4] としている．文字の出力については，一致状態と挿入状態では文字の出力はあるが，削除状態での出力はない．強いていえば，削除状態では，空文字が確率 1 で出力されるとみなせる．また，開始状態と終了状態の 2 状態では文字の出力はない．

HMM のモデルパラメータ θ（図 3.19 の矢印で表記されている状態間の遷移確率，一致状態の出力確率，挿入状態における文字の出力確率）は，図 3.18 の整列行列から計算可能である．たとえば，図の 1 列目，2 列目，6 列目のみを**一致列**とすると，残りの 3〜5 列目は**挿入列**となる．これをもとに，各配列を図 3.19 でたどると，**図 3.20** に示される状態が得られる．ただし，図の (α, X) は，文字 α が状態 X に割り当てられたことを意味する．これにより，**図 3.21** に示されるようなモデルパラメータ θ の値が得られる．たとえば，図 3.20 よ

```
S₁: <(A, M[1]), (G, M[2]),    –    ,    –    ,    –    , (C, M[3])>
S₂: <(A, M[1]), (–, D[2]),  (A, I[2]), (G, I[2]),   –    , (C, M[3])>
S₃: <(A, M[1]), (G, M[2]),    –    ,  (A, I[2]), (A, I[2]), (–, D[3])>
S₄: <(–, D[1]), (–, D[2]),  (A, I[2]), (A, I[2]), (A, I[2]), (C, M[3])>
S₅: <(A, M[1]), (G, M[2]),    –    ,    –    ,    –    , (C, M[3])>
```

(A, M[1]) および (–, D[1]) は，それぞれ文字 A が一致状態 M[1] および '–' が削除状態 D[1] であることを意味する．

図 3.20 各配列における文字の内部状態

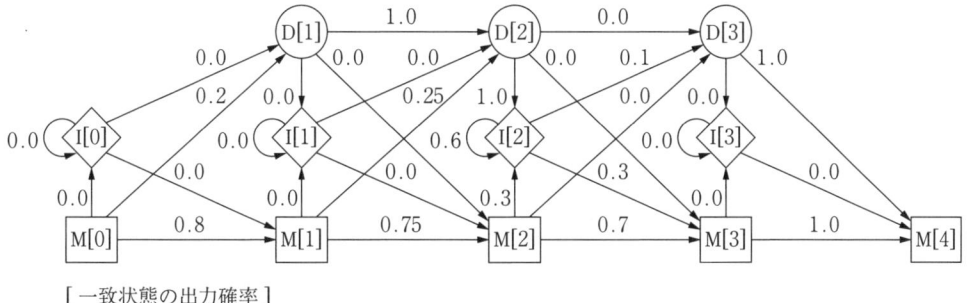

[一致状態の出力確率]

$$\begin{pmatrix} P(A|M[1])=1.0 & P(A|M[2])=0.0 & P(A|M[3])=0.0 \\ P(C|M[1])=0.0 & P(C|M[2])=0.0 & P(C|M[3])=1.0 \\ P(G|M[1])=0.0 & P(G|M[2])=1.0 & P(G|M[3])=0.0 \\ P(T|M[1])=0.0 & P(T|M[2])=0.0 & P(T|M[3])=0.0 \end{pmatrix}$$

[挿入状態の出力確率]

$$\begin{pmatrix} P(A|I[0])=0.0 & P(A|I[1])=0.0 & P(A|I[2])=0.86 & P(A|I[3])=0.0 \\ P(C|I[0])=0.0 & P(C|I[1])=0.0 & P(C|I[2])=0.00 & P(C|I[3])=0.0 \\ P(G|I[0])=0.0 & P(G|I[1])=0.0 & P(G|I[2])=0.14 & P(G|I[3])=0.0 \\ P(T|I[0])=0.0 & P(T|I[1])=0.0 & P(T|I[2])=0.00 & P(T|I[3])=0.0 \end{pmatrix}$$

図3.21 プロファイル HMM の例

り，一致状態 M[1] における文字 A の出力確率については $P(A|M[1])=4/4=1.0$ となる。挿入状態 I[2] における文字 G の出力確率については，$P(G|I[2])=1/7=0.14$ となる。

M[1] から M[2] への**状態遷移確率**については，図 3.20 より $e_{M[1]M[2]}=3/4=0.75$ となる。配列数が少ないため，図 3.21 では出力確率や遷移確率が 0 となるものが出現している。これは，プロファイル HMM を用いた推定を行う際に精度劣化を引き起こす原因となる。これを防止するために，出力確率や状態遷移確率の計算に**擬似度数**（pseudocount）の導入が重要である。なお，この点も考慮したモデルパラメータの計算方法については，3.4.1 項で紹介する。また，3.4.2 項で紹介する**バウム・ウエルチ**（Baum-Welch）**アルゴリズム**を利用すれば，HMM のモデルパラメータ θ を多重整列化されていない配列集合 $\{S_1, S_2, S_3, S_4, S_5\}$ = {<AGC>, <AAGC>, <AGAA>, <AAAC>, <AGC>} から計算することが可能である。

3.3.2 正規表現の導出法

文字出現数行列から導かれる**コンセンサス配列**の表現は，配列集合とのあいだに誤差が含まれていることを念頭において利用する必要があった。ここでは，類似する配列の集合から正規表現を導出する方法[51]について紹介する。

正規表現は，同じ長さ L の配列（以後，L-配列と表記する）が非常に多くかつ類似している場合に，それらの特徴を把握するのに便利である。ここでは，類似する L-配列の集合を**ミスマッチクラスタ**（mismatch cluster）と呼ぶ。ミスマッチクラスタは，さまざまな状

況で得られる．

(例1) ある配列データベースから頻繁に現れる部分配列をなんらかの方法によりすべて列挙し，同じ長さを持つ L-部分配列の集合に対して類似度スコアを指標としてクラスタリングしてみよう．この結果得られる各クラスタはミスマッチクラスタに相当する．

(例2) 長さが L の配列を検索キーとして，これに類似する配列を配列データベースから検索する状況について考えてみよう．このとき，この類似配列検索の結果は，どれも類似する配列の集合であり，ミスマッチクラスタに相当する．

(例3) ある配列データベースに対して，3.5.2項で紹介する**ギブスサンプリング法**を適用する状況について考えてみよう．ギブスサンプリング法を実行すると，同一の長さ L を持つ類似部分配列の集合が抽出される．その集合はミスマッチクラスタに相当する．

ミスマッチクラスタを $MIS = \{<ABF>, <AEC>, <AEF>, <DBF>, <DEC>, <DEF>\}$ とし，このミスマッチクラスタ MIS の例を用いて，正規表現を導出する方法について紹介する．本書では，MIS に含まれない配列を**負のインスタンス**（negative instance）と呼ぶ．たとえば，配列 $<ABC>$ は MIS に含まれないので，負のインスタンスである．これに対して，MIS に含まれる配列は**正のインスタンス**（positive instance）と呼ばれる．

まず，正規表現の抽出に重要な役割を果たす**最汎パターン**（most general pattern）の定義を行う．N 本の配列からなる集合に対する最汎パターンとは，どの配列も含む汎化パターンの中で最大のパターンを指す．たとえば，$\{<ABF>, <AEC>\}$ に対する最汎パターンは $<A[BE][FC]>$ となる．MIS の全要素に対する最汎パターンを計算すると $<[AD][BE][CF]>$ となる．

しかしながら，MIS の全要素に対する最汎パターン $<[AD][BE][CF]>$ は，負のインスタンス $<ABC>$ を含んでしまう．それを避けるために，負のインスタンスを含まない最汎パターンを探し出すことが重要となる．具体的には，ミスマッチクラスタの各要素に**識別番号**を付与する．すなわち，$MIS = \{(1, <ABF>), (2, <AEC>), (3, <AEF>), (4, <DBF>), (5, <DEC>), (6, <DEF>)\}$ とし，このミスマッチクラスタ MIS から部分集合をすべて取り出す．このとき，図 3.22 に示すように，サイズの小さな部分集合から順に列挙する．列挙されたすべての部分集合から，負のインスタンスを含まない最汎パターンだけを残す．なお，各ノードには，このような最汎パターンとその導出に利用した部分集合を記録する．以上のように生成される木は**列挙木**（enumeration tree）と呼ばれる．

列挙木の各ノードは，負のインスタンスを含まない**最汎パターン**を意味する．たとえば，$<A[BE]F>:\{1,3\}$ は，負のインスタンスを含まないため，図の列挙木ノードの一つになっているが，$<A[BE][FC]>:\{1,2\}$ は，負のインスタンス $<ABC>$ を含むため，図の $<ABF>:\{1\}$ から $<A[BE][FC]>:\{1,2\}$ へ伸びる枝は刈り込まれる．すなわち，$<A[BE]$

3.3 プロファイルと類似性検索

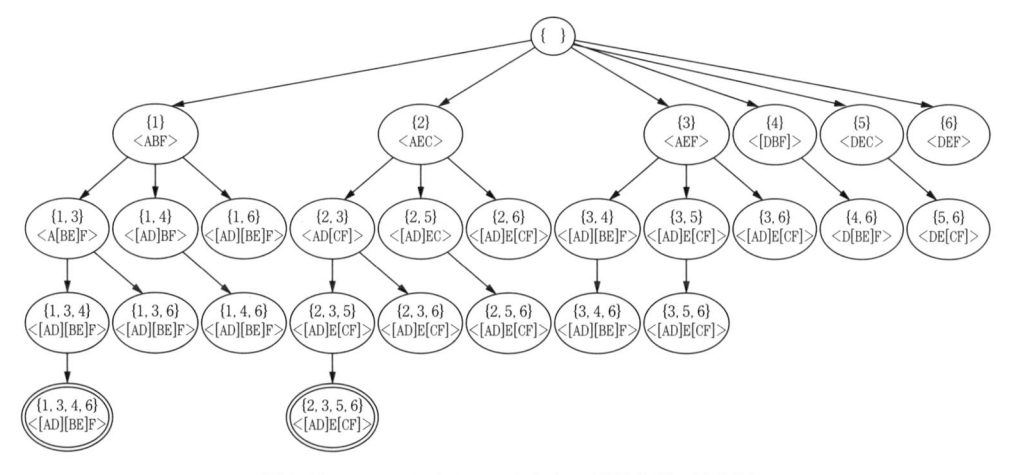

図3.22 ミスマッチクラスタからの正規表現の抽出例

[FC]>：{1, 2} 以降の列挙木探索は打ち切られている．ただし，{ } 内の数字は，ノードの最汎パターンを生成する際に利用された文字列の識別番号である．

さて，列挙木には，たがいに冗長なノードが存在するため，冗長なノードを除去しなければならない．＜A[BE]F＞：{1, 3} は，＜[AD][BE]F＞：{1, 3, 4} に含まれるため，冗長である．列挙された識別番号を見ると明らかなように，親ノードは子ノードに含まれるという性質がある．この性質により，列挙木の葉ノードのみを解の候補として着目すれば十分であると判断できる．

しかしながら，葉ノード間にも冗長性がある．たとえば，＜[AD]E[CF]＞：{2, 3, 6}，＜[AD]E[CF]＞：{2, 5, 6}，＜[AD]E[CF]＞：{3, 5, 6} は，それぞれ，＜[AD]E[CF]＞：{2, 3, 5, 6} に冗長である．葉ノード間の冗長性を除去すると，＜[AD][BE]F＞：{1, 3, 4, 6} および ＜[AD]E[CF]＞：{2, 3, 5, 6} の二つの最汎パターンのみが残る．したがって，これらのパターンの集合 {＜[AD][BE]F＞, ＜[AD]E[CF]＞} がミスマッチクラスタ *MIS* を説明する正規表現となる．この正規表現には，ミスマッチクラスタに対する誤差が含まれない．

以上のように導出される正規表現は，数学的に負のインスタンスを含まないように配慮されているが，一般のミスマッチクラスタには，進化的に意味のない類似配列が多く含まれることがある．

このため，ミスマッチクラスタから導出される正規表現には，進化的に意味のない曖昧文字が数多く含まれる．たとえば，H と N は置換が起こりやすいので曖昧文字 [HN] の表記は妥当だが，D と L は置換が起こりにくいので曖昧文字 [DL] の表記は適当ではない．これを考慮するために，正規表現を導出する際に，**置換行列**を利用し，かけ離れた文字どうしについては同じ曖昧文字として表記しない方法が提案されており，その方法は精度向上につながることが報告されている[52]．

3.3.3 プロファイルを用いた類似性検索

配列データベースから問合せ配列に類似する配列を検索するには，3.1節で紹介した非類似度や類似度を指標とする全域的な整列化の仕組みが重要であった．また，類似する部分配列を検索するには，局所的な整列化の仕組みが重要であった．

これまでに紹介した類似性検索とは異なり，問合せ情報として，モチーフに関するプロファイルがなんらかの方法で与えられているとすると，このプロファイルを**問合せ**（query）とし，これに適合する類似配列を配列データベースから検索することができる．また，さまざまなモチーフをプロファイルの形式でデータベースに格納したとすると，このデータベースを用いて未知の配列に存在するモチーフを予測することができる．

プロファイルには，出現頻度行列，位置依存スコア行列，プロファイルHMMがあることをすでに紹介したが，位置依存スコア行列は出現頻度行列の発展形と考えられるので，以下では，位置依存スコア行列およびプロファイルHMMに着目する．このため，まず，位置依存スコア行列に適合する部分配列検索の仕組みについて紹介する．つぎに，プロファイルHMMに適合する部分配列検索の仕組みとして重要なViterbiアルゴリズムについて紹介する．

〔1〕 **位置依存スコア行列による検索** $M \times L$ の位置依存スコア行列 $PSSM$ は，$N \times L$ の整列行列 $AMAT$ から導出されることをすでに紹介した．ここでは，ある配列モチーフのパターンが $AMAT$ で表現されているとし，$M \times L$ の位置依存スコア行列 $PSSM$ を問合せとするとき，これに適合する部分配列を配列データベースから検索する方法について紹介する．配列データベースに含まれる配列から長さ L の部分配列 $X = <x_1 x_2 \cdots x_L>$ を一つ取り出してみよう．X が類似しているかどうかを判断する評価値 $score(X)$ は次式で計算される．

$$score(X) = \sum PSSM(row(x_j), j)[1 \leq j \leq L] \tag{3.19}$$

ここで，$row(x_j)$ は，文字 x_j に対応する $PSSM$ の行番号を出力する関数を意味する．たとえば，あらかじめ，アルファベット順にならべた塩基 A，C，G，T をそれぞれ $PSSM$ の行番号1，2，3，4に対応づけ，それらの対応づけをテーブルに記録しておけば，$row(x)$ は，そのテーブルを利用して塩基 x に対する関数値として，行番号を返すことができる．

配列データベースに対する類似検索においては，あらかじめ，評価値 $score(X)$ に対して適当な閾値を設定しておけば，配列データベースに含まれる各配列データから閾値を満たす部分配列のすべてを収集することにより，$PSSM$ に適合する部分配列を得ることが可能となる．

図3.16の4×5位置依存スコア行列 $PSSM$ を用いて，長さ8の配列 $S = <\text{ATAGAATA}>$ のすべての部分配列の中からもっとも類似する部分配列を見つけるために，評価値を計算してみよう．この配列データ S の中には，長さ5の部分配列は四つ存在し，整列行列 $AMAT$

のコンセンサス配列＜AGAAT＞が含まれている。**図 3.23** は，四つの部分配列を配列データ S の先頭から順に列挙したものを X_1, X_2, X_3, X_4 とし，それらの評価値を計算した結果である。この結果は，すでに 3.3.1 項の〔1〕で紹介したコンセンサス配列の例と一致する。すなわち，コンセンサス配列の X_3 ＝＜AGAAT＞が最も高い評価値（＋0.23）となり，四つの部分配列の中でもっとも適合している。

$$\begin{array}{c} A \\ C \\ G \\ T \end{array} \begin{pmatrix} -0.13 & -2.00 & -0.13 & -0.13 & -2.00 \\ -2.00 & -2.00 & -0.78 & -0.78 & -2.00 \\ -0.78 & 0.32 & -2.00 & -2.00 & -2.00 \\ -2.00 & -2.00 & -2.00 & -2.00 & 0.32 \end{pmatrix} \cdots\cdots \text{位置依存スコア行列 } PSSM$$

X_1 ＝ ＜ A T G A A ＞	X_3 ＝ ＜ A G A A T ＞
$score(X_1)$ ＝ -0.13 -2.00 -0.13 -2.00 -2.00 ＝ -6.26	$score(X_3)$ ＝ -0.13 +0.32 -0.13 -0.13 +0.32 ＝ +0.23
X_2 ＝ ＜ T A G A A ＞	X_4 ＝ ＜ G A A T A ＞
$score(X_2)$ ＝ -2.00 -2.00 -2.00 -0.13 -2.00 ＝ -8.13	$score(X_4)$ ＝ -0.78 -2.00 -0.13 -2.00 -2.00 ＝ -6.91

図 3.23 配列データ S に含まれる四つの部分配列に対する評価値

〔2〕 **プロファイル HMM による検索** 位置依存スコア行列には，挿入や欠失が考慮されていないため，位置依存スコア行列はモチーフに挿入や欠失が含まれる場合の類似部分配列検索に向いていない。これに対処するため，統計理論に基づくプロファイル HMM を**問合せ**として用いると，挿入や欠失を考慮した部分配列を配列データベースから検索することができる。この検索を実施する処理としては，**Viterbi アルゴリズム**（Viterbi algorithm）と**前向きアルゴリズム**（forward algorithm）が利用可能である。なお，挿入や欠失が扱えるようにするために，位置依存スコア行列をアドホックに拡張したプロファイルを定義し，そのプロファイルに適合する類似配列を検索するアプローチもある。

長さ L のプロファイル HMM に適合する部分配列を配列データベースから検索するには，つぎのような処理が重要である。それは，配列データベースの各配列に含まれるすべての部分配列に対して，もっとも尤もらしい**内部状態列**（state sequence）を推定し，その部分配列の**対数尤度**をスコアとして求めることである。このスコアがあらかじめ設定した閾値よりも大きい部分配列は，すべて検索結果とすることができる。

以下では，まず，隠れマルコフモデルの基礎概念について触れ，**格子状ネットワーク構造**での Viterbi アルゴリズム[53),54)] について紹介する。つぎにこれに基づき，プロファイル HMM を用いて，配列データに対する未知の**状態列**を推定する Viterbi アルゴリズム[55)] を紹介する。なお，前向きアルゴリズムについては，3.4.2 項のコラムを参照されたい。

〔**a**〕 **隠れマルコフモデルの基礎概念** **観測列**（observation sequence）すなわち配列を S ＝ ＜$s_1 s_2 \cdots s_L$＞ とし，S に対する未知の内部状態列（状態変数列であり，これは観測できない情報である）を π ＝ ＜$\pi[1]\pi[2]\cdots\pi[L]$＞ と表現する。以下では，s_i を $S[i]$ で表記し，

$<s_1 s_2 \cdots s_i>$ を $s[1..i]$ で表記する（$1 \leq i \leq L$）．また，特別な内部状態として開始状態 $\pi[0]$ および終了状態 $\pi[L+1]$ を導入し，それらを便宜上 q_0 とする．q_0 を含む $|Q|=H+1$ 個の状態の集合 $Q=\{q_0, q_1, q_2, \cdots, q_H\}$ を**内部状態変数** $\pi[i]$ の定義域とする（$0 \leq i \leq L+1$）．ただし，以下では，記号による表記の都合上，内部状態 q_i はその添え字の番号 i で表記されることがある．内部状態変数の値が定まった状態列は**パス**と呼ばれる．

パス上の i 番目の内部状態変数を $\pi[i]$ とすると，状態 k から状態 l への状態遷移確率 $P(\pi[i]=l|\pi[i-1]=k)$ を a_{kl} と表記し，このような $(H+1) \times (L+1)$ 個の状態遷移確率を表現する行列を A と表記する（$1 \leq i \leq L+1$, $0 \leq l \leq H$, $0 \leq k \leq H$）．a_{0k} および a_{l0} は，それぞれ状態 k で始まる q_0 からの遷移確率，状態 l から q_0 で終わる遷移確率と解釈する．また，$\pi[0]$ と $\pi[L+1]$ は q_0 の状態をとり，$\sum a_{kl}[0 \leq l \leq H]=1$ が成立するものとする．

配列データ（観測列）を表現するのに利用される文字の集合を Ω，集合のサイズを $M=|\Omega|$ と表記する．ある状態 k における文字 b の出力確率 $P(s_i=b|\pi[i]=k)$ を $e_k(b)$ と表記するとき，このような $(H+1) \times M$ 個の文字出力確率を表現する行列を E と表記する（$0 \leq k \leq H$）．ただし，$\sum e_k(b)[b \in \Omega]=1$ が成立するものとする．モデルパラメータ θ は，$(H+1) \times (L+1)$ の**状態遷移行列** A および $(H+1) \times M$ の**文字出力確率行列** E の組みであり，$\theta=(A, E)$ を満たす．

〔b〕 **格子状ネットワーク構造に対する Viterbi アルゴリズム**　　前述の〔a〕で紹介した諸概念をもとに，**図 3.24** の例で示されるような格子状ネットワーク構造に対する Viterbi アルゴリズムを紹介する．このネットワーク構造では，各ノードは右方向へ最大で 3 方向への辺しか持たないことに注意が必要である．また，このグラフにおける列と状態変数列 $<\pi[1]\pi[2]\pi[3]\pi[4]>$ の各状態は，左から順に 1 対 1 に対応させている．以下では，記号による表記の都合上，状態変数 $\pi[i]$ の定義域 Q を $\{0, 1, 2, \cdots, H\}$ と表記する．すなわち，この定義域は，$Q=\{q_0, q_1, q_2, \cdots, q_H\}$ を意味する．モデルパラメータ θ における観測列 $S=<s_1 s_2 \cdots s_L>$ と未知の状態列（状態変数列）$\pi=<\pi[1]\pi[2]\cdots\pi[L]>$ の同時確率を次式で定義する．

$$P(S, \pi|\theta) = a_{0\pi[1]} \prod_{i=1}^{L} e_{\pi[i]}(S[i])\ a_{\pi[i]\ \pi[i+1]} \tag{3.20}$$

Viterbi アルゴリズムは，HMM のモデルパラメータが設定された格子状ネットワーク構造

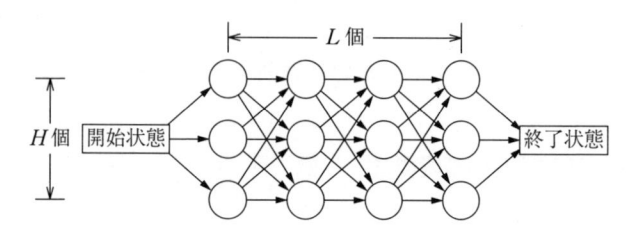

図 3.24 格子状ネットワークの構造の例

3.3 プロファイルと類似性検索

と文字列データ S が入力されたとき，もっとも尤もらしい状態列 $\pi^* = \mathrm{argmax}_\pi P(S, \pi|\theta)$ を推定するものである．最適な内部状態列 $\pi = <\pi[1]\pi[2]\cdots\pi[i]>$ の計算は，**動的計画法**に基づき再帰的に計算を進めれば可能である．

$\nu_k(i)$ を文字列 $S[1..i]$ を出力する確率の中で，配列内の文字 $S[i]$ が状態 $\pi[i] = k$ で終了するようなもっとも尤もらしいパスの確率 $\max_{\pi[i]=k} P(S[1..i], \pi|\theta)$ とする．この確率 $\nu_k(i)$ がどの $k \in \{0, 1, 2, \cdots, H\}$ についても計算済みであるとしよう．このとき，$l \in \{0, 1, 2, \cdots, H\}$ とすると，文字列 $S[1..i+1]$ を出力する確率の中で，$S[i+1]$ が状態 $\pi[i] = l$ で終了するようなもっとも尤もらしいパスの確率 $\nu_l(i+1)$ は，初期値を $\nu_0(0) = 1$ とし，次式で計算可能である．

$$\nu_l(i+1) = e_l(S[i+1]) \max_{k \in \{0,1,2,\cdots,H\}} \{\nu_k(i) a_{kl}\}$$
$$= e_l(S[i+1]) \max\{\nu_0(i) a_{0l}, \nu_1(i) a_{1l}, \nu_2(i) a_{2l}, \cdots, \nu_H(i) a_{Hl}\} \tag{3.21}$$

Viterbi アルゴリズムによる計算は，**図 3.25** に描かれるように，開始状態を含む最左端の列から終了状態に相当する最右端の列まで行われる．図中の矢印の例は格子状ネットワーク構造の矢印と対応しており，この矢印を用いて，列要素の確率 $\nu_k(i)$ や終了状態での確率 $P(S, \pi^*|\theta)$ を計算するために参照すべき値を示している．

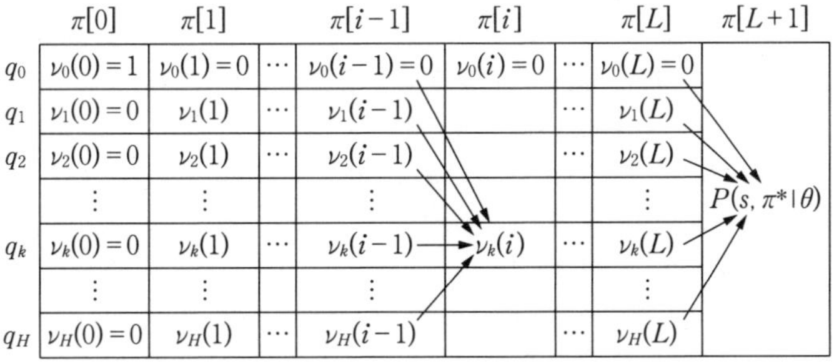

	$\pi[0]$	$\pi[1]$		$\pi[i-1]$	$\pi[i]$		$\pi[L]$	$\pi[L+1]$
q_0	$\nu_0(0)=1$	$\nu_0(1)=0$	$\cdots$	$\nu_0(i-1)=0$	$\nu_0(i)=0$	$\cdots$	$\nu_0(L)=0$	
q_1	$\nu_1(0)=0$	$\nu_1(1)$	$\cdots$	$\nu_1(i-1)$			$\nu_1(L)$	
q_2	$\nu_2(0)=0$	$\nu_2(1)$	$\cdots$	$\nu_2(i-1)$			$\nu_2(L)$	
$\vdots$	$\vdots$	$\vdots$		$\vdots$			$\vdots$	$P(s, \pi^*|\theta)$
q_k	$\nu_k(0)=0$	$\nu_k(1)$	$\cdots$	$\nu_k(i-1)$	$\nu_k(i)$		$\nu_k(L)$	
$\vdots$							$\vdots$	
q_H	$\nu_H(0)=0$	$\nu_H(1)$	$\cdots$	$\nu_H(i-1)$		$\cdots$	$\nu_H(L)$	

図 3.25 格子状ネットワーク構造に対する計算過程

初期値については，便宜上 $\nu_0(0) = 1$ とし，$k > 0$ に対して $\nu_k(0) = 0$ とすると，式 (3.20)，(3.21) により，このアルゴリズムは以下のとおりである．

[初期化ステップ（$i = 0$）]

　　$\nu_0(0) = 1$；$k > 0$ に対して $\nu_k(0) = 0$；

[再帰ステップ（$i = 1, 2, \cdots, L$）]

　　For each state $l \in \{0, 1, 2, \cdots, H\}$,

　　$\nu_l(i) = e_l(S[i]) \max_{k \in \{0,1,2,\cdots,H\}} \{\nu_k(i-1) a_{kl}\}$；

[終了処理ステップ]

　　$P(S, \pi^*|\theta) = \nu_0(L+1) = \max_{k \in \{0,1,2,\cdots,H\}} \{\nu_k(L) a_{k0}\}$；

動的計画法のようなトレースバックにより，π^* を見つける；

ただし，**再帰ステップ**において，$i>0$ に対して $\nu_0(i)=0$ が成立する．これは，観測列 S の開始状態 q_0 では，どんな文字も出現しないので，$i\in\{1,2,\cdots,L\}$ に対して $e_0(S[i])=0$ が成立することによるものである．したがって，max の計算式において，$\nu_0(i)$ の項を外すことができる（$i>0$）．

文字列の長さ L が長い場合，このアルゴリズムをそのまま実装すると，多くの確率を掛け合わせるのでアンダーフローが発生する．これを防止するために，通常，**対数変換**を利用し，その掛け算を足し算にして $\log(\nu_t(i))$ の計算が行われる．

コラム

HMM は，カジノでときどき使用される不正サイコロ見破れるか？

六つの出目（1～6）を持つサイコロを複数回振って作られるサイコロの出目列を <6, 2, 6> とし，これを HMM の観測列とみなす．サイコロ出目列の各出目において，サイコロの公正/不正（fair/loaded）は，サイコロを振っているカジノ側でしかわからない内部状態であり，この状態は隠されているため，ゲームの参加者にとっては知ることができない情報である．

公正サイコロを利用する場合はどの目も 1/6 の確率で出現するが，不正サイコロでは，ある特定の目だけが出やすくしているため，等確率ではない．以下では，6 の目を 1/2 の確率，残りの目はどれも 1/10 の確率とする．状態 F（公正サイコロ）から状態 L（不正サイコロ）に切り替える確率 a_{FL} は 0.05，状態 L（不正サイコロ）から状態 F（公正サイコロ）に切り替える確率 a_{LF} は 0.1 である．また，同じ状態を継続する確率については，$a_{FF}=0.95$，$a_{LL}=0.9$ とする．図 1 は，プロファイル HMM の格子状ネットワーク構造であり，この図と Viterbi アルゴリズムを用いて最も尤もらしいパスの確率 $P(x,\pi^*|\theta)$ を計算すると，以下のとおりである．

[初期化ステップ]

$\nu_0(0)=1$; $\nu_F(0)=0$; $\nu_L(0)=0$;

[再帰ステップ]（$i>0$ に対する $\nu_0(i)=0$ の表記は省略．）

$\nu_F(1)=e_F(6)\max\{\nu_0(0)a_{0F}\}=\frac{1}{6}\times 1\times 0.5=0.0833$

$\nu_L(1)=e_L(6)\max\{\nu_0(0)a_{0F}\}=\frac{1}{2}\times 1\times 0.5=\underline{0.25}$

$\nu_F(2)=e_F(2)\max\{\nu_F(1)a_{FF},\nu_L(1)a_{LF}\}=\frac{1}{6}\times\max\{0.083\times 0.95, 0.25\times 0.1\}=0.0132$

$\nu_L(2)=e_L(2)\max\{\nu_F(1)a_{FL},\nu_L(1)a_{LL}\}=\frac{1}{10}\times\max\{0.083\times 0.05, 0.25\times 0.9\}=\underline{0.0225}$

$\nu_F(3)=e_F(6)\max\{\nu_F(2)a_{FF},\nu_L(2)a_{LF}\}=\frac{1}{6}\times\max\{0.0132\times 0.95, 0.0225\times 0.1\}$
$\qquad =0.00209$

$\nu_L(3)=e_L(6)\max\{\nu_F(2)a_{FL},\nu_L(2)a_{LL}\}=\frac{1}{2}\times\max\{0.0132\times 0.05, 0.0225\times 0.9\}$
$\qquad =\underline{0.01013}$

[終了処理ステップ]

$F(x,\pi^*|\theta)=\max\{\nu_F(3)a_{F0},\nu_L(3)a_{L0}\}=\max\{0.00209\times 1.0, \underline{0.01013\times 1.0}\}=0.01013$

以上になり，トレースバックすると，上記の下線部が選択される．これにより，サイコロ出目列 <6, 2, 6> に対する内部状態列として <LLL> が推定されたことがわかる．

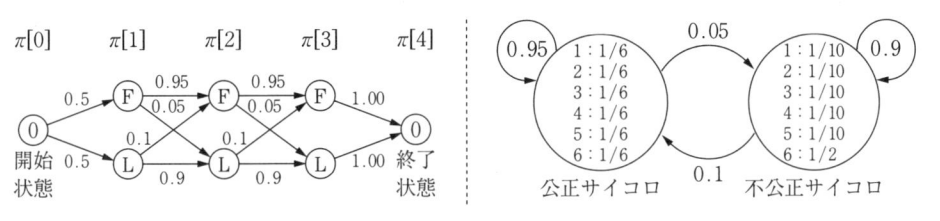

図1 サイコロ出目列のプロファイル HMM

右側の図には，モデルパラメータ $\theta = (A, E)$ が表記されている．
A は矢印で示されている状態遷移確率の集合であり，E は公正サイコロと不正サイコロの中にそれぞれ表記されている出目確率の集合である．

〔c〕 **プロファイル HMM に対する Viterbi アルゴリズム**　図 3.26 のネットワーク構造を用いて，プロファイル HMM に対する Viterbi アルゴリズムを紹介する．プロファイル HMM の長さを H，配列長を L とすると，$S[i]$ の状態変数 $\pi[i]$ の定義域 $dom(\pi[i])$ は，$1 \leq i \leq H$ に対して $\{M[k], I[k-1], D[k] | 1 \leq k \leq i\}$ であり，$H+1 \leq i \leq L$ に対して $dom(\pi[H]) \cup \{I[H]\}$ である．ただし，$M[j]$, $I[j]$, $D[j]$ は，それぞれ**一致状態**，**挿入状態**，**削除状態**を意味する．また，状態変数 $\pi[0]$ および $\pi[H+1]$ の定義域は，それぞれ $\{M[0], I[0]\}$ および $\{M[H+1]\}$ である．

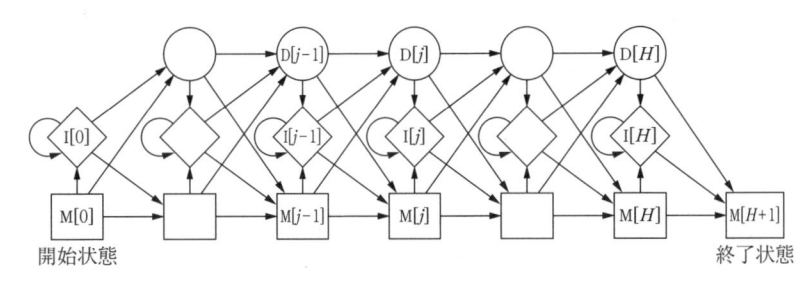

図 3.26 プロファイル HMM のネットワーク構造

一般には，**対数オッズスコア**（log-odds score）を用いて最良パスが推定される．部分配列 $S[1..i]$ が，$S[i]$ を出力する一致状態 $M[j]$，$S[i]$ を出力する挿入状態 $I[j]$，削除状態 $D[j]$ に到達するとしよう．これらの三つの状態に対する最良パスのスコアを，それぞれ $\nu_j^M(i)$，$\nu_j^I(i)$，$\nu_j^D(i)$ と表記する．$\nu_H^M(L)$，$\nu_H^I(L)$，$\nu_H^D(L)$ を得るために，i と j を一つずつ増やしながら計算が進められる．

図 3.27 にそれらの計算過程を示す．左列から右列に向かって順に ○ 印欄の計算を進める．これを，プロファイル HMM による Viterbi アルゴリズムとして表現すると，以下のとおりである．

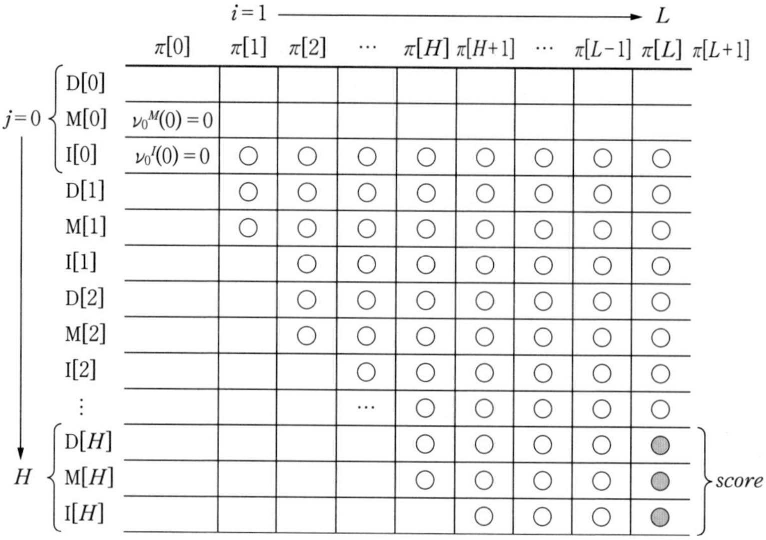

84   3. モチーフの表現と抽出

		$\pi[0]$	$\pi[1]$	$\pi[2]$	$\cdots$	$\pi[H]$	$\pi[H+1]$	$\cdots$	$\pi[L-1]$	$\pi[L]$	$\pi[L+1]$
$j=0$	D[0]										
	M[0]	$\nu_0^M(0)=0$									
	I[0]	$\nu_0^I(0)=0$	○	○	○	○	○	○	○	○	○
	D[1]			○	○	○	○	○	○	○	○
	M[1]		○	○	○	○	○	○	○	○	○
	I[1]			○	○	○	○	○	○	○	○
	D[2]			○	○	○	○	○	○	○	○
	M[2]			○	○	○	○	○	○	○	○
	I[2]				○	○	○	○	○	○	○
	⋮				⋯	○	○	○	○	○	○
H	D[H]					○	○	○	○	●	
	M[H]					○	○	○	○	●	
	I[H]						○	○	○	●	

$i=1 \longrightarrow L$

}$score$

○印欄は，最良パスのスコア $\nu_j^M(i)$, $\nu_j^I(i)$, $\nu_j^D(i)$ の計算値が存在する箇所を意味し，それ以外の欄には値が存在しない．L は配列長，H はプロファイル HMM の長さである．

図 3.27 プロファイル HMM に対する計算過程

［初期化ステップ $(i=0)$］

$\quad \nu_0^M(0)=0$; $\nu_0^I(0)=0$;

［再帰ステップ $(i=1, 2, \cdots, L)$］

$\quad$ For each state $j \in [0, H]$

$$\nu_j^M(i) = \log\left(\frac{e_{M[j]}(S[i])}{b_{S[i]}}\right)$$
$$+ \max\{\nu_{j-1}^M(i-1) + \log a_{M[j-1]M[j]},$$
$$\nu_{j-1}^I(i-1) + \log a_{I[j-1]M[j]},$$
$$\nu_{j-1}^D(i-1) + \log a_{D[j-1]M[j]}\} ;$$

$$\nu_j^I(i) = \log\left(\frac{e_{I[j]}(S[i])}{b_{S[i]}}\right)$$
$$+ \max\{\nu_j^M(i-1) + \log a_{M[j]I[j]},$$
$$\nu_j^I(i-1) + \log a_{I[j]I[j]},$$
$$\nu_j^D(i-1) + \log a_{D[j]I[j]}\} ;$$

$$\nu_j^D(i) = \max\{\nu_{j-1}^M(i) + \log a_{M[j-1]D[j]},$$
$$\nu_{j-1}^I(i) + \log a_{I[j-1]D[j]},$$

$\nu_{j-1}^D(i) + \log a_{D[j-1]D[j]}\}$;

［終了処理ステップ］

$score = \nu_0^M(L+1) = \max\{\nu_H^M(L) + \log a_{M[H]M[H+1]}, \nu_H^I(L) + \log a_{I[H]M[H+1]},$
$\nu_H^D(L) + \log a_{D[H]M[H+1]}\}$;

動的計画法のようなトレースバックを利用し，もっとも尤もらしいパス π^* を見つける；

ただし，再帰ステップにおいて，$b_{S[i]}$ は文字 $S[i]$ の背景頻度である．また，削除状態における出力はないので，$\log(e_{D[j]}(S[i])/b_{s[i]})$ の項は削除されている．

再帰ステップの計算式では，i と j の値の組み合わせにより値が存在しない項が出現する．以下では，この取扱いについて図 3.27 を用いて説明する．この図では，$i \geq 0$ に対するスコア $\nu_0^D(i)$ は存在せず（図の 1 行目の各要素），$i \geq 1$ に対してスコア $\nu_0^M(i)$ も存在しない．また，$j \geq 1$ に対して，三つのスコア $\nu_j^M(0)$，$\nu_j^I(0)$，$\nu_j^D(0)$ も存在しない（図の 1 列目において，$j=0$ 以外の各要素）．したがって，このようなスコアが存在しない項が max の計算式の中に出現する場合は，その項のみを max の計算式から削除することができる．たとえば，開始状態 $\pi[0]$ の定義域には削除状態を含まないので，$i \geq 1$ に対する $\nu_0^I(i)$ の計算では $\nu_0^D(i-1)$ + $\log a_{D[0]I[0]}$ の項を max の計算式から削除でき，次式を用いる．

$$\nu_0^I(i) = \log\left(\frac{e_{I[0]}(S[i])}{b_{s[i]}}\right) + \max\{\nu_0^M(i-1) + \log a_{M[0]I[0]}, \nu_0^I(i-1) + \log a_{I[0]I[0]}\}$$

$j-1$ \ j	M[0]	I[0]	D[1]	M[1]	I[1]	D[1]	M[2]	I[2]	D[2]	…	I[H−1]	D[H−1]	M[H]	I[H]	D[H]	M[H+1]
D[0]																
M[0]		○		○		○										
I[0]		○		○		○										
D[1]				○		○		○								
M[1]				○		○		○								
I[1]				○		○		○								
⋮							…									
D[H−1]											○		○		○	
M[H−1]											○		○		○	
I[H−1]											○		○		○	
D[H]														○		○
M[H]														○		○
I[H]														○		○
M[H+1]																

$j-1$ 行目の状態から j 列目の状態への可能な遷移を表現している．○印欄は，状態遷移が存在する箇所を意味し，それ以外の欄では状態遷移が存在しない．

図 3.28 状態間の可能な遷移

図 3.28 は，状態間で可能な遷移をまとめた一覧表である。図で○印欄の値は，図 3.26 のネットワーク構造上の制約から決定されるもので，状態遷移が存在することを意味する。しかし，○印以外の欄には状態遷移が存在しない。図 3.26 のプロファイル HMM のネットワーク構造から明らかなように，$j \geq 1$ に対して，一致状態 M[j] へ遷移可能な状態は M[$j-1$]，I[$j-1$]，D[$j-1$] のみであり，挿入状態 I[j] へ遷移可能な状態は M[j]，I[j]，D[j] のみである。また，削除状態 D[j] へ遷移可能な状態は M[$j-1$]，I[$j-1$]，D[$j-1$] のみである。

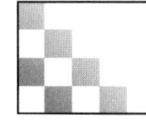

3.4 プロファイル HMM の導出法

一般に，プロファイル HMM の計算（モデルパラメータ θ を計算）には，多重整列化により生成された整列行列（プロファイル行列）から導出する方法のほかに，Baum-Welch（バウム・ウエルチ）アルゴリズムによる方法が知られている。前者の一部分については，3.3.1 項の〔3〕で簡単に紹介したが，本節では，両者について紹介する。

3.4.1 整列行列からプロファイル HMM の導出

図 3.26 のネットワーク構造において，$N \times L$ の整列行列からプロファイル HMM を導出するには，まず，整列行列の各列に対して一致列を割り当てる必要がある。この一致列を割り当てる方法には，手作業で決定する方法，ある規則に基づく**ヒューリスティクス**による方法，動的計画法を用いて最大事後確率を計算する方法[55] などがある。ここでは，ヒューリスティクスにより一致列を割り当てる方法について紹介する。つぎに，その結果を用いて，プロファイル HMM のモデルパラメータを計算する方法について紹介する。

〔1〕 **ヒューリスティクスによる状態の割り当て**　　整列行列の列数を L とし，プロファイル HMM の長さを H とする。この方法では，H 個の状態変数 $\pi[i]$ を長さ H のプロファイル HMM の各列に割り付けた後に，$N \times L$ の整列行列の各列に状態変数 $\pi[i]$ を対応づける（N は配列の本数）。図 3.19 の例では，$L=6$，$H=3$ であり，状態変数 $\pi[i]$ の定義域は {M[i], D[i], I[i]} である（$1 \leq i \leq 3$）。整列行列の各列に状態変数 $\pi[i]$ を割り付ける手順は，以下のとおりである。

［ステップ 1］

$N \times L$ の整列行列の各列について，列のギャップの数が閾値未満ならば，その列には一致列を割り当て，それ以外の列には挿入列を割り当てる。閾値としては，50% がよく採用される。なお，$N \times L$ の整列行列に対して，一致列の数を H とすると，$H \leq L$ が成立する。H は，プロファイル HMM の長さとして利用される。

[ステップ2]

ステップ1の結果を用いて，整列行列を構成する L 個の列とプロファイル HMM を構成する H 個の状態変数 $\pi[i]$ との間の対応づけを行う．具体的には，H 個の一致列に H 個の状態変数 $\pi[i]$ を左から順に対応づける（$1\leq i\leq H$）．$L-H$ 個の挿入列については，$\pi[i]$ が対応づけられた一致列のつぎに挿入列がある場合は，その挿入列に同じ状態変数 $\pi[i]$ を対応づける．挿入列が連続する場合は，引き続き同じ $\pi[i]$ を対応づける．その結果，L 個の列と H 個の状態変数との間に，m 対 1 の対応関係が成立する（$L\geq H, m\geq 1$）．この状況を記号で表現するため，以下では，状態変数 $\pi[i]$ に対応する列が整列行列に m 個含まれることを $POS(\pi[i])=\{i_1, i_2, \cdots, i_m\}$ と表記する．ただし，$i_k\in POS(\pi[i])$ は，整列行列の列番号を意味する．図 3.20 の例では，状態変数 $\pi[2]$ に対応する列が整列行列に四つ含まれ，$POS(\pi[2])=\{2,3,4,5\}$ を満たす．また，$POS(\pi[1])=\{1\}$，$POS(\pi[3])=\{6\}$ を満たす．

[ステップ3]

$\pi[i]$ が対応づけられた一致列については，その列に含まれる各要素に対して，つぎのような状態（一致または削除）を割り当てる．その要素が文字の場合は，プロファイル HMM の一致状態 M[i] とし，ギャップの場合は削除状態 D[i] として割り付ける．図 3.18 の例では，5×6 の整列行列であり，この行列の 1 列目，2 列目，6 列目はそれぞれ一致列に割り付けられている．図 3.20 に示されるように，それらの一致列の中に含まれる文字が一致状態に，ギャップ（ダーシで表記）が削除状態に割り付けられている．

[ステップ4]

$\pi[i]$ が対応づけられた挿入列については，その列に含まれる各要素には，つぎのような状態（一致状態または無視）を割り当てる．要素に現れる文字を挿入状態 I[i] として割り付ける．ただし，ギャップについては無視し，状態を割り当てない．図 3.20 の例では，整列行列の 3 列目，4 列目，5 列目が $\pi[2]$ が対応づけられた挿入列である．それらの列の中に含まれる文字については挿入状態 I[2] とし，ギャップについては状態割り付けを無視している．

〔2〕 **モデルパラメータの計算** ヒューリスティクスを用いて，整列行列の各要素に状態が割り付けられているとしよう．モデルパラメータの計算は，この割り付けられた状態をもとに可能であり，その計算手順は以下のとおりである．

[ステップ1]

〔1〕のステップ3とステップ4の結果を用いて，整列行列の各要素に割り付けられた状態 $\pi[i]\in\{M[i], D[i], I[i]\}$ をもとに，**状態遷移**や各状態（一致状態や挿入状態）での文字の出力回数を数え上げる．図 3.20 の例を用いると，**表 3.1** および **表 3.2** が得られる．

[ステップ2]

整列行列の各要素（文字やギャップ）に割り付けられた**内部状態**を利用し，状態 x から

表 3.1 配列上に出現する状態遷移数

遷移の組合せ \ 番号 i	0	1	2	3
$M[i]-M[i+1]$	4	3	2	4
$M[i]-D[i+1]$	1	1	0	—
$M[i]-I[i]$	0	0	1	0
$I[i]-M[i+1]$	0	0	2	0
$I[i]-D[i+1]$	0	0	1	—
$I[i]-I[i]$	0	0	4	0
$D[i]-M[i+1]$	—	0	0	1
$D[i]-D[i+1]$	—	1	0	—
$D[i]-I[i]$	—	0	2	0

表 3.2 出力回数

(a) 一致状態

	M[0]	M[1]	M[2]	M[3]
A	—	4	0	0
C	—	0	0	4
G	—	0	3	0
T	—	0	0	0

(b) 挿入状態

	I[0]	I[1]	I[2]	I[3]
A	0	0	6	0
C	0	0	0	0
G	0	0	1	0
T	0	0	0	0

状態 y へ遷移する回数 A_{xy} を数え，状態 x から状態 y へ遷移する確率を以下のように計算する。

$$a_{xy} = \frac{A_{xy}+1}{\sum A_{xz}[z \in B]+r} \tag{3.22}$$

ただし，$0 \leq i \leq H$ に対して，$x \in \{M[i], D[i], I[i]\}$，$y \in B$，$B=\{I[i], M[i+1], D[i+1]\}$ とするが，$x=D[0]$ から $y \in B$ への状態遷移 a_{xy} は存在しないし，$x \in \{M[H], D[H], I[H]\}$ から $y=D[H+1]$ への状態遷移 a_{xy} も存在しない。また，配列数 N が少ないとき，遷移確率が 0 になることがある。r はこれを防止するための擬似度数であり，プロファイル HMM では $r=3$ が採用される。これは，ある状態から遷移可能な状態数を意味する[56]。

[ステップ 3]

内部状態 $\pi[i]$ における文字 α の**出力確率**を次式で計算する。

$$e_{\pi[i]}(\alpha) = \frac{\sum E_{pos(\pi[i])}(\alpha) + W \times q_\alpha}{\sum E_{pos(\pi[i])}(\beta) \ [\beta \in \Omega] + W} \tag{3.23}$$

ただし，$E_{POS(\pi[i])}(\alpha)$ は，内部状態 $\pi[i]$ が割り付けられている列集合 $POS(\pi[i])$ において，文字 α を出力する回数，Ω は配列（文字列）を定義する文字の集合を意味する。また，q_α は，文字 α が**ランダムモデル**に出現する頻度であり，W は重みである。アミノ酸配列の場合は $W=20$，塩基配列の場合は $W=4$ が採用される。表 3.2（a），（b）は，図 3.20 から数え上げた一致状態と挿入状態での出力回数であった。これをもとに，出力確率が容易に計算できる。ただし，削除状態では文字の出力は存在しない。

3.4.2 Baum-Welch アルゴリズム

前述のように，N 本の配列（学習データ）の**内部状態列**が未知であっても，それらに対して多重整列化を実施すれば，$N \times L$ の整列行列（プロファイル行列）からプロファイル

HMM のモデルパラメータ θ を計算することができる。モデルパラメータ θ が求まれば，Viterbi アルゴリズムや前向きアルゴリズムを用いて，配列データの内部状態列 π を推定することができる。これに対して，整列行列を用いずにモデルパラメータ θ を計算する方法がある。それは，Baum-Welch（バウム-ウエルチ）アルゴリズムと呼ばれている。以下では，Baum-Welch アルゴリズムについて紹介する。

未知の配列データ集合を $\{S^1, S^2, \cdots, S^N\}$ と表記することにしよう。Baum-Welch アルゴリズムは，モデルパラメータ θ とそれらの内部状態列を推定するアルゴリズムであり，一般的な **EM アルゴリズム** を HMM 用に特化したアルゴリズムである。すなわち，配列 S^p に対する未知の内部状態列 π を推定するために，パラメータ θ（遷移確率行列 $A=(a_{kl})$ と文字出力確率行列 $E=(e_k(b))$）に初期値を与え，そこから状態列 π を推定する。この状態列 π と観測列 S^p を用いて，a_{kl} と $e_k(b)$ を改良する。この改良されたパラメータ θ の値を用いて，新たな状態列 π を推定する。このプロセスは，ある終了基準を満たすまで繰り返される。Baum-Welch アルゴリズムは以下のとおりである。

［初期ステップ］

モデルパラメータ $\theta=(A, E)$ を任意に設定する；

［再帰ステップ］

可能な状態遷移 (k, l) のそれぞれについて，$A_{kl} := $ 擬似度数 r_{kl}；

可能な状態 k のそれぞれについて，$E_k(b) := $ 擬似度数 $r_k(b)$；

For each 配列 $S^p \in \{S^1, S^2, \cdots, S^N\}$，

　その時点の θ と前向きアルゴリズムで配列 S^p の $f^p_j(i)$ を計算する；

　その時点の θ と後向きアルゴリズムで配列 S^p の $b^p_j(i)$ を計算する；

　可能な状態遷移 (k, l) のそれぞれについて，$A_{kl} := A_{kl} + $ 配列 S^p から計算された A_{kl}；

　可能な状態 k のそれぞれについて，$E_k(b) := E_k(b) + $ 配列 S^p から計算された $E_k(b)$；

End of each；

式 (3.22) と式 (3.23) を用いて，a_{kl} と $e_k(b)$ を計算し，$\theta=(A, E)$ を更新する；

モデルの対数尤度 $\sum \log P(S^p|\theta) [1 \leq p \leq N]$ を更新する；

［停止条件］

再帰ステップは繰り返し実行されるが，対数尤度の変化が閾値よりも小さいか，あるいは，繰返しの最大回数を超えるならば，その実行を停止する；

ただし，θ の初期値は，一様な確率分布や事前に入手した情報などが使用される。また，A_{kl} は k から l への**遷移度数**の期待値を表現する変数，$E_k(b)$ は k から文字 b の**出力度数**を表現する変数として利用している。再帰ステップにおいて，A_{kl} および $E_k(b)$ に，それぞれ擬

似度数 r_{kl} と $r_k(b)$ を設定し,N 本の配列の情報を追加すると,A_{kl} および $E_k(b)$ は以下のようになる。

$$A_{\pi[j]M[j+1]} = r_{\pi[j]M[j+1]} + \sum (1/P(S^p)) \sum f^p_{\pi[j]}(i) a_{\pi[j]M[j+1]} e_{M[j+1]}(S^p[i+1]) b^p_{M[j+1]}(i+1)$$
$$[1 \leq p \leq N, 1 \leq i \leq length(S^p)]$$

$$A_{\pi[j]I[j]} = r_{\pi[j]I[j]} + \sum (1/P(S^p)) \sum f^p_{\pi[j]}(i) a_{\pi[j]I[j]} e_{I[j]}(S^p[i+1])$$
$$b^p_{I[j+1]}(i+1) \quad [1 \leq p \leq N, 1 \leq i \leq legth(S^p)]$$

$$A_{\pi[j]D[j+1]} = r_{\pi[j]D[j+1]} + \sum (1/P(S^p)) \sum f^p_{\pi[j]}(i) a_{\pi[j]D[j+1]} b^p_{D[j+1]}(i)$$
$$[1 \leq p \leq N, 1 \leq i \leq length(S^p)]$$

$$E_{M[j]}(b) = r_{M[j]}(b) + \sum (1/P(S^p)) \sum f^p_{M[j]}(i) b^p_{M[j]}(i) \quad [1 \leq p \leq N, i \in \{x | S^p[x] = b\}]$$

$$E_{I[j]}(b) = r_{I[j]}(b) + \sum (1/P(S^p)) \sum f^p_{I[j]}(i) b^p_{I[j]}(i) \quad [1 \leq p \leq N, i \in \{x | S^p[x] = b\}]$$

ただし,$length(S^p)$ は p 番目の配列 S^p の長さを意味する。また,$\pi[j] \in \{M[j], I[j], D[j]\}$ とする。

以下では,記号の混乱を避けるため,p 番目の配列 S^p を S と表記し,その配列により計算される $f^p_l(i)$ および $b^p_l(i)$ を,$f_l(i)$ および $b_l(i)$ と表記する。配列 S の長さを L とすると,$f_l(i)$ と $b_l(i)$ はそれぞれ次式の再帰的な式により計算できる。ただし,プロファイル HMM の長さ H については,未知の配列データ集合(N 本の学習データ)に含まれる配列の平均長が採用される。

〔1〕 前向きアルゴリズム

［初期ステップ］

$\quad f_{M[0]}(0) = 1$;

［再帰ステップ］($i = 1, 2, \cdots, L$) および ($j = 0, 1, \cdots, H$)

$\quad f_{M[j]}(i) = e_{M[j]}(S[i]) \{f_{M[j-1]}(i-1) a_{M[j-1]M[j]} + f_{I[j-1]}(i-1) a_{I[j-1]M[j]}$
$\qquad + f_{D[j-1]}(i-1) a_{D[j-1]M[j]} \}$;

$\quad f_{I[j]}(i) = e_{I[j]}(S[i]) \{f_{M[j]}(i-1) a_{M[j]I[j]} + f_{I[j]}(i-1) a_{I[j]I[j]} + f_{D[j]}(i-1) a_{D[j]I[j]} \}$;

$\quad f_{D[j]}(i) = f_{M[j-1]}(i) a_{M[j-1]D[j]} + f_{I[j-1]}(i-1) a_{I[j-1]D[j]} + f_{D[j-1]}(i-1) a_{D[j-1]D[j]}$;

［終了ステップ］

$\quad f_{M[H+1]}(L+1) = f_{M[H]}(L) a_{M[H]M[H+1]} + f_{I[H]}(L) a_{I[H]M[H+1]} + f_{D[H]}(L) a_{D[H]M[H+1]}$;

$\quad P(S|\theta) = f_{M[H+1]}(L+1)$;

〔2〕 後ろ向きアルゴリズム

［初期ステップ］

$\quad b_{M[H+1]}(L+1) = 1$;

$b_{M[H]}(L) = a_{M[H]M[H+1]}$; $b_{I[H]}(L) = a_{I[H]M[H+1]}$; $b_{D[H]}(L) = a_{D[H]M[H+1]}$;

[再帰ステップ] $(i = L, L-1, \cdots, 2, 1)$ および $(j = H, H-1, \cdots, 1, 0)$

$$b_{M[j]}(i) = b_{M[j+1]}(i+1) a_{M[j]M[j+1]} e_{M[j+1]}(S[i+1]) + b_{I[j]}(i+1) a_{M[j]I[j]} e_{I[j]}(S[i+1])$$
$$+ b_{D[j+1]}(i) a_{M[j]D[j+1]} ;$$

$$b_{I[j]}(i) = b_{M[j+1]}(i+1) a_{I[j]M[j+1]} e_{M[j+1]}(S[i+1]) + b_{I[j]}(i+1) a_{I[j]I[j]} e_{I[j]}(S[i+1])$$
$$+ b_{D[j+1]}(i) a_{I[j]D[j+1]} ;$$

$$b_{D[j]}(i) = b_{M[j+1]}(i+1) a_{D[j]M[j+1]} e_{M[j+1]}(S[i+1]) + b_{I[j]}(i+1) a_{D[j]I[j]} e_{I[j]}(S[i+1])$$
$$+ b_{D[j+1]}(i) a_{D[j]D[j+1]} ;$$

[終了ステップ]

$$b_{I[0]}(0) = b_{M[1]}(1) a_{I[0]M[1]} e_{M[1]}(S[1]) + b_{I[0]}(1) a_{I[0]I[0]} e_{I[0]}(S[1]) ;$$
$$P(S|\theta) = a_{M[0]M[1]} e_{M[1]}(S[1]) b_{M[1]}(1) + a_{M[0]I[0]} e_{I[0]}(S[1]) b_{I[0]}(0)$$

─┤コラム├─

前向きアルゴリズムと後ろ向きアルゴリズム

格子状ネットワーク構造に対する Viterbi アルゴリズムは，長さ L の配列 s を出力するもっとも尤もらしいパス π^* の確率 $P(S, \pi^*|\theta)$ を計算するアルゴリズムであった．これに対して，**前向きアルゴリズム**（forward algorithm）は，S を出力するすべてのパスに対する確率 $P(S|\theta) = \sum_\pi P(S, \pi|\theta)$ を計算するアルゴリズムである．このため，前向きアルゴリズムを式 (3.21) と対比させて理解することができる．$l \in \{0, 1, 2, \cdots, H\}$ とすると，文字列 $S[1..i+1]$ を出力する確率の中で，$S[i+1]$ が状態 $\pi[i] = l$ で終了するようなパスの確率 $f_l(i+1)$ は，初期値として，$f_0(0) = 1$ および $l \geq 1$ について $f_l(0) = 0$ を与え，次式の再帰式により計算可能である．

$$f_l(i+1) = e_l(S[i+1]) \sum f_k(i) a_{kl} \left[k \in \{0, 1, 2, \cdots, H\}\right]$$
$$= e_l(S[i+1]) \{f_0(i) a_{0l} + f_1(i) a_{1l} + f_2(i) a_{2l} + \cdots + f_H(i) a_{Hl}\}$$

終了処理では，$P(S|\theta) = \sum f_k(L) a_{k0} \left[k \in \{0, 1, 2, \cdots, H\}\right]$ により，配列 S を出力する確率が求まる．

ところで，**後ろ向きアルゴリズム**（backward algorithm）は，どの l に対しても $b_l(L) = a_{l0}$ を初期値とし，前向きアルゴリズムと反対に，$S[i+1]$ から始めて，$S[i+2..L]$ を出力する確率 $b_l(i+1)$ を計算するアルゴリズムである．このアルゴリズムは，次式のとおりである．

$$b_l(i+1) = \sum e_k(S[i+2]) b_k(i+2) a_{lk} \left[k \in \{0, 1, 2, \cdots, H\}\right]$$
$$= \{e_0(S[i+2]) b_0(i+2) a_{l0} + e_1(S[i+2]) b_1(i+2) a_{l1} + \cdots$$
$$+ e_H(S[i+2]) b_H(i+2) a_{lH}\}$$

$S[i]$ が状態 l から出力される確率を $P(\pi[i] = l|S)$ と表記するとき，$f_l(i)$ と $b_l(i)$ の間には，$P(\pi[i] = l|S) = f_k(i) b_k(i) / P(S)$ が成立する．終了処理では，$P(S|\theta) = \sum_l a_{0l} e_l(S[1]) b_l(1)$ により，配列 S を出力する確率が求まる．これは，前向きアルゴリズムで計算した結果と一致する．

Baum-Welch アルゴリズムは，**局所最適解**を見つけることが終了条件を見ればわかるが，**全域的最適解**を見つけることは保障されていない。このため，局所解を避けるための確率的な探索技法の導入が重要になる。局所解を避ける方法として，焼きなまし法や遺伝的アルゴリズムなどの導入が知られている。焼きなまし法では，計算の途中で局所解が得られてしまうのを避けるために，出力度数や遷移度数に適当なノイズを入れ，計算が進められている。

コラム

プロファイル HMM と多重整列化との関係

3.4 節では，多重整列（整列行列）からプロファイル HMM を計算する方法を紹介した。一般に多重整列化では置換行列が利用される。このため，このようなプロファイル HMM の計算方法には，進化的な類縁関係に関する情報が反映されている。これに対して，このような進化的な情報を必ずしも反映しているわけではないが，プロファイル HMM が他のなんらかの方法で与えられるとすると，それを用いて多重整列を推定することができる。以下に，プロファイル HMM のモデルパラメータ θ が既知の場合と未知の場合のそれぞれについて，多重整列を計算する方法について紹介する。

（1）モデルパラメータ θ が既知の場合

Viterbi アルゴリズムを用いて，多重整列化の対象となっている配列集合の各配列 S に対する内部状態列 π を推定する。つぎに，(S, π) の集合を用いて同じ状態から出力された文字を同じ列に並べると，多重整列（整列行列）が容易に得られる。たとえば，図 3.20 を (S, π) の集合とすると，それらから容易に図 3.18 が得られる。

（2）モデルパラメータ θ が未知の場合

最初に，Baum-Welch アルゴリズムを用いて，多重整列化の対象となっている配列集合からモデルパラメータ θ を学習する。ただし，学習においては，プロファイル HMM の長さ L およびモデルパラメータ θ の初期値を適当な方法で定めておく。学習が終了したら，Viterbi アルゴリズムを用いて，その配列集合の各配列 S に対する内部状態列 π を推定する。最後に，(S, π) の集合を用いて多重整列（整列行列）を求める。

3.5 頻出な類似部分配列の抽出

進化的な類縁関係にある配列集合から頻繁に出現する類似部分配列を抽出する方法には，**列挙法**（enumeration method），**ギブスサンプリング法**（Gibbs sampling, Gibbs sampler, GS），**多重期待値最大化法**（multiple expectation maximization for motif elicitation, MEME），**ランダムプロジェクション法**（random projection）などがあり，これらはモチーフ発見につながる方法として知られている。ここでは，列挙法およびギブスサンプリング法について紹介する。また，ギブスサンプリング法は，Baum-Welch アルゴリズムと同様に最適解が得られることが保証されていない。すなわち，局所最適解を避け，準最適解を求める

方法が重要となる。このため，**遺伝的アルゴリズム**（genetic algorithm, **GA**）および**焼き鈍し法**（simulated annealing, **SA**：シミュレーテッドアニーリング）についても紹介する。

3.5.1　列　　挙　　法

列挙法の一つとして，配列データベースから**PrefixSpan法**[57]により頻出パターンを抽出する方法について紹介する。列挙法の特徴は，抽出される**部分配列パターン**の長さを限定しておらず，頻出であればどんな長さでも抽出することにある。また，**ワイルドカード文字**（wildcard character）を含む部分配列パターンの抽出も可能である。ワイルドカード文字とは，任意の1文字とマッチする文字を意味する。ワイルドカード文字を記号 '$*$' あるいは $x(1)$ で表現すると，3文字のワイルドカード列は '$***$' あるいは $x(3)$ となる。ただし，部分配列の両端のみワイルドカード文字の配置を許さないとする。

以下では，長さ L の配列を $S=<s_1s_2\cdots s_L>$ と表記し，配列データベースには，配列識別子 SID と配列 S の組み（SID, S）を集めたものが格納されているとする。また，ある部分配列が異なる配列データに出現する回数を**支持数**（support count）と呼び，部分配列の支持数があらかじめ定められた閾値以上のとき，その部分配列を**頻出部分配列**（frequent subsequence）と呼ぶ。

なお，頻出部分文字列の抽出に際しては，ワイルドカード文字の混在を許さない場合と許す場合の両者について紹介する。

〔1〕**ワイルドカード文字の混在を許さない場合**　まず，長さ L を持つ文字列 S の部分文字列がどのくらい多く存在するのかについて考えてみよう。S に関して長さが1以上の部分文字列は，最大 $L(L+1)/2$ 個存在する。以下では，長さ K の配列を K-配列と表記する。

図 3.29 で長さが3の部分配列 $<$ALR$>$ に着目してみよう。$<$ALR$>$ 上には，長さが1以上の部分文字列が，$<$A$>$, $<$L$>$, $<$R$>$, $<$AL$>$, $<$LR$>$, $<$ALR$>$ の六つ存在することがわかる。

頻出部分配列の列挙は，頻出な K-部分配列から頻出な $(K+1)$-部分配列を**辞書式順**にすべて生成し，枝刈りにより列挙木の枝を刈りこむことで達成される。**枝刈り**は，列挙された K-部分配列の支持数が閾値未満になった場合に適用され，その K-部分配列を根とする部分列挙木の生成を中止することで達成される。頻出部分文字列の列挙では，配列データ内の文字の順番を変更できないため，$(K+1)$-部分配列を生成する際，配列データ内の文字の並びを考慮しながら1文字を K-部分配列に追加しなければならない。

図 3.29 の例では，5本の配列から導き出される部分配列は82個存在するが，閾値（最小支持数と呼ばれる）を2とすると，列挙木での枝刈りが可能なため，**図 3.30** の列挙木に示すように，8個の頻出部分文字列のみを列挙することができる。以下，その詳細について紹

3. モチーフの表現と抽出

配列データベース

SID	配列データ
1	FKYAKUL
2	SFVKA
3	ALR
4	MSKPL
5	FSKFLMAU

最小支持数 = 2

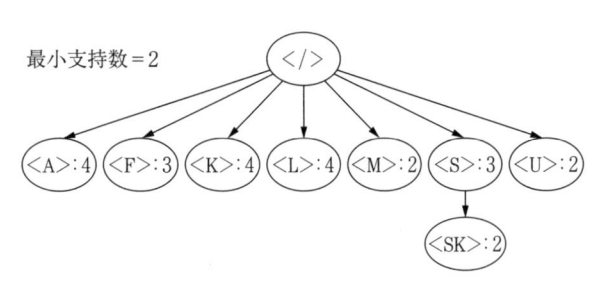

図3.29 配列データベースの例

図3.30 列挙木の例

介する。

まず，辞書式順に1-頻出部分配列を列挙すると，＜A＞：4，＜F＞：3，…，＜S＞：3，＜U＞：2が得られるが，この時点で，つぎに追加される1文字を効率的に見つけ出すために，1-頻出部分配列の右隣りの位置（**スキャン開始点**と呼ぶ）を記憶する。本書では，このスキャン開始点の集合を**射影データベース**（projected database）と呼ぶ。

たとえば，1-頻出部分文字列＜S＞：3の射影データベースは $\{(2,2),(4,3),(5,3)\}$ となる。$(i, j) \in \{(2,3),(4,3),(5,3)\}$ とすると，i はスキャン開始点が存在する配列データの SID，j はその SID を持つ配列データ上のスキャン開始点（先頭から数えた文字数）を意味する。この射影データベースを利用することにより，スキャン開始点から左側に位置する文字を効率的に参照することができ，追加1文字を高速に見つけ出すことができる。すなわち，追加1文字を探すたびに配列データの先頭からスキャンする必要がなくなるため，不要な範囲の配列に対するスキャンを回避できる。このように，射影データベースを利用することにより，辞書式順に頻出な K-部分文字列から頻出な $(K+1)$-部分文字列を生成する時間を短縮することが可能である。

図3.30において，1-頻出部分配列＜S＞：3から2-部分配列を列挙し，そこから頻出する部分配列＜SK＞：2を抽出するプロセスについて考えてみよう。＜S＞：3の射影データベースを見ると，文字'S'の隣りに位置する文字を辞書式順に並べると，'F'，'K'の二つである。この結果，2-部分配列は，＜SF＞：1および＜SK＞：2となるので，2-頻出部分配列はである。さらに処理を進めると，＜SK＞：2の射影データベースは $\{(4,4),(5,4)\}$ となり，文字列'SK'の隣りに位置する文字は'P'，'L'の二つである。しかし，＜SKP＞：1および＜SKL＞：1は頻出とはならないので，これらのノード以降の列挙を打ち切ることができる。1文字からなる頻出部分配列を除けば，最小支持数を2とする頻出部分配列（頻出パターン）は，図3.30に示すように＜SK＞：2のみとなる。このように，射影データベースを利用しながら頻出部分配列を列挙する方法は，PrefixSpan法と呼ばれている。

〔2〕 ワイルドカード文字の混在を許す場合　　長さ L を持つ配列 S に対してワイルドカードを含む部分配列をすべて選択すると，最大で $2^L - 1$ 個存在する。ただし，部分配列の

両端は，ワイルドカード文字の配置を許さないとする。3.5.1 項〔1〕で触れた配列
<ALR>の部分配列は<A>，<L>，<R>，<AL>，<LR>，<ALR>の六つであった
が，ワイルドカード文字の混在も許すと，この六つの部分配列に<A*R>が追加される。一
般に，配列データベースの配列の長さ L が大きくなると，複数のワイルドカード文字を含
む頻出部分文字列の数が膨大になる。経験上，ワイルドカード文字の数に上限（閾値）を設
けることがある。この数は，**最大ワイルドカード数**と呼ばれる。

　図 3.29 において，最小支持数を 3 とし，最大ワイルドカード数を 3 とすると，**図 3.31** の
列挙木が得られる。図の<F**A>：3 は，3-頻出部分配列<F**A>の支持数が 3 であるこ
とを示している。すなわち，<F**A>とマッチする 3-部分配列としては，位置 (1, 1) を
先頭とする<FKYA>，位置 (2, 2) を先頭とする<FVKA>，位置 (5, 4) を先頭とする
<FLMA>の三つが，配列データベースに存在する。ただし，(i, j) は，配列が持つ SID の
値を i とし，その配列の先頭から j 番目の文字の位置を意味する。

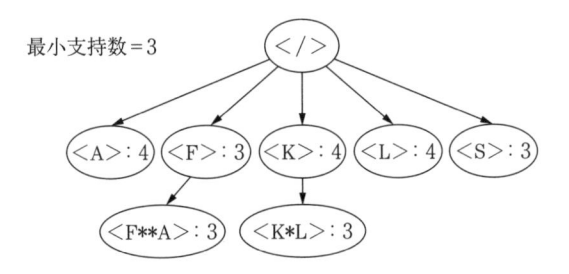

図 3.31 ワイルドカードを含む部分配列の列挙例

3.5.2　ギブスサンプリング法

ギブスサンプリング法により，複数本の配列データからたがいに類似する部分配列を抽出
する方法について紹介する。ギブスサンプリング法は，あらかじめ指定された部分配列長を
もとにもっとも確からしい配列モチーフを見つけことを目指した確率的アルゴリズムであ
り，抽出される類似部分配列はギャップを含まない配列モチーフである。

コラム

PrefixSpan 法

　PrefixSpan 法の詳細は，Jian Pei と Jiawei Han らが 2004 年の学術雑誌論文[57]で発表してい
る。彼らは，射影データベースの導入により，より複雑な形式を持つ系列データに対して，頻
出パターンを列挙する方法を効率化している。しかしながら，彼らの複雑な系列データを本章
で扱う単純な配列データに置き換えても，ワイルドカードの取り扱いが異なる。3.5.1 項の
〔2〕において，最大ワイルドカード数の制限を解除して<F**A>と<F*****A>を同
じとみなし，両者を<FA>と表記すると，彼らの抽出法により抽出される配列パターンと一致
する。すなわち，彼らの抽出法では，ワイルドカードを含むパターン表現が考慮されていない。

列挙法では，N本の配列を含む配列データベースから頻出な部分配列を抽出するために，まったく同じ部分配列を探さねばならなかった。抽出される部分配列は，頻出という制限はあっても長さに制限がないため，大量の部分配列が出力される。しかし，どの配列モチーフにも，類似する配列が多く存在することが知られている。たとえば，Kringle モチーフは，<[F|Y]C[R|H][N|S]x(7, 8)[W|Y]C>の形式を持つ正規表現として知られている。これは，32種類の類似部分配列を一つの正規表現でまとめた形式になっている。

ギブスサンプリング法では，このような多様性を持つ配列モチーフを見つけ出すために，なんらかの方法により配列モチーフの長さLのみがわかっているとし，配列データベースからできるだけ類似するL-部分文字列を見つけ出そうとする。このためには，L-類似部分配列が配列上に存在する位置を見つけ出さなければならない。ある配列Sの長さ$|S|$をKと表記すると，その配列で候補となる位置は$K-L+1$個存在する。N本の配列が同じ長さKを持つとすると，それらからN個で一組みとなる位置の候補は，$(K-L+1)^N$個存在する。この候補集合から総当たりで一組みを探し出すのは非現実的である。

この問題を解決するために，Lawrenceらは，1993年に米国の科学雑誌にギブスサンプリング法[58]と呼ばれる抽出法を発表している。ギブスサンプリング法は，総当たりで各配列からL-類似部分配列を探すことをやめ，各配列にL-類似部分配列の初期位置を与え，反復計算によりその位置を改良することで，近似最適解を探そうとする手法である。この手法では，L-類似部分配列集合の統計量を表現するプロファイルとして，図3.15の例で紹介した出現頻度行列や図3.16の**位置依存スコア行列**が利用されている。各配列上の位置の改良には，改良前のL-類似部分配列集合に対するプロファイルが利用されている。最終的に抽出されるL-類似部分配列の集合は，他のどの集合よりもランダム性が少ないことが重要であるため，最適性の評価尺度には相対エントロピーが利用されている。**相対エントロピー**については，その時点で算出された最新のプロファイルから計算することができる。

〔1〕 **素朴なアルゴリズム**　配列データベース$DB=\{S_1, S_2, \cdots, S_N\}$に，$N$本の配列が格納されており，たがいに類似する$L$-部分配列が$DB$に$N$か所存在するとしよう。ただし，この$L$-部分配列は，同じ配列上に複数箇所にわたり存在することはないとする。配列データベースDBの配列S_i上にL-部分配列が存在するとき，L-部分配列の先頭文字が配列S_i上に存在する位置をst^iと表記する。N本の配列について，先頭文字が存在する場所の集合SSTは，$SST=\{st^1, st^2, \cdots, st^N\}$を満たす。また，各配列$S_i$の長さを$|S_i|$と表記すると，$|S_i|\geq L$が成立する。$SST$から$L$-部分配列を収集し，ギャップのない整列行列$AMAT$を作成することができる。その整列行列$AMAT$から文字出現数行列$CMAT$を計算すれば，式(3.17)を用いて，**出現頻度行列**$FMAT$が容易に得られる。

図3.32に，モチーフ抽出を目指した素朴なアルゴリズムを示す。このアルゴリズムによ

1. DB の各配列 S_i に対して，L-部分配列の開始点 st^i をランダムに選び，それらを配列 S_i の番号順に並べた集合 $SST=\{st^1, st^2, \cdots, st^N\}$ を初期値とする。
2. DB からランダムに一つの配列 Z を選択する。このとき，Z の開始点を st と表記する。
3. 残りの $N-1$ 個の配列データベース $DB-\{Z\}$ から L-部分配列集合に対する出現頻度行列 $FMAT$ を計算する。
4. 配列 Z に存在する $|Z|-L+1$ 個の L-部分配列 x に対して，出現頻度 P_X を $FMAT_{SST}$ から計算する（以下，x が位置 i の L-部分配列のとき，x の出現頻度を P_i で表現する）。
5. $\{P_1, P_2, P_3, \cdots, P_{|Z|-L+1}\}$ に比例する確率でランダムに P_i を一つ選択し，P_i に対応する L-部分配列の開始点を st' とする。そして，SST に含まれる Z の開始点 st を新しい開始点 st' に置き換える。
6. 収束するまで，2.～5. を繰り返す。

図 3.32 モチーフ抽出を目指した素朴なアルゴリズム

り，配列データベース DB から，たがいにできるだけ類似した N 個の L-部分配列からなる $AMAT$ を見つけることができる。ある SST に対する $M \times L$ の出現頻度行列を $FMAT_{SST}=(p_{ij})$ と表記すると，p_{ij} は j 列目において $FMAT_{SST}$ の i 行目に対応する文字の**出現頻度**を意味する。部分配列を $X=<\alpha_1\alpha_2\cdots\alpha_L>$ とすると，X の出現頻度 $P_X=P(X|FMAT_{SST})$ は以下のように計算できる。

$$P_X = P(X|FMAT_{SST}) = p_{r(1)1} \times p_{r(2)2} \times \cdots \times p_{r(L)L} \tag{3.24}$$

ただし，$r(i)$ は，$FMAT_{SST}$ の行の中で，α_i に対応する行を意味する。

L-部分配列 X の確率が高ければ，出現頻度行列 $FMAT_{SST}$ の定義に利用された L-部分配列の集合の総意に類似し，低ければ類似しないといえる。図 3.15 の出現頻度行列を $FMAT_{SST}$ として，$X=<$AGAAT$>$ と $X'=<$GGCCT$>$ の出現頻度を計算してみよう。

$$P_X = P(X|FMAT_{SST}) = P(<\text{AGAAT}>|FMAT_{SST}) = 0.7 \times 1.0 \times 0.7 \times 0.7 \times 1.0 = 0.343$$
$$P_{X'} = P(X'|FMAT_{SST}) = P(<\text{GGCCT}>|FMAT_{SST}) = 0.3 \times 1.0 \times 0.3 \times 0.3 \times 1.0 = 0.027$$

以上のことから，$X=<$AGAAT$>$ のほうが $X'=<$GGCCT$>$ よりも $FMAT_{SST}$ に類似しているといえる。

〔2〕 **ベイズ統計解析を導入したアルゴリズム** 配列データの本数が少ないことなどが原因で，出現頻度行列 $FMAT_{SST}$ の要素に 0 が出現すると，他の要素の値がいくら大きくても出現頻度 P_X が 0 になってしまう。これを避けるため，Lawrence らは，ベイズ統計解析を導入し，$M \times L$ の出現頻度行列 $FMAT_{SST}$ の代わりに，3.3.1 項の〔2〕で紹介した $M \times L$ の位置依存スコア行列 $PSSM_{SST}=(p_{ij})$ を利用している。$N-1$ 本のアミノ酸配列に対して，p_{ij} は以下のように定義されている。

$$p_{ij} = (c_{ij} + u_i) \div ((N-1) + B) \tag{3.25}$$

ただし，ここでは，Lawrence らの論文を尊重し，p_{ij} の定義に式 (3.18) の対数オッズ比の表現を用いていないことに注意されたい。また，c_{ij} は 3.3.1 項〔1〕で紹介した**文字出現数行列** $CMAT$ の要素であり，それは，$AMAT$ の j 列目において i 行目に対応する文字の出現回

数である。u_i は i 行目に対応する文字の擬似度数であり，$u_i=f_i\times B$ により推定される。f_i は，$FMAT_{SST}$ の i 行目に対応する文字 α_i の全配列に対する相対出現頻度である。また，経験的に $B=\sqrt{N}$ が利用されている。なお，塩基配列を扱う場合に対する q_{ij} の計算式については，3.3.1 項〔2〕のコラムを参考にされたい。

図 3.33 に，ギブスサンプリング法のアルゴリズムを示す。Z から L-部分配列 X を選択する際は，X の出現頻度 $P(X|FMAT_{SST})$ の代わりに，擬似度数を考慮した X の出現頻度 $P(X|PSSM_{SST})$ と**背景的出現頻度**（background frequency）B_X の比 $A_X=P(X|PSSM_{SST})\div B_X$ を用いて部分配列を選択している。

---

1. DB の各配列 S_i に対して L-部分配列の開始点 st^i をランダムに選び，それらを S_i の番号順に並べた集合 $SST=\{st^1, st^2, \cdots, st^N\}$ を初期値とする。
2. DB からランダムに一つの配列 Z を選択する。このとき，Z の開始点を st と表記する。
3. 残りの $N-1$ 個の配列データベース $DB-\{Z\}$ から L-部分配列集合に対する位置依存スコア行列 $PSSM_{SST}$ を計算する。
4. 配列 Z に存在する $|Z|-L+1$ 個の L-部分配列 X に対して，出現頻度 $P_X=P(X|PSSM_{SST})$ と背景的出現頻度 B_X を計算し，両者の比 $A_X=P_X\div B_X$ を計算する。
5. $\{A_1, A_2, A_3, \cdots, A_{|Z|-L+1}\}$ に比例する確率でランダムに A_i を一つ選択し，A_i に対応する L-部分配列の開始点を st' とする。そして，SST に含まれる開始点 st を新しい開始点 st' に置き換える。
6. 収束するまで，2.～5. を繰り返す。

図 3.33 ギブスサンプリング法のアルゴリズム

$P_X=P(X|PSSM_{SST})$ は，X が位置依存スコア行列 $PSSM_{SST}$ によって生成される確率を意味し，次式で定義される。

$$P_X=P(X|PSSM_{SST})=p_{r(1)1}\times p_{r(2)2}\times\cdots\times p_{r(L)L} \tag{3.26}$$

ただし，$X=<\alpha_1\alpha_2\cdots\alpha_L>$，$PSSM_{SST}=(p_{ij})$ を満たす。また，$r(i)$ は α_i に対応する $PSSM_{SST}$ の行とする。

B_X は，L-部分配列 X の背景的出現頻度 B_X を意味し，次式により計算される。

$$B_X=b_1\times b_2\times\cdots\times b_L \tag{3.27}$$

ただし，b_j は，文字 α_j の背景的出現頻度であり，位置依存スコア行列を表現する部分配列以外の DB 領域に存在する文字 α の出現確率を意味する。また，$X=<\alpha_1\alpha_2\cdots\alpha_L>$ を満たす。

ギブスサンプリング法のアルゴリズムでは，全域的最適解に収束することは保証されていないため，局所最適解に落ちてしまう危険性がある。Baum-Welch アルゴリズムでもそうであったが，これを避けるために，焼きなまし法や遺伝的プログラミングなどのような最適化手法が利用される。それらの最適化手法では，モチーフの候補となる類似部分配列集合を評価するために，**相対エントロピー**（relative entropy）が利用される。この相対エントロピーは，対数オッズ比に基づいた表現であり，文字出現数行列 $CMAT_{SST}=(c_{ij})$ および位置依存スコア行列 $PSSM_{SST}=(p_{ij})$ を用いて，次式により計算されている。

$$F = \sum\sum c_{ij} \log_2\left(\frac{p_{ij}}{b_i}\right) \quad [1 \leq i \leq M][1 \leq j \leq L] \tag{3.28}$$

ただし，配列を定義する文字の種類を M とし，部分配列の長さを L としている．

3.5.3 探索問題の効率的解法

探索問題の効率的解法には遺伝的アルゴリズムや焼き鈍し法などがある．ナップサック問題や整数計画問題などの NP 困難な問題を解くために**分枝限定法**（branch and bound，BB）を利用してみると明らかだが，探索問題の最適解を全解探索により見つけるには膨大な時間を要する．そのため，ある限られた場合を除いては全解探索の方法をとらず，焼き鈍し法，**タブーサーチ**，**山登り法**などの局所探索法（local search）や遺伝的アルゴリズムなどを用いて，なんらかの簡単な方法で求めた初期解を部分的に変更していくアプローチがとられる．これにより，最適解ではないが準最適解を見つけることが可能となる．本項では，焼き鈍し法と遺伝的アルゴリズムについて紹介する．これらは，効率的であると同時に準最適解が近似度の悪い局所最適解にならないと考えられている計算方法である．

〔1〕 **焼き鈍し法** Kirkpatrick は，統計力学の結晶成長プロセスに注目し，「安定した結晶構造は，高温の溶融状態にある物質に対して，温度を急激にではなく徐々に冷却することにより生成可能である」という着想をもとに，1983 年に焼き鈍し法[59]と呼ばれる探索アルゴリズムを提案した．焼き鈍し法は，大域的な最適化問題を解くための確率的な探索アルゴリズムである．目的関数を改善する方向にのみ局所的な探索努力を行うと，局所最適解に落ちてしまう危険性がある．焼き鈍し法では，温度という概念を導入し，目的関数値が改悪する場合でも確率的に受理し，局所最適解から脱却を図るというねらいが含まれている．

焼き鈍し法では，改善はいつでも受理されるが，改悪は $P(\Delta E) = \exp(-\Delta E / T)$ の確率で受理させている．ここで，ΔE は変更前後の目的関数値の変化量を表し，T は温度に相当する概念をもつパラメータである．

$\Delta E < 0$（改善）のとき無条件に新状態を受け入れ，$\Delta E > 0$（改悪）のとき確率 $P(\Delta E)$ で新状態を受け入れる．探索処理は，十分に大きな T から開始し，T を徐々に 0 に近づけることにより行われる．これにより，比較的悪い局所解から抜け出し，比較的良い局所最適解（準最適解）にたどり着くことができる．

〔2〕 **遺伝的アルゴリズム** Holland は，集団遺伝学分野における生物進化の原理からアイデアを思いついた遺伝的アルゴリズムを 1975 年に提案した[60]．遺伝的アルゴリズムが，探索アルゴリズムとして世界的に関心が高まったのは，1989 年の国際会議以降である．生物進化は，ある個体の突然変異（遺伝子の変化）が世代交代を重ねる中である集団に広まること（生物集団の変化）によって達成されるが，そこで行なわれている染色体の**選択**

(selection)，**交叉**（crossover），**突然変異**（mutation）などが遺伝的アルゴリズムの基本操作である．したがって，遺伝的アルゴリズムを利用するためには，あらかじめ，与えられている探索問題を図3.34のような配列形式のデータ構造に変換しなければならない．この時点では，各個体は**適応度**（fitness value）が低い状態になっている．つぎに，そのデータ構造を染色体とみなして図3.35による計算を行うことにより，適応度の高い個体の集団（準最適解または最適解）を出現させる処理に入る．

```
固体名    遺伝子座         適応度
染色体 (1, [0,0,1,1,0,0,1,0,1,0,0], 40)
染色体 (2, [0,1,1,1,0,1,0,1,1,0,1], 70)
染色体 (3, [1,1,1,1,0,1,0,1,1,0,0], 30)
        ⋮
染色体 (N, [0,0,1,1,1,0,1,1,1,0,0], 60)
                  遺伝子
```

```
初期集団を生成する；
while（処理の停止 = 'No'）｛
    適応度を決める評価関数を計算する；
    選択操作により，交配させる二つの個体を選択する；
    交叉操作により，選択された二個体を交叉する；
    変異操作により，遺伝子の一部を変化させる；
｝；
```

図3.34　データ構造　　　　　　　　図3.35　遺伝的アルゴリズム

このアルゴリズムでは，whileループの中で，次世代の個体集団がつぎつぎと作成される．世代が進んでも，個体集団のサイズ（個体数）の変動を許していない．

選択操作にはいろいろな選択アルゴリズムが利用されているが，有名なものとしては**ルーレット選択**（**適応度比例選択**とも呼ばれる）が知られている．この選択アルゴリズムでは，各個体の適応度f_iに比例した確率$P_i = f_i / \sum f_j [1 \leq j \leq N]$で次世代の子孫が保存される．具体的には0～1の区間で乱数を発生させて交配させるために必要となる2個体を選択する．選択確率の高い個体は複数の交配に参加するので，その遺伝子は集団内に広がる．交配相手が見つかると，交叉操作に移る．

交叉操作は，二つの染色体を組み換える操作を行う．そのためには，染色体上の交叉位置を決めなければならないが，その位置は乱数により決めることができる．交叉位置が決まると，図3.25の例で示されるように染色体の組み換えが行われる．

つぎに突然変異操作に移るが，突然変異の位置については，たとえば，個体集団中のある個体に含まれる1遺伝子座とすると，これも乱数によって決められる．突然変異を行う1遺伝子座が決まると，その遺伝子座の値が1の場合は0に反転させ，値が0の場合は1に反転させる．以上が終了すると，whileループの先頭にもどり，新しい世代の個体集団を作る過程に入る．whileループの処理は，ある終了条件が満たされるまで繰り返し行われる．

交叉操作や突然変異操作で見られるように，遺伝的アルゴリズムには，局所探索をする方法がないので，どの時点で突然変異の幅を狭めるかという課題が残されている．また，遺伝的アルゴリズムには，利用者が応用問題を染色体表現のデータ構造に暗号化するための指導原理的なものが存在しない．適応度の評価関数の設定も含めて職人芸的センスや工夫が必要

である。

遺伝的アルゴリズムにおける**遺伝子型**の表現は，図3.34に示すように，1次元の**アレイ**（array）**構造**であるため，表現能力に限界がある。アレイ構造では，数式やソースコードなどの木構造を持ったデータ構造を扱うことができない。Kozaは，1990年にこの遺伝子型を拡張し，木構造やネットワーク構造の形式のデータ構造が扱える**遺伝的プログラミング**（genetic programming, GP）を提案している[61]。基本的な考え方については，図3.35で紹介した内容とほぼ一致するが，データ構造が遺伝的アルゴリズムと違うため，交叉操作や突然変異操作の具体的な方法が多少異なる程度である。

遺伝的アルゴリズムや遺伝的プログラミングでは，多くの個体が局所最適解付近に落ちてしまうと，交叉操作や突然変異操作の効果が上がらず，局所最適解以上の解が得られなくなるという問題がある。この問題を解決する一つの方法として，**島モデル**（island model）が利用されている。島モデルでは，複数の**島**（island）を用意し，島ごとに遺伝的アルゴリズム等による世代交代を行うことにより，島の間で個体の多様性を持たせ，ときどき島の間で**個体**を**移住**（migration）させている。図3.36に島モデルのイメージ図を示す。島モデルを扱う際に固有のパラメータとして，**移住間隔**（migration interval）と**移住率**（migration rate）がある。移住間隔は，個体の移住を行う世代間隔を意味し，移住率は，各島内における移住個体の割合を意味する。

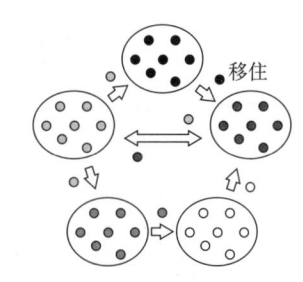

図3.36 島モデルのイメージ図

3.6 ネットワークモチーフの抽出

ネットワークデータは，生物の食物連鎖の状況を表現した食物連鎖ネットワーク，遺伝子と転写因子タンパク質との相互作用を表現した遺伝子制御ネットワーク，伝染病の伝搬を表現した伝搬ネットワークなどとして知られている。これらはどれも，**ノード**（node，節点）と**エッジ**（edge，辺）からなるグラフ$G(V, E)$とみなすことができる。**ネットワークモチーフ**（network motif）は，このようなネットワークを特徴づけるために有用であり，ネットワークの中に，頻繁に出現する**連結部分グラフ**（connected graph）として知られている。

本節では，まず，ネットワークモチーフについて説明し，ネットワークデータの形式，**開**

近傍（open neighborhood）と**排他的近傍**（exclusive neighborhood），連結部分グラフの列挙，グラフの**同型性判定**（isomorphism），**Z-スコア**に基づく統計的有意性を調べるために生成される**ランダム化グラフ**（random graph）を紹介する。

3.6.1 ネットワークモチーフ

あるネットワークデータの中に含まれやすい小さな連結部分グラフは，ネットワークモチーフ，あるいはモチーフと呼ばれている[62]。以後，この連結部分グラフを単に部分グラフと呼ぶ。ネットワークモチーフは，頂点どうしの特徴的なつながり方を表現しているパターンである。図 3.37 は，三つのノードから成るネットワークモチーフの例であり，全部で 13 種類存在する。ネットワークモチーフを用いると，ネットワーク上で発生するさまざまな現象を把握することができるといわれている。

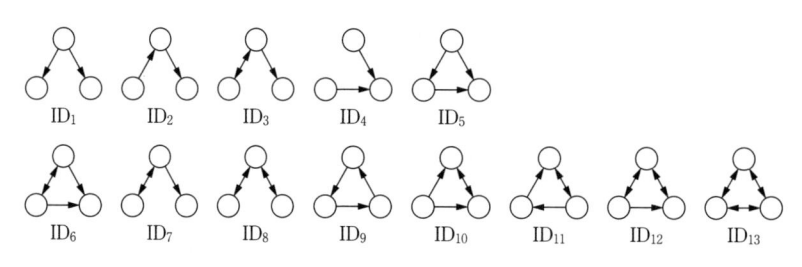

図 3.37

たとえば，大腸菌の遺伝子制御ネットワークのデータ分析により，「タンパク質の産生量を安定化させる**フィードフォワードループ**（feed-forward loop，**FFL**）と呼ばれるネットワークモチーフ」が発見されている[62),63)]。フィードフォワードループは，図 3.27 の ID_5 に該当する。他の分野になるが，友人ネットワークのデータに対してネットワークモチーフの時間的な遷移を分析することにより，「二人のメンバ A と B の間で友人関係ができた場合は，どちらかが他のメンバ C と友人だと思う状態よりは，C が A または B のどちらかと友人と思う状態のほうが，それ以後の友人関係が発展しやすい」ということが確認されている[64]。

なお，ネットワークモチーフを検出するためのフリーソフトウェアは，Web 上で公開されている[65]。

3.6.2 開近傍と排他的近傍

グラフには，**無向グラフ**（undirected graph）と**有向グラフ**（directed graph）があるが，本項では，ネットワークデータは無向グラフで表現されるものとして説明する。なお，その説明を有向グラフへ展開することは容易である。

ネットワークデータから開近傍と排他的近傍を計算することは，部分グラフを効率的に列

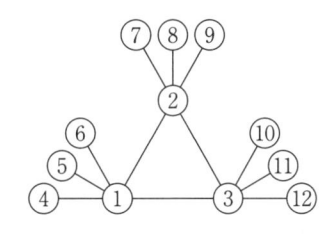

図 3.38 ネットワークデータの例

挙する上で，重要な役割を果たす．**図 3.38** のネットワークデータを用いて，開近傍と排他的近傍の概念を紹介する．

図のネットワークデータをグラフ $G(V, E)$ で表現すると，$V = \{1, 2, 3, 4, 5, 6, 7, 8, 9, 10, 11, 12\}$，$E = \{\{1, 4\}, \{1, 5\}, \{1, 6\}, \{2, 7\}, \{2, 8\}, \{2, 9\}, \{3, 10\}, \{3, 11\}, \{3, 12\}\}$ となる．頂点の集合 V および辺の集合 E の要素は，それぞれ辞書式順に並べられていることに注意されたい．

（1） 開近傍

グラフ $G(V, E)$，$V' \subseteq V$ に対して，V' の**開近傍**（open neigborhood）$\theta(V')$ とは，V' の頂点に少なくとも一つの接続を持つ $V - V'$ の頂点集合を指す．たとえば，$V' = \{1, 5\}$ とすると，V' の開近傍は，$\theta(V') = \{2, 3, 4, 6\}$ となる．

（2） 排他的近傍

ある頂点 $v \in V - V'$ の V' に関する**排他的近傍**（exclusive neighborhood）$\varepsilon(v, V')$ とは，$V' \cup \theta(V')$ に属さない v に近接するすべての頂点集合を指す．たとえば，$V' = \{1, 5\}$，$v = 2$ とすると $v \in V - V' = \{2, 3, 4, 6, 7, 8, 9, 10, 11, 12\}$ が成立するが，頂点 2 の $V' = \{1, 5\}$ に関する排他的近傍は $\varepsilon(2, \{1, 5\}) = \{7, 8, 9\}$ となる．

3.6.3 連結部分グラフの列挙

ネットワークモチーフの候補となる部分グラフの列挙では，K 個の頂点をもつ K-部分グラフから $(K+1)$-部分グラフを辞書式順に列挙するアプローチがとられる[66]．

図 3.38 のグラフ $G(V, E)$ では各頂点に数字ラベルが付けられており，**図 3.39** の列挙木は，この数字ラベルを利用して，辞書式順に図 3.38 の部分グラフを $K = 3$ まで列挙した例である．列挙木中で $N_{2,3}$ と表記された列挙木ノードには，頂点集合 $\{2, 3\}$ を持つ部分グラフ $G(\{2, 3\}, \{\{2, 3\}\})$ およびその頂点集合 $\{2, 3\}$ の開近傍 $\theta(\{2, 3\}) = \{7, 8, 9, 10, 11, 12\}$ が列挙されている．列挙木ノード $N_{2,3}$ の隣にある兄弟ノード $N_{2,7}$ には，頂点集合 $\{2, 7\}$ を持つ部分グラフ $G(\{2, 7\}, \{\{2, 7\}\})$ およびその頂点集合 $\{2, 7\}$ の開近傍 $\theta(\{2, 7\}) = \{8, 9\}$ が列挙されている．

さて，列挙木を用いて，親ノードから子ノードを列挙する方法について考えてみよう．これは，K-部分グラフから $(K+1)$-部分グラフをすべて生成し，その中から連結しているものを選択することで達成される．

たとえば，列挙木ノード $N_{1,2} = \{\{1, 2\}, \{3, 4, 5, 6, 7, 8, 9\}\}$ の 2-部分グラフ $G(\{1, 2\}, \{\{1, 2\}\})$ か

104   3. モチーフの表現と抽出

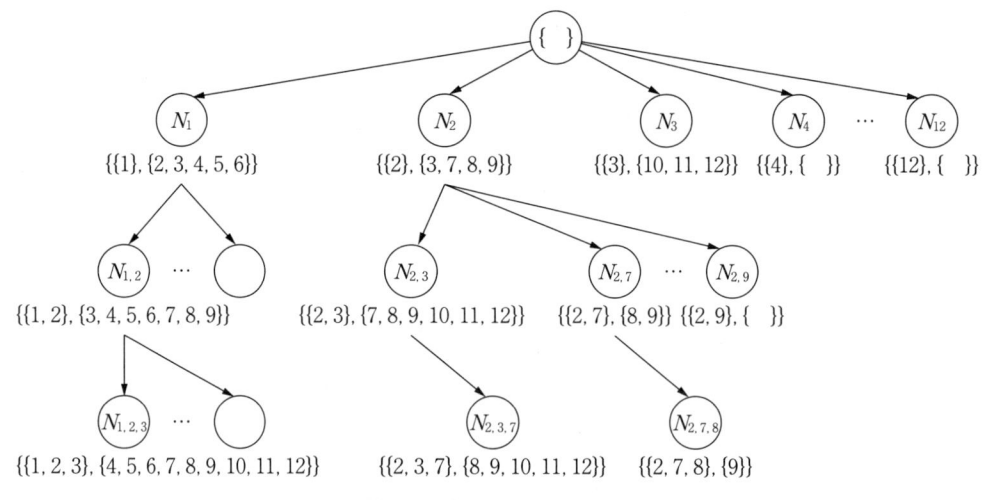

図 3.39 部分グラフの列挙例

ら 3-部分グラフを列挙してみよう．$\{1, 2\}$ を頂点集合とする 2-部分グラフ $G(\{1, 2\}, \{\{1, 2\}\})$ の開近傍 $\theta(\{1, 2\}) = \{3, 4, 5, 6, 7, 8, 9\}$ に含まれる七つの頂点をそれぞれ $\{1, 2\}$ に追加すると，七つの 3-部分グラフが生成される．

七つの 3-部分グラフの中で，連結しているグラフは，どれも列挙木ノード $N_{1,2}$ の子ノードとみなせる．たとえば，$\{3, 4, 5, 6, 7, 8, 9\}$ に含まれる頂点 3 を $\{1, 2\}$ に追加した 3-部分グラフの頂点集合 $\{1, 2, 3\}$ を考えてみると，列挙木ノード $N_{1,2,3} = \{\{1, 2, 3\}, \{4, 5, 6, 7, 8, 9, 10, 11, 12\}\}$ の 3-部分グラフ $G(\{1, 2, 3\}, \{\{1, 2\}, \{1, 3\}, \{2, 3\}\})$ は，図 3.38 により連結していることがわかる．したがって，$N_{1,2,3} = \{\{1, 2, 3\}, \theta(\{1, 2, 3\})\}$ は，列挙木ノード $N_{1,2}$ の子ノードの一つである．

$N_{1,2,3}$ の開近傍 $\theta(\{1, 2, 3\})$ を効率的に計算するには，排他的近傍 $\varepsilon(3, \{1, 2\}) = \{10, 11, 12\}$ を計算し，$u \in \varepsilon(3, \{1, 2\})$, $u > 3$ を満たす u の集合のみを増分として，$\theta(\{1, 2\}) - \{3\} = \{4, 5, 6, 7, 8, 9\}$ に追加することで達成できる．すなわち，$N_{1,2} = \{\{1, 2\}, \{3, 4, 5, 6, 7, 8, 9\}\}$ から $N_{1,2,3} = \{\{1, 2, 3\}, \{4, 5, 6, 7, 8, 9, 10, 11, 12\}\}$ が得られる．このように，開近傍 $\theta(V)$ の計算では，$v \in V$, $u \in \theta(V)$ に対して $u > v$ を満たすようにすれば，開近傍の計算で発生する無駄な再計算を回避できる．

3.6.4　グラフの同型性判定

列挙木の各レベルで列挙された部分グラフは，頂点集合が異なっていても同じ構造を持つ部分グラフが多数存在する．たとえば，図 3.39 のグラフに含まれる二つの 3-部分グラフとして $G(\{2, 3, 7\}, \{\{2, 3\}, \{2, 7\}\})$ と $G(\{2, 7, 8\}, \{\{2, 7\}, \{2, 8\}\})$ を選択すると，両者は同じ構造である．しかし，$G(\{2, 3, 7\}, \{\{2, 3\}, \{2, 7\}\})$ と $G(\{1, 2, 3\}, \{\{1, 2\}, \{1, 3\}, \{2, 3\}\})$ については同じ構

造でない。

ネットワークデータにおいて，ある K-部分グラフの出現数の数え上げは，レベル K の列挙木ノードで列挙されたすべての部分グラフに対して，構造的に同じ部分グラフの個数を数え上げることにより達成される。すなわち，この数え上げは，**グラフ同型性判定問題**を解くことに相当する。

二つのグラフ G_1，G_2 が同型であるとは，$V(G_1)$ から $V(G_2)$ への全単射 $\phi: V(G_1) \Rightarrow V(G_2)$ が存在して，任意の $u, v \in V(G_1)$ に対して次式が成立することを指す。

$$\{u, v\} \in E(G_1) \quad \Leftrightarrow \quad \{\phi(u), \phi(v)\} \in E(G_2) \tag{3.29}$$

このとき，ϕ を G_1 から G_2 への**同型写像**と呼ぶ。二つのグラフ G_1，G_2 のどちらも同じ頂点数 n を持つとすると，全単射 ϕ の総数は $n!$ となる。これらの写像の中で，少なくとも一つの写像が式 (3.29) を満たせば同型となるが，式 (3.29) を満たす写像が一つも存在しなければ同型ではない。

列挙法に基づくグラフ同型性判定のアルゴリズムは，数多く提案されている[66)~71)]。ここでは Ullmann（ユルマン）が提案した探索アルゴリズム[67)]を紹介する。グラフ G の頂点数を $|G|$ と表記するとき，$|G_1|=|G_2|$ を満たす二つのグラフについて考えてみよう。Ullmann のアルゴリズムでは，列挙木を用いて G_1 から G_2 への 1 対 1 写像（単射）ϕ をすべて探索することが基本になっており，$|G_1|=|G_2|$ を満たすときの 1 対 1 写像 ϕ，すなわち全単射 ϕ をすべて探索することも含んでいる。列挙木を用いると，G_1 の頂点を列挙木のレベルに 1 対 1 に割り付け，各レベルに割り付けられた G_1 の頂点に対応可能な G_2 の頂点をすべて列挙することができる。列挙木を成長させる途中で，対応する二つの頂点どうしの次数比較により同型写像 ϕ が見つからないと判断される枝は刈り込みが可能である。したがって，Ullmann のアルゴリズムでは，1 対 1 写像 ϕ のすべてを列挙しなくても同型性を判定できる。

図 3.40 の例を用いて，G_1 から G_2 への同型写像を探索してみよう。この場合は，$|G_1|=|G_2|=3$ を満たす。**図 3.41** は，列挙木上ですべての全単射から同型なグラフを探索する列挙木であり，全部で $3!=6$ 個の写像を表現する列挙木を描画したものである。同型写像は 2 個存在する（二重丸のノードをつないだ経路）。このアルゴリズムでは，グラフの頂点の次数を

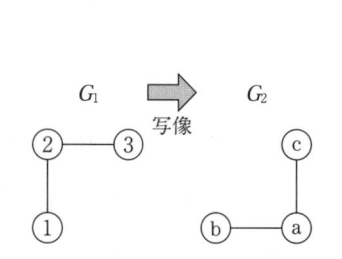

図 3.40 グラフ同型性問題の例

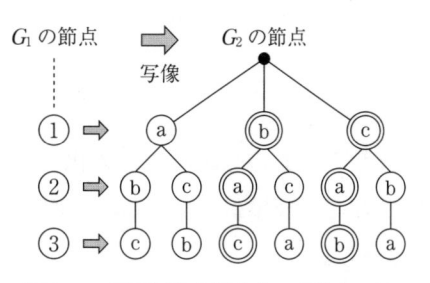

図 3.41 同型写像を探索する列挙木の例

利用した枝刈りにより計算時間を削減している。

たとえば，頂点1と頂点aを対応させると，それらの次数は等しくないため，レベル2以降の探索を進めても同型写像が探索できない。したがって，aからb以降に延びる枝を刈り込むことができる。つぎに，頂点1と頂点bを対応させると，それらの次数が等しいため同型写像を探索できる可能性があるので，レベル2に進む。レベル2では，頂点2と頂点aの次数は同じであるため，同型写像がみつかる可能性がある。このためレベル3の探索を行うが，頂点2と頂点cの次数は等しくないので，枝刈りを実施する。レベル3では，頂点3と頂点cを対応させると，それぞれの近傍は頂点2と頂点aであり，両頂点はレベル2で対応づけられているため，$\{(1, b), (2, a), (3, c)\}$は同型写像である。このような探索を繰り返し行うと，もう一つの同型写像$\{\{1, c\}, (2, a), (3, b)\}$が見つかる。以上により，合計2個の同型な写像が得られる。

3.6.5 ランダム化グラフ

ネットワーク上で同型と判定された部分グラフの集合とその出現数（集合の要素数）が得られたとしよう。すなわち，部分グラフの集合を代表するパターンとその出現数がすべて得られたとする。このとき，得られたパターンiの出現数N_iが偶然でないことを確かめる。すなわち，パターンiが統計的な有意性を持つかどうかを確かめるために，ランダム化グラフを生成し，ランダム化グラフの中に存在するパターンiの出現数N_i^{random}を計算する[63),65),66)]。図3.42は，これを生成するために，もとのネットワークデータの各点の次数を変えずに枝を無作為につなぎ替える基本操作であり，**スワップ操作**（swap operation）と呼ばれている。ただし，この操作では，多重辺の生成，自己ループの生成が許されていない。

図3.42 スワップ操作の例

さて，この操作をネットワークの全リンクに対して，ランダムに$100 \times |E|$回くらい適用すると，ランダム化グラフを生成することができる。ただし，$|E|$はネットワークのエッジ数を意味する。**Z-スコア**と呼ばれる次式の値Z_iが2よりも大きければ，パターンiは，統計的に有意なネットワークモチーフである。

$$Z_i = \frac{N_i - \langle N_i^{random} \rangle}{\sigma_i^{random}} \tag{3.30}$$

ただし，$<N_i^{random}>$は，P個のランダム化グラフから得られるパターンiの出現数の平均であり，σ_i^{random}はその標準偏差である。一般に，Pは非常に大きな数であり，少なくとも1 000は必要である。

【引用・参考文献】

1) Naruya Saitou：Introduction to Evolutionary Genomics, Computational Biology Series, Springer-Verlag（2014）
2) Richard Bellman：Dynamic Programming, Princeton University Press（1957）
3) Dan Gusfield：Algorithms on Strings, Tree, and Sequences: Computer Science and Computational Biology, Cambridge University Press（1977）
4) Esko Ukkonen：Approximate string matching over suffix trees, Proceedings of 4th Annual Symposium on Combinatorial Pattern Matching, pp. 228-242（1993）
5) Gonzalo Navarro and Ricardo Baeza-Yates：A hybrid indexing method for approximate string matching, Journal of Discrete Algorithms, Vol. 1, No. 1, pp. 21-49（2000）
6) Gonzalo Navarro, Ricardo A. Baeza-Yates, Erkki Sutinen and Jorma Tarhio：Indexing Methods for Approximate String Matching, IEEE Data Engineering Bulletin, Vol. 24, No. 2, pp. 19-27（2001）
7) Laurent Marsan and Marie-France Sagot：Algorithms for extracting structured motifs using a suffix tree with application to promoter and regulatory site consensus identification, Journal of Computational Biology, Vol. 7, pp. 345-360（2000）
8) Benjarath Phoophakdee and Mohammed J. Zaki：Genome-scale Disk-based Suffix Tree Indexing, Proceedings of the ACM SIGMOD International Conference on Management of Data, pp. 833-844（2007）
9) Benjarath Phoophakdee and Mohammed Javeed Zaki：TRELLIS＋：An Effective Approach for Indexing Genome-Scale Sequences Using Suffix Trees, Proceedings of the Pacific Symposium on Biocomputing, pp. 90-101（2008）
10) Needleman, B. Saul and Wunsch, D. Christian：A general method applicable to the search for similarities in the amino acid sequence of two proteins, Journal of Molecular Biology, Vol. 48, Issue 3, pp. 443-53（1970）
11) Cynthia Gibas and Per Jambeck：Developing Bioinformatics Computer Skills, O'Relly & Associates（2001）
    訳本は，2002 年に「実践 バイオインフォマティクス」と題してオライリー・ジャパン（水島 洋 監修・訳，明石浩史・またぬき 訳）から出版されている。
12) 金久 實編：ゲノムネットのデータベース利用法，共立出版（1996）
13) David W. Mount：Bioinformatics: Sequence and Genome Analysis, 2nd Edition, Cold Spring Harbor Laboratory Press（2004）
    訳本は，「バイオインフォマティクス」と題して 2005 年にメディカル・サイエンス・インターナショナル（岡崎康司・坊野秀雅 監訳）から出版されている。
14) NCBI：The Statistics of Sequence Similarity Scores
    http://www.ncbi.nlm.nih.gov/BLAST/tutorial/
15) Arthur M. Lesk：Introduction to Bioinformatics, Oxford University Press（2002）
    訳本は，2003 年に「バイオインフォマティクス基礎講義」と題してメディカル・サイエンス・インターナショナル（岡崎康司・坊野秀雅 監訳，小沢元彦 訳）から出版されている。
16) Stephen F. Altschul and Warren Gish：Local alignment statistics, Methods in Enzymology, Vol. 266, pp. 460-480（1996）
17) Dayhoff, M. O., Schwartz, R. M. and Orcutt, B. C.：A model of evolutionary change in proteins,

Atlas of Protein Sequence and Structure, Vol. 5, Supplement 3, pp. 345-352 (1978)
18) Steven Henikoff and Jorjag G. Henikoff：Amino Acid Substitution Matrices from Protein Blocks, Proceedings of the National Academy of Sciences of the United States of America（PNAS）, Vol. 89, No. 22, pp. 10915-10919（1992）
19) Mark P. Styczynski, Kyle L. Jensen, Isidore Rigoutsos and Gregory Stephanopoulos：BLOSUM62 miscalculations improve search performance, Nature Biotechology, Vol. 26, No. 3, pp. 274-275（2008）
20) David J. States, Warren Gish and Stephen F. Altschul：Improved sensitivity of nucleic acid database searches using application-specific scoring matrices, METHODS: A Companion to Methods in Enzymology, Vol. 3, No. 1, pp. 66-70（1991）
21) Osamu Gotoh：An improved algorithm for matching biological sequences, Journal of Molecular Biology, Elsevier, Vol. 162, pp. 705-708（1982）
22) Temple F. Smith and Michael S. Waterman：Identification of Common Molecular Subsequences, Journal of Molecular Biology, Vol. 147, Issue 1, pp. 195-197（1981）
23) David J. Lipman and William R. Pearson：Rapid and sensitive protein similarity searches, Science, Vol. 227, No. 4693, pp. 1435-1441（1985）
24) William R. Pearson and David J. Lipman：Improved tools for biological sequence comparison, Proceedings of the National Academy of Sciences of the United State of America, Vol. 85, No. 8, pp. 2444-2448（1988）
25) Stephen F. Altschul, Warren Gish, Webb Miller, Eugene W. Myers and David J. Lipman：Basic local alignment search tool, Journal of Moleculer Biology, Vo. 215, No. 3, pp. 403-410（1990）
26) 金久　實：ポストゲノム情報への招待，共立出版（2001）
27) 五條堀 孝 編：生命情報学，丸善（2003）
28) 美宅成樹，榊　佳之 編：応用生命科学シリーズ バイオインフォマティクス，東京化学同人会（2003）
29) Stephen F. Altschul, Thomas L. Madden, Alejandro A. Schäffer, Jinghui Zhan, Zheng Zhang, Webb Miller and David J. Lipman：Gapped BLAST and PSI-BLAST: a new generation of protein database search programs, Nucleic Acids Research, Vol. 25, No. 17, Oxford University Press, pp. 3389-3402（1997）
30) Da-Fei Feng and Russell F. Doolittle：Progressive Sequence Alignment as a Prerequisite to Correct Phylogenetic Trees, Journal of Molecular Evolution, Springer-Verlag New York Inc., Vol. 25, pp. 351-360（1987）
31) Desmond G. Higgins, Alan J. Bleasby and Rainer Fuchs：CLUSTAL V: improved software for multiple sequence alignment, Bioinformatics, Vol. 8, Issue 2, pp. 189-191（1992）
32) Julie D. Thompson, Toby J. Gibson, Frédéric Plewniak, François Jeanmougin and Desmond G. Higgins：CLUSTAL W: improving the sensitivity of progressive multiple sequence alignment through sequence weighting, position-specific gap penalties and weight matrix choice, Nucleic Acids Research, Oxford University Press, Vol. 22, No. 22, pp. 4673-80（1994）
33) Geoffrey J. Bartont and Michael J. E. Sternberg：A strategy for the rapid multiple alignment of protein sequences: confidence levels from tertiary structure comparisons, Journal of Molecular Biology, Academic Press, Vol. 198, pp. 327-337（1987）
34) Anders Krogh, Michael Brown, I. Saira Mian Kiminen Sjolander and David Hausder：Hidden Markov Models in Computational Biology — Applications to Protein Modeling, Journal of Molecular Biology, Vol. 235, pp. 1501-1531（1994）

35) Anders Krogh：Hidden Markov models for labeled sequences, Proceedings of the 12th IAPR International Conference on Pattern Recognition, IEEE Computer Society Press, pp. 140-144, Los Alamitos, California（1994）
36) Walter M. Fitch and Emanuel Margoliash：Construction of phylogenetic trees, Science, Vol. 155, pp. 279-284（1967）
37) Louis L. McQuitty：Hierarchical Linkage Analysis for the Isolation of Types, Educational and Psychological Measurement, Vol. 17, pp. 207-222（1957）
38) Peater H. A. Sneath：The Application of Computers to Taxonomy, Journal of General Microbiology, pp. 201-226（1957）
39) Robin Sibson：SLINK: an optimally efficient algorithm for the single-link cluster method, The Computer Journal（British Computer Society）, Vol. 6, No. 1, pp. 30-34（1973）
40) Russel F. Doolittle, Da-Fe Feng, Simon Tsang, Glen Cho and Elizabeth Little：Determining divergence times of the major kingdoms of living organisms with a protein clock, Science, Vol. 271, pp. 470-477（1996）
41) Motoo Kimura：The Natural Theory of Molecular Evolution, Cambridge University Press（1983）
42) Naruya Saitou and Masatoshi Nei：The neighbor-joining method: a new method for reconstructing phylogenetic trees, Molecular Biology and Evolution, Vol. 4, pp. 406-425（1987）
43) 日本バイオインフォマティクス学会 編集：バイオインフォマティクス事典，共立出版（2006）
44) Francis Chin and Henry C. M. Leung：DNA motif representation with nucleotide dependency, IEEE/ACM Transactions on Computational Biology and Bioinformatics（TCBB）, Vol. 5, Issue 1, pp. 110-119（2008）
45) 室田誠逸，佐藤靖史，澁谷正史，戸井雅和：血管新生研究の新しい展開，月刊治療学，Vol. 34, No. 4, pp. 77-89（2000）
46) Francis J. Castellino and John M. Beals：The genetic relationships between the kringle domains of human plasminogen, prothrombin, tissue plasminogen activator, urokinase, and coagulation factor XII, Journal of Molecular Evolution, Vol. 26, Issue 4, pp. 358-369（1987）
47) 五條堀 孝 編，高橋 敬 著：凝固・線溶系のドメイン進化，ゲノムから見た生物の多様性と進化，シュプリンガー・フェアラーク東京，pp. 103-114（2003）
48) Kazuo Ikeo, Kei Takahashi and Takashi Gojobori：Different Evolutionary Histories of Kringle and Protease Domains in Serine Proteases: A Typical Example of Domain Evolution, Journal of Molecular Evolution, Vol. 40, pp. 331-336（1995）
49) Gerald Z. Hertz and Gary D. Stormo：Identifying DNA and protein patterns with statistically significant alignments of multiple sequences, Bioinformatics, Vol. 15, No. 7-8, pp. 563-577（1999）
50) Jorja G. Henikoff and Steven Henikoff：Using substitution probabilities to improve position-specific scoring matrices, Computer Applications in the Biosciences, Vol. 12, No. 2, pp. 135-143（1996）
51) 北上 始，黒木 進，田村慶一：データベースと知識発見，コロナ社（2013）
52) 荒木康太郎，田村慶一，加藤智之，北上 始：ミスマッチクラスタに対する最小汎化パターン抽出方式，日本データベース学会論文誌（DBSJ Letters），Vol. 6, No. 3, pp. 5-8（2007）
53) Andrew J. Viterbi：Error bounds for convolutional codes and an asymptotically optimum decoding algorithm, IEEE Transactions on Information Theory, Vol. 13, No. 2, pp. 260-269（1967）
54) Neil C. Jones and Pavel A. Pevzner：An Introduction to Bioinformatics Algorithms, The MIT Press（2004）
訳本は，「バイオインフォマティクスのためのアルゴリズム入門」と題して2007年に共立出

版(渋谷哲朗・坂内英夫 訳)から出版されている。

55) Richard Durbin, Sean R. Eddy, Anders Krogh and Graeme Mitchison：Biological sequence analysis — Probabilistic models of proteins and nucleic acids, Cambridge University Press (1998) 訳本は,「バイオインフォマティクス」と題して2001年に医学出版(阿久津達也,浅井 潔,矢田哲士 訳)から出版されている。
56) Mona Singh and Jordan Parker：Profile Hidden Markov Models, COS 597c: Topics in Computational Molecular Biology, 11 pages (2002)
57) Jian Pei, Jiawei Han, Behzad Mortazavi-Asl, Jianyong Wang, Helen Pinto, Qiming Chen, Umeshwar Dayal and Mei-Chun Hsu：Mining Sequential Patterns by Pattern-Growth: The Prefix Span Approach, IEEE Transaction on Knowledge and Data Engineering, Vol. 16, No. 11, pp. 1424-1440 (2004)
58) Charles E. Lawrence, Stephen F. Altscul, Mark S. Boguski, Jun S. Liu, Andrew F. Neuwald and John C. Wootton：Detecting Subtle Sequence Signals: A Gibbs Sampling Strategy for Multiple Alignment, Science, Vol. 262, No. 513, pp. 208-214 (1993)
59) Scott Kirkpatrick, C. Daniel Gelatt and Mario P. Vecchi：Optimization by simulated annealing, Science, Vol. 220, pp. 671-680 (1983)
60) Holland, J. and Reitman, J.：Cognitive Systems Bases on Adaptive Algorithms, in, Waterman, D. and Hayes Roth, F. Editors, Pattern Directed Inference Systems, Academic Press, New York, pp. 313-329 (1978)
61) John R. Koza：Genetic Programming, The MIT Press (1992)
62) Ron Milo, Shai Shen-Orr, Shalev Itzkovitz, Nadav Kashtan, Dmitri B. Chklovskii and Uri Alon：Network Motifs: Simple Building Blocks of Complex Networks, Science, Vol. 298, pp. 824-827 (2002)
63) 増田直樹,今野紀雄：複雑ネットワーク 基礎から応用まで,近代科学社(2010)
64) 中田豊久,加藤義彦,國藤 進：友人ネットワークの状態遷移図による分析,情報処理学会論文誌 数理モデル化と応用,Vol. 2 No. 1, pp. 87-97 (2009)
65) Elisabeth Wong, Brittany Baur, Saad Quader and Chun-Hsi Huang：Biological network motif detection: principles and practice, Briefings in Bioinformatics, Oxford University Pres, Vol. 12, Issue 2, pp. 202-215 (2012)
66) Sebastian Wernicke：Efficient Detection of Network Motifs, IEEE/ACM Transactions on Computational Biology and Bioinformatics, IEEE Computer Society Press, Vol. 3, No. 4, pp. 347-359 (2006)
67) Julian R. Ullmann：An Algorithm for Subgraph Isomorphism, Journal of the ACM, Vol. 23, No. 1, pp. 31-42 (1976)
68) Brendan D. McKay：Practical graph isomorphism, Congressus Sumerantium, Vol. 30, pp. 45-87 (1981)
69) Bruno T. Messmer and Horst Bunke：Efficient Subgraph Isomorphism Detection: A Decomposition Approach, IEEE Transaction on Knowledge and Data Engineering, Vol. 12, No. 2, pp. 307-323 (2000)
70) Brendan D. McKay and Adolfo Piperno：Practical graph isomorphism, II, Journal of Symbolic Computation, Vol. 60, pp. 94-112, Elsevier (2014)
71) Peixiang Zhao and Jiawei Han：On Graph Query Optimization in Large Networks, Proceedings of the VLDB Endowment, Vol. 3, No. 1, pp. 340-351 (2010)

4
分子進化系統樹の推定

系統樹と系統ネットワークの性質についてまず概観したあと，距離行列データからの分子系統樹の推定法を説明する．進化速度一定を仮定した UPGMA，進化速度一定を仮定しない近隣結合法をはじめとしたさまざまな方法を論じたあと，塩基配列（アミノ酸配列）データからの分子系統樹の推定法を説明する．これには最大節約法，最尤法，ベイズ法などが含まれる．最後に系統樹を一般化した系統ネットワークの推定法を説明する．なお，本章は章末の引用参考文献 1），2）をもとにしている．

4.1 系統樹と系統ネットワークの数学的性質

本節では，系統樹と系統ネットワークの数学的性質について知るために，まず，系統樹の基礎的事項について触れた後，樹形の表現方法，樹形と樹形との関係，系統樹で表現できない関係と系統ネットワークについて説明する．

4.1.1 系統樹の基礎的事項

DNA 分子の自己複製は，遺伝子の系図を生成する．DNA の二重らせんがほどけて半保存的に複製が起こるので，DNA の系図は 2 分岐である．一方，遺伝子が多数集まって一つの生物を形作る情報を有するのがゲノムである．さらに多数の生物個体が集まってある生物種を構成しているが，遺伝子が遺伝子を生むように，生物種は別の生物種を生んでいく．この場合は，DNA の自己複製と異なって 2 分岐ではなく，3 分岐などの多分岐パターンになる可能性がある．このように，遺伝子と生物種というまったく異なる階層において，系統樹という共通性が存在する．そこで，抽象的になるが，どちらの場合でも同じような構造に言及する際に，**OTU**（operational taxonomic unit）という概念を用いることがある．

系統樹は，図に示したときに全体として木が根から発して枝葉を広げているように見えるので，このように呼ばれている．系統樹を抽象化して，OTU の間の関係ととらえれば，それは数学のグラフ理論でいう**木**（tree）であると考えることができる．また，グラフは**節**（node，ノード）と**辺**（edge，エッジ）から構成されるが，系統樹の場合には，節を**外部節**

(external node) と**内部節**（internal node）に分けて考える．図 4.1 で 1～6 の数字で示された OTU は外部節，W～Z で示された OTU は内部節である．節と節をつなげる辺を，進化系統樹では，長さの情報も持っていることが多いので，辺とは区別して**枝**（branch）と呼ぶ．外部節とは端点となる節のことであり，そこから 1 本の辺だけがつながっている．それに対して内部節とは，2 本以上の辺がつながっているものである．これらの辺のうち，少なくとも 1 本は通常，内部枝である．OTU は外部節に対応する．

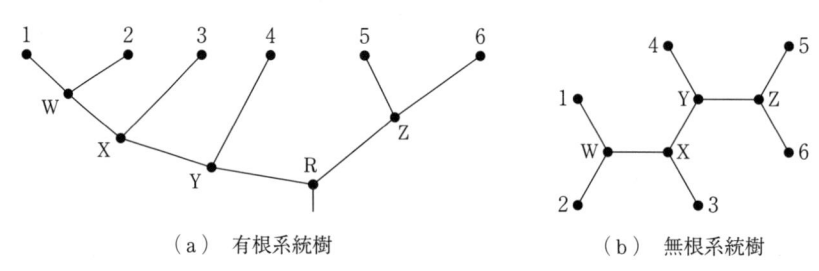

（a）有根系統樹　　（b）無根系統樹

W～Z は内部節を，R は根を表す．

図 4.1　6 個の OTU（操作上の分類単位）1～6 に対する系統樹の例[2]

グラフ理論における「木」とは，すべての節が辺によってたがいに結合されており，しかも任意の 2 個の節間をつなぐ方法が一通りしかないグラフである．図 4.1（a）のグラフはこの定義を満たしているので，「木」である．また，この図の樹には共通祖先に対応する**根**（root）の位置が R で示されているので，**有根系統樹**（rooted tree）と呼ぶ．それに対して，図（b）の樹には根がないので，**無根系統樹**（unrooted tree）と呼ぶ．有根系統樹は，有方向グラフの一種である．この場合，方向は根となる節から他の節への矢印で与えられる．生物進化で方向を与えるのは，もちろん時間の流れである．なお，系統樹にはいろいろな情報が盛り込まれてはいるが，枝と枝の角度は恣意的に決められるので，それ自身に情報はない．また，ある内部節で反転させても，樹形は変化しない．

図 4.2 に示すように，4 OTU から構成される無根系統樹は，3 OTU から構成される有根系統樹に 1 対 1 で対応する．一般に n 本の配列からなる無根系統樹は，($n-1$) 本の配列からなる有根系統樹に対応する．したがって，無根系統樹の中に外群であることがわかっている

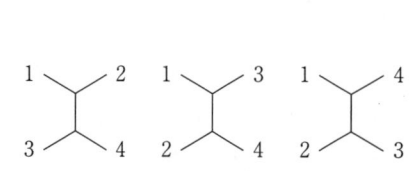

（a）4 個の OTU から構成される 3 種類の可能な無根系統樹　　（b）3 個の OTU から構成される 3 種類の可能な有根系統樹

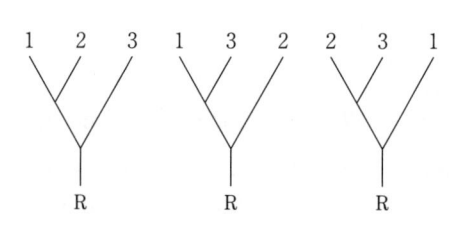

図 4.2　無根系統樹と有根系統樹の関係

配列を加えておけば，それによって有根系統樹に変換することができる。

n 個の OTU に対して可能な完全 2 分岐無根系統樹の総数 $\mathrm{Nu}(n)$ は，次式で表される。

$$\mathrm{Nu}(n) = \frac{(2n-5)!}{2^{n-3}(n-3)!} \tag{4.1}$$

このため，可能な樹形の種類数は比較する OTU の数が増加すると急速に増加する。**表 4.1** に OTU が 2 個から 20 個までの場合の可能な 2 分岐無根系統樹の総数を示す。

表 4.1 OTU 個数 2 ～ 20 について可能な 2 分岐無根系統樹の数[2]

OTU 数	可能な 2 分岐無根系統樹の数
2	1
3	1
4	3
5	15
6	105
7	945
8	10 395
9	135 135
10	2 027 025
11	34 459 425
12	654 729 705
13	13 749 310 575
14	316 234 143 225
15	7 905 853 580 625
16	213 458 046 676 875
17	6 190 283 353 629 375
18	191 898 783 962 510 625
19	6 332 659 870 762 850 625
20	221 643 095 476 699 771 875

4.1.2 樹形の表現方法

膨大な数の樹形が可能であっても，実際の進化はその中のただ一つの樹形のもとに進んだのだから，それを発見する必要がある。いずれにせよ，特定の樹形を記述するアルゴリズムが必要である。図 4.1（b）の無根系統樹を記述することを考えてみよう。まず考えられるのは，すべての枝を明示することである。このためには，内部節にもラベルが必要である。外部節（OTU）が 1 ～ 6 なので，内部節には図 4.1（b）に示したように，W ～ Z というアルファベットを与えることにしよう。このときすべての枝は [1, W], [2, W], [W, X] というように，枝がつなぐ節のペアで与えることができる。この方法はグラフを記述する一般的な方法としてはよいかもしれないが，$(2n-3)$ 個の枝全部をリストすることになり，系統樹の場合にはやや冗長となる。

つぎに，系統樹が入れ子構造になっていることに着目する。生物進化学では，節の部分集

合を**クラスター**（cluster）と呼ぶが，クラスターが2個の外部節だけから構成されている場合，これらを**近隣**（neighbor）と呼ぶ．近隣を繰り返し再帰的に定義していけば，系統樹の樹形を表現することができる．たとえば，図4.1（b）の系統樹で外部節1と外部節2は近隣であり，内部節Wでつながっているので，この関係を [(1,2) → W] と表すことにしよう．すると，このような近隣が $(n-2)$ 個あれば，外部節が n 個の無根系統樹の樹形を表現することができる．図4.1（a）の場合には，以下のとおりである．

[(1, 2) → W], [(3, W) → X], [(4, X) → Y], [(5, 6) → Z]

しかし，これら4個の近隣のリストだけでは，内部節YとZが枝で結ばれていることが明示されない．そこで，最後の近隣では $n=3$ の無根系統樹を示すことにする．すなわち，[(5, 6, Y) → Z] と表現する．この方法は，斎藤が作成した近隣結合法のプログラムで用いられているものである．

内部節のラベル付けは恣意性があるので，好ましくない．そこで，内部節なしで樹形を表わす方法（Newick方式）が考案されて，広く用いられている．系統樹では近隣がすべて入れ子構造になることを用いて，さらに簡単に樹形を表すことができる．これは近隣を括弧でくくって表していくものであり，図4.1（b）の例では，(((1, 2), 3), 4, (5, 6)) となる．基本構造は (α, β, γ) という3分岐であり，その要素 (α, β, γ) の内部構造を近隣または単一の節で表す．上記の場合だと，内部節Yを中心として，$\alpha = ((1, 2), 3)$, $\beta = 4$, $\gamma = (5, 6)$ である．

Newick形式にはまだ恣意性が残っている．それは，近隣生成の順序である．図4.1（b）の場合，内部節Xを中心とすれば，((1, 2), 3, (4, (5, 6))) も妥当な樹形表現となっている．では，恣意性のまったくない樹形表現法はどのようなものだろうか．樹形を決定するのが内部枝の集合であることを考えると，$(n-3)$ 個の内部枝によって1～nの外部節がどのように分割されるかを表現できればよい．グラフ理論では内部枝が二つの外部節グループを分割するという側面を重視して，分割（split）と呼ぶ．そこで，あるsplitで分割される二つの外部節グループを＋と－で表現すると，図4.1（b）の系統樹は**表4.2**のように表現できる．この方法は，系統樹を表現するのに明快で恣意性のないものであると同時に，後述のように，系統樹を一般化させた系統ネットワークも表現することができる．

表4.2 図4.1（b）の無根系統樹を定義する3個の分割

分割	1	2	3	4	5	6
XY	＋	＋	＋	－	－	－
XW	＋	＋	－	－	－	－
YZ	＋	＋	＋	＋	－	－

4.1.3 樹形と樹形のあいだの関係

今度は異なる樹形間の関係を考察しよう。図 4.1（b）の系統樹と少し似た樹形 C と樹形 D を考える。Newick 形式を用いると

 樹形 C $(((1,2),3),5,(4,6))$

 樹形 D $(((1,2),),6,(4,5))$

と表される。外部節 4，5，6 の間の枝ぶりが異なっており，残りの外部節 1，2，3 の樹形は 3 個とも同一である。これらの樹形は，図 4.1（b）の樹形で内部枝 YZ の距離を 0 にすれば，3 分岐を持つ樹形になる。逆に，この樹形に新たに枝を加えると，樹形 C や樹形 D を導くことができる。

このような操作を単位として，任意の樹形と樹形の間の樹形距離を定義することができる。図 4.1（b）の樹形と樹形 C，D の 3 樹形の間の距離は，どのペアについても 2 である。3 分岐樹を一度経るときに 2 回の操作を必要とするからである。この 3 分岐樹と 3 個の完全 2 分岐樹の間の樹形距離は 1 である。完全 2 分岐樹の間の距離は，ある回数の枝の取り去りによって特定の多分岐樹へたどり着いたあと，再び同じ回数の操作で枝を加えていって完全 2 分岐樹とするからすべて偶数である。

4.1.4 系統樹で表現できない関係と系統ネットワーク

種間や集団間で遺伝子交流がある場合には，系統樹そのものの存在が怪しくなる。なぜならば，いったん分岐した 2 集団が，最近になって遺伝子の交流を行えば，見かけ上の近縁性が高まるからである。遺伝子の場合でも，組換えや傍系相同遺伝子間の遺伝子変換，あるいはドメインシャッフリングが生じると，系統関係が乱れる。

このような場合の系統関係を表すには，系統樹よりも広い概念である**ネットワーク**（network）を使う。ネットワークとは，すべての節がつながっているグラフのことである。**図 4.3 は非系統樹ネットワーク**（non-tree network）の例である。このとき，節 1 と節 3 の間をつなぐ道筋は，下におりてから右にいく場合と，右にいってから下におりる場合の二通

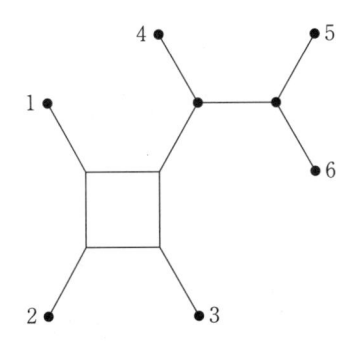

図 4.3 非系統樹ネットワークの例[2]

りあるので，系統樹の定義に反している。このような構造を**網目**（reticulation）と呼ぶ。

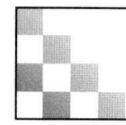

4.2 系統樹の生物学的性質

本節では，系統樹の生物的性質について知るために，個体の系図と遺伝子の系図，遺伝子の系図と種の系統樹，遺伝子の系統樹，さまざまな系統樹概念の順に説明する。

4.2.1 個体の系図と遺伝子の系図

バクテリアのようにクローン的に増えている生物では，個体の系統関係とゲノム中の遺伝子の系統関係が一致する。しかし，母親と父親の有性生殖によって生まれる，ゲノムを2セット持つ二倍体生物では，個体の系図は複雑である。N世代さかのぼると祖先の総数は2のN乗であり，各祖先が自分のゲノムに寄与する割合は2^{-N}乗である。世代をどんどんさかのぼっていくと，祖先の数はねずみ算式に増える。10世代前の祖先は1 024個体だが，60世代前では10の18乗になる。もっとも，これらの数はあくまでも祖先の延べ個体数であり，当時実在した個体の数はずっと少ないはずだ。これは，程度の多少はあれ，近親交配が行われてきたために，系図の別のところに現れる個体が実は同一だという場合があちこちで生じているからだ。

つぎに，ゲノムの中の多数の遺伝子のうちのある特定のものに注目し，そのかわりに特定の個体を含めた同じ種の個体全体を考えて，時間の流れをさかのぼってみよう。それらの遺伝子の祖先をたぐって10世代，100世代とどんどんさかのぼっていけば，いずれは共通の祖先遺伝子にたどり着く。これは遺伝子の本体であるDNAが自己複製を行っていることの当然の帰結である。したがって，共通祖先遺伝子が必ず存在する。このように，生物の中にある遺伝子の系統関係を表した図を**遺伝子の系図**（gene genealogy）と呼ぶ。

図4.4は，常染色体上のある遺伝子座Aにおける遺伝子の系図を模式的に示したものである。四角は個体を，その中の2個の丸はその遺伝子座の1対の対立遺伝子を表す。個体1と個体2は，2世代前の祖父母の1人（個体3）が同一なので，いとこ関係にある。5世代さかのぼると現世代における4個の対立遺伝子の共通祖先遺伝子が現れるが，血縁関係にない個体どうしを比べると，共通祖先遺伝子に到達するには何百世代もさかのぼらなければならないことが多い。

真核生物の細胞には，細胞核のほかにオルガネラ（細胞内小器官）と呼ばれるいろいろな構造があるが，ミトコンドリアはその一つである。核内の染色体と独立に親から子に伝わるミトコンドリアDNAは，ヒトの場合，その塩基総数が約16 500個で，核内のDNAに比べてずっと小さい。脊椎動物では，ミトコンドリアDNAは母性遺伝をするので，この遺伝子

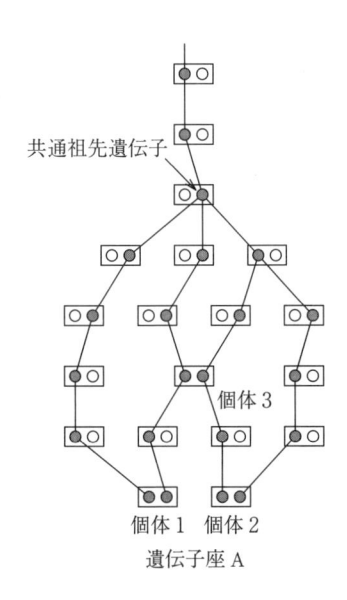

図 4.4 倍数体の 2 個体に存在する 4 個の遺伝子の系図[1]

の系図は雌のみをたどった系図と考えることができる。一方，哺乳類の Y 染色体は雄のみをたどる遺伝子の系図を作り出す。Y 染色体は X 染色体とともに性染色体の一つであり，XY タイプが雄，XX タイプが雌である。これら二つの染色体はほかの染色体と同様に両親から伝えられるが，雄の持つ Y 染色体は必ず父親から伝えられる。遺伝様式にこのような性質があるので，雄と雌で子供の残し方に大きな違いがあるときには，常染色体の DNA とは異なるパターンを示す。

4.2.2 遺伝子の系図と種の系統樹

生物の遺伝子の系図をさらにさかのぼっていくと，近縁種の遺伝子の系図と合体する。**図 4.5** は，仮想的な 3 種類の生物 A，B，C の系統関係（網かけ部分）と，各生物種から 3 個ずつ選んだ遺伝子（黒丸）の系図（太い実線で結んだもの）とを重ね合わせて示したものである。これら各生物における 3 個の遺伝子の共通祖先が白丸で示してあるが，それらをさらにたどってみると，祖先遺伝子は白丸の時点以前は 1 個しかないので，あとは生物種ごとに一本道となる。やがて，異なる生物の祖先遺伝子どうしの共通祖先遺伝子にぶつかっていくので，このような遺伝子の系統関係は生物種の系統関係を反映したものとなる。図 4.5 で生物種の系統関係を表した網かけ部分を逆さまにすると，樹が根から枝々を伸ばしたような形になるので，**種系統樹**（species tree）と呼ぶ。樹の根は共通祖先種，枝先は現生種に対応する。種系統樹の中に示される遺伝子の系図の場合も同じパターンになるので，これを**遺伝子系統樹**（gene tree）と呼ぶ。遺伝子の系図も遺伝子系統樹の一種だが，これは特に同じ生物種内の遺伝子の系統関係を指すときに用いる。

進化の過程で生じた突然変異は，現在生きている生物の DNA の中に蓄積しているので，

118   4. 分子進化系統樹の推定

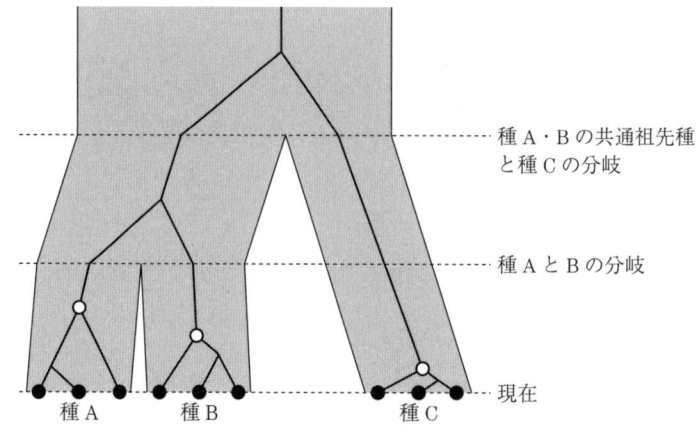

図 4.5 種系統樹の中の遺伝子系図[1]

現生生物の遺伝子を比較することによって，進化の道筋を復元することが可能になる．系統樹というと，従来は生物種の系統関係（種系統樹）のことだったが，じつは遺伝子の自己複製を直接反映する遺伝子系統樹のほうが基本なのである．また図4.5からもわかるように，種系統樹は遺伝子系統樹から推定されるものにすぎない．現生生物の系統関係を推定するのに遺伝子系統樹を用いるのは強力な方法であり，この研究分野を**分子系統学**（molecular phylogenetics）と呼ぶ．

4.2.3 遺伝子の系統樹：種分化と遺伝子重複の混合

遺伝子重複によって遺伝子のコピーが生じると，その後，突然変異が蓄積することによって各コピーの違いが増えていく．これらの，祖先を共通に持つ遺伝子のグループを遺伝子族と呼ぶ．この場合，遺伝子の系統関係は少し込みいってくる．それは，生物種が枝分かれしていくにつれて遺伝子の系統が枝分かれする場合と，遺伝子重複が生じて枝分かれする場合を区別することが簡単ではないからである．**図 4.6**は，脊椎動物におけるグロビン遺伝子族の系統樹である．グロビン遺伝子の祖先は，植物と動物の分岐以前（10億年以上前）に誕生し，遺伝子重複（○印）と種分化（●印）を繰り返して，多数のグロビン遺伝子を生じた．脊椎動物が出現した約5億年前以降は，まずヤツメウナギの系統が分かれて，ヤツメウナギ独自のミオグロビンとαグロビン・βグロビンの祖先を生じた．それ以降に出現した脊椎動物は，ヤツメウナギの遺伝子重複とは別にミオグロビンとグロビンの祖先を生じた．グロビン遺伝子はさらに重複してαグロビングループとβグロビングループの祖先遺伝子に分かれ，それぞれ独自に遺伝子重複を繰り返していった．これらの遺伝子重複はゲノム全体の重複の結果かもしれない．この場合，最初から異なる染色体にあったことになる．ヒトのゲノム中には，ミオグロビン1個とグロビン11個の遺伝子が存在するが，グロビンの遺伝

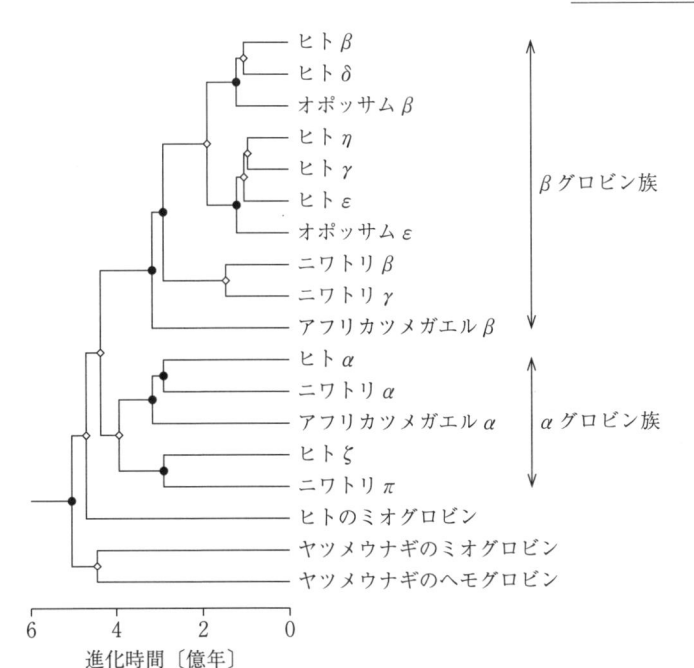

図 4.6 グロビン遺伝子の重複[1]

子のうち，α グロビングループは 3 個の遺伝子と 2 個の偽遺伝子が 16 番染色体短腕に，β グロビングループは 5 個の遺伝子と 1 個の偽遺伝子が 11 番染色体短腕にある。

　種分化にしたがって分岐した遺伝子対の関係を**順系相同**（orthologous），遺伝子重複にしたがって分岐した遺伝子対の関係を**傍系相同**（paralogous）と呼ぶ。傍系相同の関係を見つけるのは比較的簡単である。同一ゲノム内に相同な遺伝子対が見つかったら，それらは過去のある祖先ゲノムでの遺伝子重複で生じた可能性がきわめて高いからだ。ただし，特に原核生物では**遺伝子の水平移動**（horizontal gene transfer）が頻繁に生じるので，ゲノム内に相同な遺伝子対が発見されても，片方はホストゲノム由来で，もう片方は別のゲノムから水平移動してきた遺伝子という場合がある。このときには，両者の関係を**異種相同**（xenologous）と呼ぶことがある。**順系相同遺伝子**（ortholog または orthologue：オルソログ）の推定はもう少しむずかしい。必ず異なる生物種の比較となるが，生物種間の系統関係がはっきりとはわかっていないことが多いので，種分化にしたがって分岐したのかどうかを判定する必要があるからだ。**傍系相同遺伝子**（paralog または paralogue：パラログ）なのに順系相同だと推定する可能性がつねに存在する。

4.2.4　さまざまな系統樹概念

　種系統樹は，生物種の系統関係を表すものであり，遺伝子系統樹は DNA の自己複製の履歴に直接対応する。種分化（生殖隔離）は段階的に生じることが多いので，種系統樹が生物

種内の多数個体の系統関係をおおざっぱに示す曖昧性を持つのに対して，遺伝子系統樹は明確である．

遺伝子の系統関係に関して，枝の長さが進化時間に比例する有根系統樹を**真の系統樹**（true tree）と呼ぶ（**図 4.7**（a））．真の系統樹の上に突然変異（●印）が生じて初めて系統関係が復元可能なので，系統関係が存在しても突然変異が生じていなければ，真の遺伝子系統樹を復元することができない．このように，遺伝子系統樹の場合には，突然変異の生じた数に対応した系統樹しか復元できない．これを，**実現系統樹**（realized tree）と呼ぶ（図（b））．さらに，分子データから実際に推定された系統樹を**推定系統樹**（estimated tree）と呼ぶ．遺伝子の推定系統樹は実現系統樹を推定できるにとどまることが多いことに注意したい．なお，種系統樹の場合には，遺伝子系統樹と異なり，実現系統樹の階層は存在しない．歴史的な事実としてのある系統関係である真の系統樹と，それを推定した系統樹の2階層のみである．

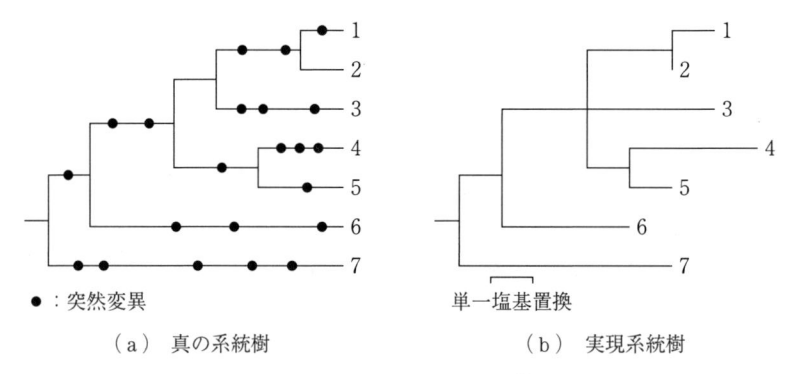

●：突然変異　　　　　　　　　単一塩基置換
（a）　真の系統樹　　　　　　（b）　実現系統樹

図 4.7　遺伝子系統樹の二層[2]

4.3　距離行列からの分子系統樹の推定法

本節では，距離行列からの分子系統樹の推定法として，系統樹作成法の分類，進化速度の一定と仮定したUPGMA，近隣結合法，その他の距離行列法について説明する．

4.3.1　系統樹作成法の分類

系統樹の作成は，遺伝子の進化を研究するのに必須のプロセスである．系統樹作成法は扱うデータの性質によって，**距離行列法**（distance matrix method）と**形質状態法**（character state method）に大別される．距離行列法は，アミノ酸置換数や塩基置換数などの進化距離（2章参照）を，比較するすべてのOTUのペアで推定した距離行列を用いるものである．n個のOTUの場合，$n(n-1)/2$個の距離がある．距離行列法と並ぶもう一つの系統樹作成法

のグループは，形質状態法である。**形質状態**（character state）とは，塩基やアミノ酸などの形質の状態（DNA 塩基配列であれば，A, C, G, T のどれか）のことである。それが長く連なったもの（配列）が一つの OTU のデータである。通常は，形質の順番は問題にしない。分子進化学で使われる形質としては，塩基配列，アミノ酸配列，制限酵素地図における制限サイトの有無配列などが用いられる。

系統樹作成法は，樹形探索法で分類することも有用である。この場合，大きく**完全 2 分岐樹探索法**（completely bifurcating tree search method）と**段階的探索法**（stepwise clustering method）に分かれる。完全 2 分岐樹探索法では，樹形ごとに，与えられたデータのもとでの最小必要変化数（最大節約法の場合），最大相互適合形質数（適合法），尤度（最尤法の場合），枝長の総和（最小進化法や距離節約法の場合），観察距離と推定距離の差（最小 2 乗法や最小偏差法の場合）などの尺度を計算し，データにもっとも合う樹形を選び出す。どのように探索するかについては，配列付加，初期樹形の周辺探索，枝交換，分枝限定探索など，いろいろな手法がある。

段階的探索法は，与えられたデータが系統関係を持つという前提から生まれた方法である。樹形を各段階である基準をもとに部分的に決定していき，何回かの段階を経て最終的にすべての樹形を決定する。このため，一般に完全 2 分岐樹探索法よりもはるかに計算時間が短い。UPGMA, 近隣結合法など，いくつかの距離行列法が段階的探索法に分類される。形質状態法でも段階的探索を行うことがある。

本章では，これら多数存在する系統樹作成法のうち，距離行列法であり段階的探索法でもある UPGMA と近隣結合法，距離行列法であり網羅的探索法である最小進化法，形質状態法に属する最大節約法，最尤法，最尤法に類似した**ベイズ法**（Bayes method）について説明する。また，系統樹を拡張した概念であるネットワークを作成することも，場合によっては有効である。そのような，通常の系統樹の範疇には入らないものについても説明する。

4.3.2 進化速度一定を仮定した UPGMA

UPGMA（unweighted pair-group method with arithmatic mean）は，もっとも古くから使われている方法である。UPGMA は距離行列法であり，段階的探索法である。アルゴリズムは簡単であり，距離の最小な OTU の対を合体させて新しい OTU にする。この新しい OTU と残りの OTU の間の距離を計算すると，比較する OTU の数が 1 個減る。この縮小された距離行列の中で，再び最小距離のものを探す。このように同一の操作を繰り返すうちに，OTU がつぎつぎに合体し，最後に 1 個になる。このアルゴリズムは単純ではあるが，**表 4.3** のように進化速度がどの系統でも厳密に一定である場合には，OTU A と OTU B の合体から始まる**図 4.8** に示す正しい有根系統樹が復元される。

122   4. 分子進化系統樹の推定

表4.3 厳密に進化速度が一定の場合の距離行列の例[2]

	A	B	C	D	E	F
A	0	2	6	4	16	16
B	2	0	6	4	16	16
C	6	6	0	6	16	16
D	4	4	6	0	16	16
E	16	16	16	16	0	10
F	16	16	16	16	10	0

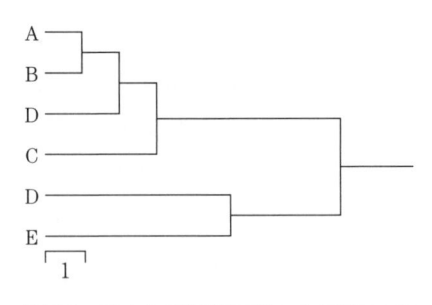

図4.8 表4.3の距離行列からUPGMA法を適用して作成した有根系統樹[2]

　ところが，進化速度が一定でない場合には，UPGMAは正しい系統樹を復元できないことがある。**図4.9**の8 OTUからなる無根系統樹を考えてみよう。枝の長さは進化距離に比例して描いてある。枝と枝の角度には情報がないので，すべて120°で統一している。これらのOTUの間の距離行列を**表4.4**に示す。この中で最小の距離は5であるが，三対のOTUが距離5である。OTU 5と6は確かにクラスターをなすが，その他の二対（OTU 2とOTU 3，OTU 3とOTU 4）はクラスターをなしていない。これらのクラスターを**近隣**（neighbor）と呼ぶ。距離7であるOTU 1とOTU 2は近隣だが，進化速度一定を仮定したUPGMAではこの近隣を見つけることができない。

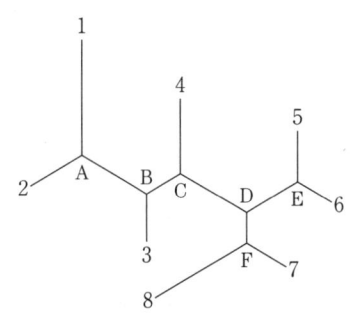

図4.9 8個のOTUの無根系統樹[3]

表4.4 図4.9の系統樹に対応する距離行列[3]

	1	2	3	4	5	6	7	8
1	0	7	8	11	13	16	13	17
2	7	0	5	8	10	13	10	14
3	8	5	0	5	7	10	7	11
4	11	8	5	0	8	11	8	12
5	13	10	7	8	0	5	6	10
6	16	13	10	11	5	0	9	13
7	13	10	7	8	6	9	0	8
8	17	14	11	12	10	13	8	0

4.3.3 近隣結合法

　UPGMAと異なり，進化速度が一定ではない表4.4のような場合でも，正しい系統関係（図4.9）を復元できる方法が望ましい。斎藤成也と根井正利[3]が提唱した**近隣結合法**（neighbor-joining method，NJ法）はそのような方法の一つである。図4.9の無根系統樹で，近隣であるOTU 1とOTU 2を合体すると，この合体OTUはOTU 3と近隣になる。4.1.2項で論じたように，どのような系統樹でも，近隣をつぎつぎに合体することによって規定することができる。

　近隣結合法は，**図4.10**（a）に示すような星状の系統樹から出発する。最初はOTU間の

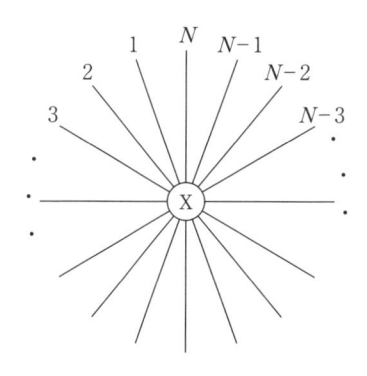

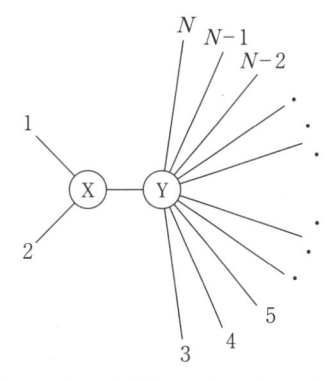

(a) 内部枝のない星状系統樹　　(b) 1個だけ内部枝で2個と (N−2) 個の OYU に分断された系統樹

図 4.10 近隣結合法の第一ステップ[2)]

系統関係の情報が何もないからである。この樹形を仮定して，次式で表されるすべての枝の長さの和 S_o を距離行列データから計算してみよう。

$$S_o = \sum_{i=1,n} B[i, X] \tag{4.2}$$

$B[i, X]$ は，図 4.10（a）の星状系統樹において，OTU i と内部節 X の間の枝の長さである。一方，$D[i, j]$ は OTU i と OTU j 間の OTU 間距離なので

$$D[i, j] = B[i, X] + B[j, X] \tag{4.3}$$

という関係が仮定される。ところで，n 個の OTU に対しては，$n(n-1)/2$ 個の OTU 間距離が存在するが，次式のようにそれらを全部加えた値を Q としよう。

$$Q = \sum_{i<j} D[i, j] \tag{4.4}$$

このとき，式 (4.2) と式 (4.3) の関係が仮定されるため

$$Q = \sum_{i<j} \bigl(B[i, X] + B[j, X]\bigr) = (n-1) S_o \tag{4.5}$$

となるので，次式のようになる。

$$S_o = \frac{Q}{n-1} \tag{4.6}$$

つぎに，図（b）の樹形を考える。これは，特定の一対の OTU（1 と 2）を取り出し，それらが近隣になると仮定したものである。その全枝長の和 S_{12} は

$$S_{12} = \bigl(B[1, X] + B[2, X]\bigr) + B[X, Y] + \sum_{i=3,n} B[i, Y] \tag{4.7}$$

で与えられる。ここで，図（b）の樹形を仮定しているので，以下の関係が成立する。

$$D[1, 2] = B[1, X] + B[2, X] \tag{4.8a}$$

$$D[1, i] = B[1, X] + B[X, Y] + B[i, Y] \quad (i \geq 3) \tag{4.8b}$$

$$D[2, i] = B[2, X] + B[X, Y] + B[i, Y] \quad (i \geq 3) \tag{4.8c}$$

$$D[i,j] = B[i,Y] + B[j,Y] \qquad (i,j \geqq 3) \tag{4.8d}$$

式 (4.8d) の関係は式 (4.3) と同等なので，式 (4.6) を適用して

$$\sum_{i=3,n} B[i,Y] = \frac{1}{n-3} \sum_{3 \leqq i < j} D[i,j] \tag{4.9}$$

となり，式 (4.8a) と式 (4.9) を式 (4.7) に代入して

$$S_{12} = D[1,2] + B[X,Y] + \sum_{3 \leqq i < j} \frac{D[i,j]}{(n-3)} \tag{4.10}$$

となる。$B[X,Y]$ を OTU 間距離 $D[i,j]$ で表すため，ここで再び式 (4.4) で定義される Q を考えてみる。式 (4.8a) ～ (4.8d) の関係が成り立つので

$$Q = (n-1)\bigl(B[1,X] + B[2,X] + 2(n-2)B[X,Y] + (n-1)\sum_{i=3} B[i,Y]\bigr)$$

$$= (n-1)D[1,2] + 2(n-2)B[X,Y] + \frac{n-1}{n-3} \sum_{3 \leqq i < j} D[i,j] \tag{4.11}$$

よって

$$B[X,Y] = \frac{Q - (n-1)D[1,2] - \frac{n-1}{n-3} \sum_{3 \leqq i < j} D[i,j]}{2(n-2)} \tag{4.12}$$

となる。式 (4.12) を式 (4.10) に代入すると，次式のようになる。

$$S_{12} = \bigl[(n-3)D[1,2] + Q + \frac{1}{2(n-1)} \sum_{3 \leqq i < j} D[i,j] \tag{4.13}$$

ここで，$R_i = \sum_{j=1,n} D[i,j]$ とすると

$$\sum_{3 \leqq i < j} D[i,j] = Q - (R_1 + R_2 - D[1,2]) \tag{4.14}$$

という関係が成り立つので，式 (4.13) に代入して

$$S_{12} = \frac{D[1,2]}{2} + \frac{2Q - R_1 - R_2}{2(n-2)} \tag{4.15}$$

となる。一般に，OTU i と OTU j を近隣に仮定すると，そのときの枝長の総和 S_{ij} は

$$S_{ij} = \frac{D[i,j]}{2} + \frac{2Q - R_i - R_j}{2(n-2)} \tag{4.16}$$

という一般式で表すことができる。

以上の導出は斎藤成也[4]による。このように簡単な式なので，OTU の総数がかなり大きくても，S_{ij} の計算は容易に行うことができる。

さて，OTU i と OTU j が近隣であるとき，はたして S_{ij} は S_0 よりも小さくなっているであろうか。ここで，話を簡単にするため，図 4.10 (b) の樹形が正しいとする。このとき，式 (4.6) と式 (4.11) より

$$S_o = \frac{Q}{n-1}$$

$$= D[1,2] + \frac{2(n-2)}{n-1}B[X,Y] + \frac{1}{n-3}\sum_{3 \leq i < j} D[i,j] \tag{4.17}$$

よって，式 (4.10) と式 (4.17) から次式のようになる．

$$S_o - S_{12} = \frac{n-3}{n-1}B[X,Y] \tag{4.18}$$

図 4.10 (b) の樹形が正しいと仮定しているので，$B[X,Y] > 0$ である．したがって，S_{12} は S_o よりも小さいことが証明された．

実際には，どの OTU の対が近隣であるかわからないので，$n(n-1)/2$ 個のすべての OTU の対について，図 4.10 (b) のような樹形を考え，それに対応する枝長の総和 S_{ij} を計算する．そうして，最小の S_{ij} を与える OTU の対を近隣とみなすのである．これは「最小進化の原理」と呼ばれている．現実のデータを用いると，最小の S_{ij} を示す OTU の対が近隣ではない可能性がある．しかし，用いられた距離が相加的である（系統樹において，任意の 2 個の OTU を結ぶすべての枝の長さを加えると必ず OTU 間距離に等しい場合）ときには，この方法は必ず近隣を見出すことが証明されている．

最小の S_{ij} を与える OTU の対が見つかると，つぎにそれらを合体して 1 個の OTU にし，また上の操作を繰り返す．OTU i と OTU j が合体した合体 OTU $i\&j$ と他の OTU k との進化距離 $D[(i\&j),k]$ は，つぎのように単純平均を用いて計算する．

$$D[(i\&j),k] = \frac{D[i,k] + D[j,k]}{2} \tag{4.19}$$

これらの進化距離を含めて，新しい $n-1$ 個の OTU 間の距離行列ができる．この行列について上と同じ計算を行えば，つぎの近隣を決めることができる．この繰返し操作により，つぎつぎに近隣が見つかるので，それによって最終的な系統樹を作成することができる．

図 4.9 に示した 8 個の OTU からなる無根系統樹は，表 4.4 の距離行列から近隣結合法を用いて作成されたものである．**図 4.11** に，図 4.9 の系統樹が近隣結合法を用いて発見されていく様子を示す．6 ステップで 8 個の OTU からなる系統樹が作成されるが，10 395 個の可能な樹形から正しいものを選び出している．

実際に，コンピュータシミュレーションによって，近隣結合法のコストパフォーマンスがきわめて高いことが示されている．すなわち，短い計算時間にもかかわらず，正しい系統樹を復元する確率が高いのである．このため，発表から 25 年以上たった現在でも，近隣結合法は広く使われている．

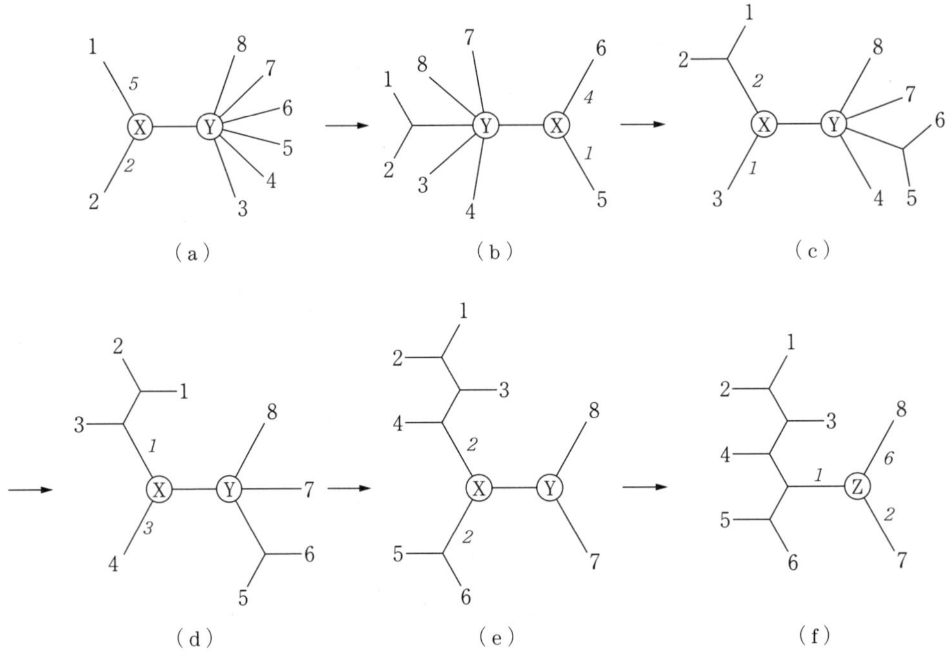

図 4.11　図 4.11 の距離行列に近隣結合法を適用して系統樹が作られていく様子[3]

表 4.5　p53 遺伝子（機能遺伝子と偽遺伝子）の塩基配列[5]

	1	2	3	4	5	6	7	8	9
2	0.051 6								
3	0.055 0	0.003 1							
4	0.048 3	0.022 1	0.025 3						
5	0.058 2	0.065 1	0.068 5	0.054 9					
6	0.009 4	0.041 6	0.045 0	0.038 4	0.054 9				
7	0.012 5	0.058 4	0.061 9	0.055 1	0.065 1	0.015 7			
8	0.028 4	0.068 7	0.072 2	0.065 4	0.075 4	0.031 7	0.028 5		
9	0.092 5	0.122 1	0.125 9	0.118 5	0.137 0	0.082 0	0.078 6	0.092 7	
10	0.192 1	0.218 3	0.222 8	0.205 4	0.230 9	0.179 8	0.179 5	0.183 3	0.186 0

OTU ID：
1＝*M. m. domesticus* 機能遺伝子（f），2＝*M. m. domesticus* 偽遺伝子（p），
3＝*M. m. castaneus* 偽遺伝子，4＝*M. spicilegus* 偽遺伝子，
5＝*M. leggada* 偽遺伝子，6＝*M. m. domesticus* 機能遺伝子，
7＝*M. leggada* 機能遺伝子，8＝*M. platythrix* 機能遺伝子，
9＝*Rattus norvegicus* 機能遺伝子，10＝*Homo sapiens* 機能遺伝子

　実際の塩基配列データに近隣結合法を適用した結果を紹介する。**表 4.5** は，ヒトの癌抑制遺伝子 p53 と進化的に相同なマウスやラットの塩基配列データから推定された塩基置換数の距離行列である。この距離行列から近隣結合法を用いて作成された系統樹を**図 4.12** に示す。

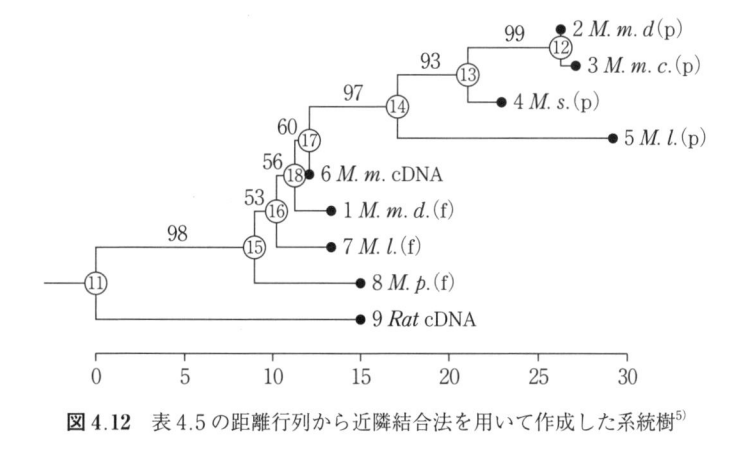

図4.12 表4.5の距離行列から近隣結合法を用いて作成した系統樹[5]

4.3.4 その他の距離行列法

現在広く使われている距離行列法の大部分は，前項で説明した近隣結合法および本項で紹介する最小進化法と同様に，進化速度の一定性を仮定しておらず，このため無根系統樹を生成する。

最小進化の原理を用いて，枝の長さの総和が最小となる系統樹を選ぶという方式は近隣結合法や**最小進化法**（minimum evolution method）で用いられているが，同様な考え方でアルゴリズムが異なるものとして，**距離節約法**（distance parsimony method）がある。**距離ワグナー法**[6]（distance Wagner method）がこのグループに属する。距離節約法では，最初 UPGMA のように，たがいに距離が小さな OTU3 個（**図 4.13** の A〜C）をまず結合し，4個目の OTU をこれらに結合するときに，図 4.15 に示す 3 種類の可能性を考える。残りの（$N-3$）個の OTU すべてについてこれら 3 種類の結合を調べ，最小の枝になる組合せを選ぶ。

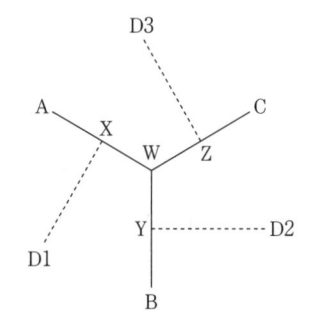

図 4.13 距離節約法における探索法[2]

観察値としての与えられた距離行列と，推定した系統樹から生成される推定距離行列の間の違いを最小にする樹形を選ぶという原理を用いる方法には，**最小偏差法**（minimum deviation method）[7]，**最小二乗法**[8),9)]（least squares method）があるが，コンピュータシミュレーションなどによって，正しい系統樹を選ぶ確率の低いことが知られている。

最小進化の原理は4.4.1項で説明する最大節約法の考え方と同一であるが，最大節約法が塩基配列などの形質状態データを用いるのに対して，距離行列を用いる点が異なる。また，最小進化法は完全2分岐探索だが，段階的探索をする近隣結合法と同一の尺度で選択するため，比較するOTUの数が少ない場合には，近隣結合系統樹とよく似た結果となることが多いことがわかっている。

最小進化法は，EdwardsとCavalli-Sforza[10]が最初に提唱した方法であるが，この方法は複雑であり，ほとんど使われなかった。斎藤と今西[11]は，最小偏差法[7]で用いられている枝長推定法を用いて枝長の総和を計算する方法を提唱した。この場合，厳密な最小2乗法よりも計算がずっと簡単になる。彼らは6本の塩基配列をモデル系統樹に沿って生成するシミュレーションを行い，この最小進化法と近隣結合法がほとんど似通った結果を与えることを示した。

その後，それぞれの樹形に対して，枝長さを最小2乗法で推定する最小進化法が提案された[12]。最小進化法は，理想的にはすべての可能な樹形を調べる網羅的探索を行うが，OTUの個数が10を超えると現実的ではない。したがって，まず近隣結合法で最初の系統樹を得て，その後その系統樹の周辺の樹形を調べ，枝長総和のより小さい樹形が見つかると，再びそれを最初の系統樹としてその周辺を調べるという樹形探索法が採用された[12]。シミュレーションによると，長時間コンピュータを動かして最小進化系統樹を発見しても，比較するOTU数があまり大きくなければ，それらは統計的に近隣結合系統樹と有意には違わないことが多い[12]。また，比較する塩基数が少ない場合には進化距離（塩基置換数）の推定に誤差が大きくなって，真の系統樹のほうが枝の長さの総和が大きくなり，誤った系統樹が最小進化法によって選ばれる場合があるので，注意が必要である[13]。このことは，数学的に最適化されているからといって，生物学的に正しい系統樹になるとは限らないことを意味している。

外群を用いて無根系統樹を有根系統樹に変換する原理をヒントにした**変換距離法**（transformed distance method）もいくつか存在する[14)～16)]。太田聡史の開発したThree-Tree法[17]は，変換距離が一致するようなクラスターを求めるという意味で，変換距離法の一つと考えることができる。**図4.14**を用いて，変換距離の意味を説明する。ここには3個のOTUしか存在しないが，これらのうちの一つ，たとえばOTU 3を基準OTUとして選ぼう。この基準OTUから内部節0までの枝長を，OTU 1とOTU 2の変換距離 $TD[1, 2]$ と呼ぶ。

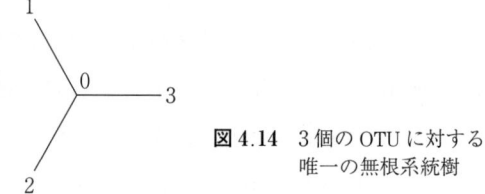

図4.14 3個のOTUに対する唯一の無根系統樹

数式としては以下で与えられる。

$$TD[1,2] = \frac{D[1,3] + D[2,3] + D[1,2]}{2} \tag{4.20}$$

表4.4の距離行列に対して，OTU 8を基準として変換距離を計算した結果を**表4.6**に示す。この変換距離行列において最大値はOTU 1とOTU 2の変換距離12であるが，これはOTU 8からこれらのOTUが共有する内部節（図4.9の系統樹では内部節A）までの距離を表している。この変換距離が最大だということは，逆にいえばOTU 1とOTU 2は系統的に近いことを意味しており，実際にこれらは近隣となっている。一方，OTU 7と他のOTU1〜6との変換距離6は最も小さく，これはOTU 7がOTU 8と系統的に最も近いことを意味している。このように，理想的な距離行列に対しては変換距離法はとてもよい性質を持っているが，残念ながら実際の分子データから推定された距離行列に対しては必ずしもよい結果を得られないことがコンピュータシミュレーションでわかっている。

表4.6 表4.4の距離行列に対してOTU Hを基準とした変換距離行列

	1	2	3	4	5	6
2	12					
3	10	10				
4	9	9	9			
5	7	7	7	7		
6	7	7	7	7	9	
7	6	6	6	6	6	6

4.4 塩基配列やアミノ酸配列の多重整列化からの分子系統樹の推定法

塩基配列やアミノ酸配列の多重整列化からの分子進化系統樹の推定法として，最大節約法および最尤法について説明する。

4.4.1 最大節約法

〔1〕**最大節約法のアルゴリズム**　最大節約法（maximum parsimony method，MP法と略する場合も多い）は，系統樹上の進化的変化数（アミノ酸置換，塩基置換，制限サイトの変化など）の合計を最小化する（最大に節約する）という最大節約原理のもとに，系統推定を行う方法である。この方法は，もともと形態学的データの分析に用いられ始めたものである。この最大節約原理は1970〜1980年代にかけて生物系統学の領域で大論争を巻き起こした**分岐分類学**（cladistics）の方法論的基礎であり，この原理の妥当性をめぐっては長い論争があった。

最大節約法は，塩基配列やアミノ酸配列などの配列データを用いる形質状態法であり，また完全2分岐探索法に属する。この方法は，おもに分岐分類学で発達した一連の系統樹作成法の総称であり，いくつかの種類が含まれているが，ここでは分子データの解析において通常用いられているタイプの最大節約法のみを論じる。

最大節約法では，配列上のすべてのサイトが系統推定に貢献するわけではない。この方法では多重整列化（2章および3章参照）の結果を用いるが，すべての配列が同一の塩基を共有しており，**変異のない**サイト（invariant site）は最大節約法では用いない。このようなサイトでは突然変異が生じなかったと考えられるからである。これらの無変異サイトを除いたあとの，図4.15右に示した6塩基サイトから成る仮想的配列データを例に説明しよう。サイト1では，配列3にだけ異なる塩基Gが存在する。この場合，任意の無根系統樹において等しくその配列を末端とする外部枝の長さを1だけ増加させるだけだから，変化数の合計に差異を生じさせる原因とはならない。このようなサイトは，上述の変異のないサイトとともに**情報を持たない**サイト（non-informative site）と呼ばれる。サイト2は配列4と7で塩基がそれぞれCとGになっており，ほかの6配列がTであるのとは異なっている。この場合も，任意の無根系統樹において配列4と7で外部枝の長さを1増加させるだけなので，情報のないサイトである。

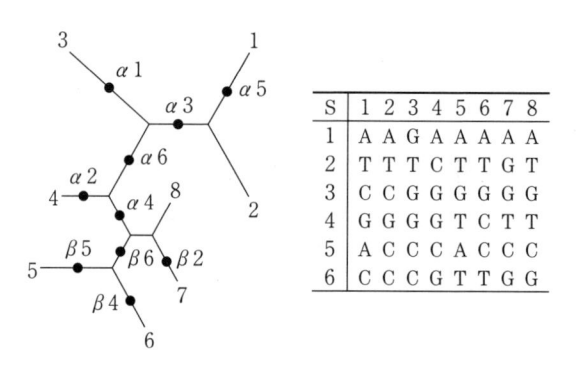

S	1	2	3	4	5	6	7	8
1	A	A	G	A	A	A	A	A
2	T	T	T	C	T	T	G	T
3	C	C	G	G	G	G	G	G
4	G	G	G	G	T	C	T	T
5	A	C	C	C	A	C	C	C
6	C	C	C	G	T	T	G	G

図4.15 6塩基サイトのデータ（右）から得られる最大節約系統樹（左）[2]

それ以外のサイト3〜6は，少なくとも2種類の塩基のそれぞれが少なくとも二つの配列に分布しているサイトであり，情報を持つサイト（informative site）と呼ぶ。これらのサイトだけが，最大節約法で樹形を選ぶために意味のある情報をもたらす。

これらのサイトは，**塩基配置**（nucleotide configuration）という視点で分類することができる。これは個々の塩基ではなく，配列のグループ分けに着目した分類であり，たとえば3本の塩基配列A，B，Cには，順に○○○，○○△，○△○，△○○，○△□という5種類の塩基配置が存在する。なお，○，△，□は，たがいに異なる塩基を示している。4本の塩

基配列では，表4.7で示すように，15種類の塩基配置が存在するが，そのうちで最大節約法において情報のある塩基配置は，○○△△，○△○△，○△△○だけである。

n 本の塩基配列に可能な塩基配置の種類総数 $C[n]$ は，以下の式で与えられる[18]。

$$C[n] = \frac{4^{n-1} + 3 \cdot 2^{n-1} + 2}{6} \tag{4.21}$$

5本の配列の場合，$C[5]=51$ であるが，そのうちで情報のある塩基配置は10個である（表4.8）。これら二つの表において，X, Y, Z, ＊はそれぞれ異なる塩基を表す。

表4.7 4本の配列において可能な15種類の塩基配置[2]

	A	B	C	D
1	＊	＊	＊	＊
2	＊	＊	＊	X
3	＊	＊	X	＊
4	＊	X	＊	＊
5	X	＊	＊	＊
6	＊	＊	X	X
7	＊	X	＊	X
8	＊	X	X	＊
9	＊	＊	X	Y
10	＊	X	＊	Y
11	＊	X	Y	＊
12	X	＊	＊	Y
13	X	＊	Y	＊
14	X	Y	＊	＊
15	＊	X	Y	Z

表4.8 5本の配列において情報のある10種類の塩基配置[2]

	A	B	C	D	E
1	X	X	＊	＊	＊
2	X	＊	X	＊	＊
3	X	＊	＊	X	＊
4	X	＊	＊	＊	X
5	＊	X	X	＊	＊
6	＊	X	＊	X	＊
7	＊	X	＊	＊	X
8	＊	＊	X	X	＊
9	＊	＊	X	＊	X
10	＊	＊	＊	X	X

情報を持つサイトは，なぜ樹形によって変化数の合計に差異を生じるのだろうか。図4.15を使って説明しよう。まず，サイト3では配列1と2がC，配列3〜8がGとなっている。このとき，図左の系統樹のように，配列1と2が近隣となっていれば，α3で示した塩基置換が1個だけ生じればよい。ところが，配列1と2が離れたところに位置する系統樹を仮定すると，塩基置換を2個仮定しなければならない。実際に，サイト5では配列1と5がAで他の6配列がGであるが，図4.15の系統樹は配列1と5が離れているので，α5，β5と示した2個の塩基置換を必要とする。もし配列1と5が近隣となる系統樹を仮定すれば，サイト5のパターンを説明するために必要な塩基置換は1個だけになる。このような最小塩基置換数の推定を，情報を持つサイトすべてについて行って得た合計値が最小となる樹形が選ばれるわけである。

最大節約法を用いて系統樹を決定するには，配列を追加していく方法とサイトを追加していく方法の二通りがある。配列を追加する方法の場合，追加順序を決定するアルゴリズムが必要である。最も単純なのは，配列の並び順に沿って追加する方法であり，多くのソフト

ウェアがこの方法を採用している。もう一つのアルゴリズムは，サイト単位の追加である。図4.15右に示した配列データの場合，サイト1から順に最も適切な系統樹を構築していくと，サイト1と2は情報がないので無視すると，まずサイト3で(1, 2)-(3, 4, 5, 6, 7)というグループ分けになり，サイト4は(1, 2, 3, 4)-(5, 7, 8)-6なので，サイト3と4の情報を合わせると，((1, 2), 3, 4)-(5, 6, 7, 8)になる。この系統樹とサイト5のグループ分けは矛盾するので，結局サイト6のグループ分け(1, 2, 3)-(5, 6)-(4, 78)を加えて，図4.15左の系統樹となる。この系統樹の樹形は，Newick方式で書くと(((1, 2), 3), 4, ((5, 6), (7, 8)))となり，10個の塩基置換を必要とする。もっともこの方式は，配列数が少ないあいだはよいが，配列が多くなると全体でどのような系統樹が最も最大節約であるかを判断するのがむずかしくなる。またこの場合，最終的な2分岐系統樹を対象とはしていないので，ソフトウェアも現在存在しない。今後の開発が待たれるところである。

　表4.9には，表4.5の距離行列を計算するのに用いた塩基配列データに最大節約法と最尤法（4.4.2項）を適用した結果を示している。Newick方式で示された2分岐系統樹1～8は，どれも112個の塩基置換が必要であり，これらを**同等に最大節約な系統樹**（equally parsimonious trees）と呼ぶ。2分岐系統樹9～12は，これらよりも1個だけ多い113個の置換を必要とする。このように，比較する塩基配列に比べて情報のあるサイト数があまり多くない場合には，同等に最大節約な系統樹や少しだけ節約の程度が弱い系統樹が多数得られることがある。

表4.9　表4.5の距離行列を計算するのに用いた塩基配列データに最大節約法と最尤法を適用した結果[5]

樹	樹形	塩基置換数	対数尤度
1	(((((((2, 3), 4), 5), 8), 6), 1), 7, (9, 10))	112	−4.07
2	((((7, 8), 1), 6), (((2, 3), 4), 5), (9, 10))	112	−0.29
3	(1, 6, (((((2, 3), 4), 5), 8), ((9, 10), 7)))	112	−4.09
4	(((((((2, 3), 4), 5), 6), 1), 8), 7, (9, 10))	112	0
5	(((((2, 3), 4), 5), (6, 1)), 8), 7, (9, 10))	112	−5.39
6	(((((((2, 3), 4), 5), 6), 1), 7), 8, (9, 10))	112	−2.55
7	(((((2, 3), 4), 5), (6, (1, 7))), 8, (9, 10))	112	−4.31
8	(((((2, 3), 4), 5), 6), ((1, 7), 8), (9, 10))	112	−6.10
9	(((1, 6), 7), ((((2, 3), 4), 5), 8), (9, 10))	113	−9.02
10	((((1, 6), 7), (((2, 3), 4), 5)), 8, (9, 10))	113	−8.80
11	((((1, 6), 7), 8), (((2, 3), 4), 5), (9, 10))	113	−8.99
12	(((((2, 3), 4), 5), 6), (1, 7), 8, (9, 10))	113	−7.37

〔2〕　**最大節約法の理論的問題点**　　最大節約法は分子系統樹作成に現在でも広く用いられている方法ではあるが，いくつかの問題点があるので，その利用には注意が必要である。第一に，枝長推定値の過小推定がある。比較する配列間の分岐の程度が大きいと，同一のサイトで複数回の置換が生じることがある。最大節約法は，図4.15の例でもわかるように，

並行置換や復帰置換を見つけるにはある程度まで有効だが，複数の置換が継続して生じる場合は検出できないので，置換数の過小推定を与えることになる。斎藤[19]は，塩基置換の場合を分析して，配列間の塩基置換数が0.2未満の場合には最大節約法による過小推定の程度が小さいが，それ以上では，枝の長さが大幅に過小推定されることを示した。したがって，大きく異なっている配列を最大節約法で分析した場合，枝長の推定値はあまりあてにならない。

第二の問題点として，場合によっては統計学的推定で重要な**一致性**（consistency）が満たされないことがある。これは，枝の長さが大きく異なり，進化速度の一定性からはずれる場合について，OTUが4個の場合に理論的に明らかにされている[20]。進化速度が一定の場合でも，最大節約法を用いると一致性が満たされない場合のあることが見出されている[21,22]。したがって，最大節約法で得られた系統樹の解釈には注意が肝要である。

最大節約法で用いられている最大節約原理は，与えられた系統樹の上でどのような進化現象が生じたかを推定するのにも用いられている。たとえば，田村と根井[23]は，近隣結合法で系統樹を作成したあとに，最大節約原理を用いてヒトミトコンドリアDNAの塩基置換パターンを推定した。また，斎藤と植田[24]は，これまでの研究で確立している霊長類の系統樹の上に，最大節約原理を用いて塩基の挿入・欠失をマップした。この場合でも，分岐の程度が大きい配列間を比べると，過小推定が生じやすい。したがって，系統樹の探索にしても，与えられた系統樹のもとでの進化的変化の推定にしても，いずれにせよ進化的に近縁な配列間の比較にとどめるべきであろう。

4.4.2 最 尤 法

〔1〕最尤法のアルゴリズム　ある遺伝子系統樹の中の枝の両端に位置する節Aと節Bに着目し，この遺伝子をコードしている塩基配列中のある特定の塩基サイトを考えよう。節Aが祖先だと仮定し，節Aから節Bに移行する間に，節Aの塩基Anが節Bの塩基Bnに変化する確率を$P[An \rightarrow Bn]$とする。この確率は特定の塩基置換パターンを仮定することによって決定できる。たとえば，1変数モデル（2章参照）の場合には，以下の式となる。

An = Bn のとき

$$P[An \rightarrow Bn] = \frac{1}{4} + \frac{3}{4} \exp\left(-\frac{4\lambda t}{3}\right) \tag{4.22 a}$$

An ≠ Bn のとき

$$P[An \rightarrow Bn] = \frac{1}{4} - \frac{1}{4} \exp\left(-\frac{4\lambda t}{3}\right) \tag{4.22 b}$$

ここで，λtは単位時間あたりの塩基置換速度λと節Aから節Bに移行する進化時間tの積

であるが，これら二つを分けて推定することはできないので，節Aと節Bをつなぐ枝で生じることが期待される塩基置換数と考える。

最尤法で用いる塩基置換パターンのほとんどは時間に関して可逆的であり，A→BとB→Aは同一である。そこで，$P[An \to Bn]$ を P_{AB} と表すことにする。図4.16の無根系統樹を考えると，この系統樹の外部節6個について，塩基サイト i で観察された塩基分布のデータが与える尤度 $L[i]$ は，9本の枝でのそれぞれの尤度を乗じたものなので，以下のようになる。

$$L[i] = \sum_D \left[gP_{D5}P_{D6} \left\{ \sum_C P_{DC}P_{C4} \left\{ \sum_B P_{CB}P_{B3} \left\{ \sum_A P_{BA}P_{A1}P_{A2} \right\} \right\} \right\} \right] \quad (4.23)$$

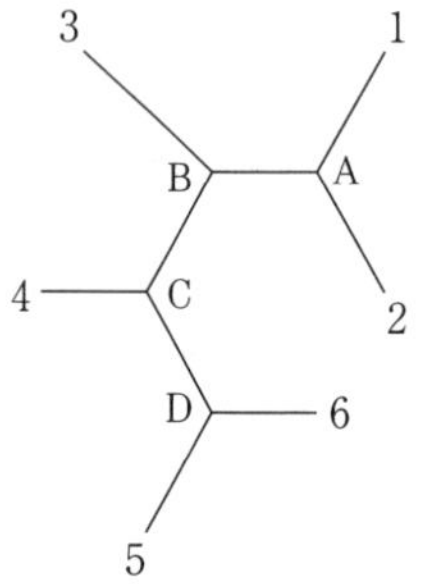

図4.16 6本の配列からなる遺伝子系統樹の例

内部節A，B，C，Dにおける塩基は不明なので，すべての可能性の和をとる。また，表記の都合上，ここでは内部節Dを仮の根（共通祖先の位置）としており，g はそこでの4種類の塩基の期待頻度である。

つぎに，全塩基サイトにわたった尤度の積（対数尤度の和）をとる：

$$\log\{\Pi_i L[i]\} = \sum_i \log L[i] \quad (4.24)$$

これは，各塩基サイトが独立に進化しているという仮定に基づくものである。この対数尤度が最大となる各枝の長さを探索し，最大尤度を与える長さのセットを決定する。この計算を多数の候補系統樹で行い，その中で最大尤度を与える系統樹を探索した中でのという限定付きであるが，最尤系統樹と決定する。ここで紹介した最尤法はFelsenstein[25]が1981年に提案したものであるが，その後計算を速くしたりいろいろな条件を設定できるなど多くの改良がなされている。

〔2〕 **最尤法による系統樹作成の実際**　　表4.5の距離行列を求めたものと同一の塩基配列データに，PHYLIP（http://evolution.genetics.washington.edu/phylip.html）のDNAMLプログラムを用いて，10種類の樹形についての最尤推定値を示したものが表4.9の右端の列に示してある。これらの中では樹4が最大の対数尤度となっているが，この樹は樹1〜8まで8個ある最大節約系統樹の一つでもある。近隣結合法で得られた樹6（図4.12）との尤度

の差は小さい。一方，樹 9 〜 12 は最大節約ではなく，また対数尤度も樹 1 〜 8 に比べるとやや小さいが，図 4.17 に示した樹 11 が，機能遺伝子から偽遺伝子が重複して出現するという，生物学的に見て最もあり得るパターンである。この系統樹の尤度は決して高いとはいえず，最大節約でもない。なお，最小進化法で選ばれた樹 12 は，最大節約とはなっていない。

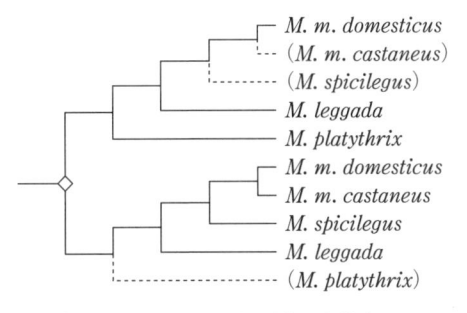

```
                ┌── M. m. domesticus
            ┌───┤
            │   └── (M. m. castaneus)
        ┌───┤
        │   └────── (M. spicilegus)
      ┌─┤
      │ ├────────── M. leggada
      │ └────────── M. platythrix
   ◇──┤
      │         ┌── M. m. domesticus
      │     ┌───┤
      │     │   └── M. m. castaneus
      │ ┌───┤
      │ │   └────── M. spicilegus
      └─┤
        ├────────── M. leggada
        └────────── (M. platythrix)
```

◇は遺伝子重複を，括弧内の生物名は
遺伝子データが存在しないことを示す。

図 4.17 表 4.5 と表 4.9 に用いた遺伝子間で期待される系統樹[2]

最尤法では，多次元における**尤度面**（likelihood surface）の中で最大の尤度を与える変数の組合せを探索する必要がある。斎藤[26] は，4 個の塩基配列をコンピュータシミュレーションで進化させて塩基置換を蓄積し，その結果を最尤法で解析した。図 4.18 は，外部枝 4 本の枝長はそれぞれの場合の最尤推定値として，1 本だけ残った内部枝の枝長（図では v_5 と表示）を変化させたときの尤度値を示したものである。4 OTU から成る無根系統樹では 3 個の樹形が可能だが，それらのうちで樹 1 が最尤推定値（図で最尤値と表示）になっており，実際にこの樹形が真の樹形である。v_5 が 0 のときには，3 種類の樹形が同一の尤度となっている。他の間違っている樹形はこの場合が最大尤度であり，v_5 が大きくなるにつれて尤度が下がっていく。

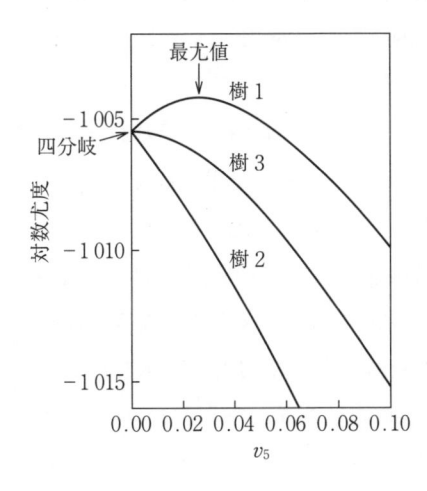

図 4.18 尤度面の具体例[26]

図4.19は，ヒト上科のミトコンドリアゲノムDNAの部分配列データをもとに，斎藤[26]の方法を用いて最尤系統樹を選んだものである．この方法は近隣結合法の探索法を用いたものである．同一の探索法が，MOLPHYパッケージ（www.ism.ac.jp/ismlib/software.e.htmlmolphy）において，Star Decompositionオプションとして実装されている．

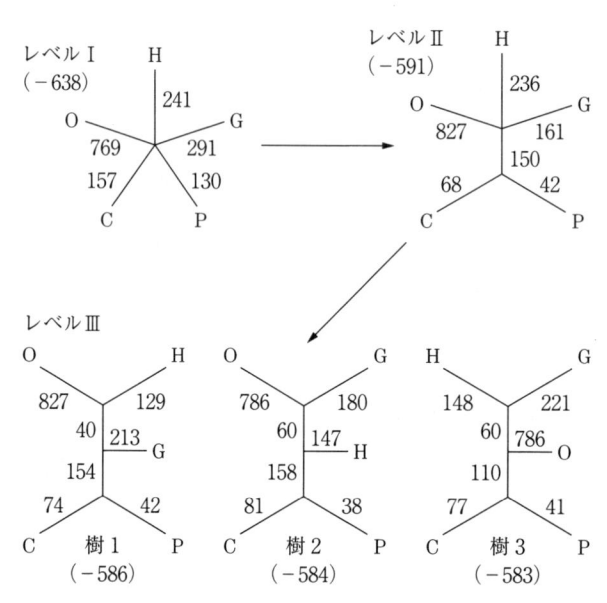

```
レベルI              レベルII
(-638)    H          (-591)    H
          |                    |
          241                  236
   O      |     G         O    |    G
     \    |    /              \ | /
      769 | 291               827|161
         / \                  150
       157  130                68  42
       /     \                /     \
      C       P              C       P
```

```
レベルIII
   O      H          O      G          H      G
    \    /            \    /            \    /
   827  129          786  180          148  221
     40|213            60|147            60|786
   154  G            158  H            110  O
    /    \            /    \            /    \
   74    42          81    38          77    41
   /      \          /      \          /      \
  C  樹1   P        C  樹2   P        C  樹3   P
    (-586)             (-584)             (-583)
```

C：チンパンジー，P：ピグミーチンパンジー（ボノボ），
G：ゴリラ，H：ヒト，O：オランウータン
塩基配列データは文献27）より．

図4.19 ミトコンドリアDNAの5種の部分配列に対して段階的に最尤法を適用した結果[4]

距離行列法である近隣結合法でまず候補系統樹を求めたあとで，統計的信頼性の低い枝についてのみ最尤法を用いるというNJ-ML法を開発した太田とLi[28],[29]は，コンピュータシミュレーションによりMOLPHYのStar Decompositionオプションよりも彼らのNJML法が正しい系統樹を選ぶ確率が高いことを示した．これは，距離行列データを用いる近隣結合法では，距離さえきちんと推定されていれば，多分岐系統樹でもそれなりに最適な樹形を選ぶことができるが，同じ多分岐系統樹でも形質状態データを用いる最尤法では，観察された塩基配置との関係で平行置換の影響を受けやすいからだと思われる．

〔3〕 **最尤法とベイズ法の理論的問題点**　本来の最尤法は，ある特定の**尤度関数**（likelihood function）が与えられたとき，尤度を最大にするような変数のセットを求めるものである．特定の樹形だけを議論するのであれば，式（4.23）で示したような単一の尤度関数を定義することができるので，あとは各枝の長さ（この式では，生じた塩基置換数の期待値）のセットの中で尤度を最大にする組合せを発見すればよい．ところが系統樹の推定に

は，樹形という連続量ではない変数が入ってくるので問題が生じる。種分化や遺伝子の分岐がどのようなパターンで生じるかはわからないので，この部分には触れないまま個々の系統樹で得られた最尤推定値を直接比較する便宜的な最尤法が提唱された[25]。この理論上の曖昧性にはいろいろな批判があるが[2]，この便宜的最尤法はシミュレーションにより正しい系統樹を得られる確率が高いことがいくつかの論文で示された[2]。一方，確率統計論の世界では異なるモデルであっても，それらと実際のデータとの適合度を対数尤度で測ることが妥当であるという Kullback-Leibler 情報量の考え方に基づく議論が存在する[30),31]。つまり，与えられた樹形のもとでの最大尤度を計算し，それをいろいろな樹形で計算して単純に比較すればよいというものである。しかし，斎藤[1]が指摘したように，系統樹の樹形をパラメータと考えると，Kullback-Leibler 情報量を適用することはできない。どの樹形も発生確率が等しいと考えればこの問題は事実上消滅するが，樹形を含めて尤度を求める本来の最尤法からは離れてしまう。もう一つの考え方として，系統樹はじつはすべてつながっているから，樹形によって尤度関数が変化するのは人間の認識の限界を示しているにすぎないというものがあり得るだろう。このとき，多分岐樹で変数（枝など）が減少するという問題は消えてしまい，AIC（Akaike information content）を用いた議論[31]は無意味となる。いずれにせよ，系統樹は複雑な構造を持っているので，従来の確率統計学の理論をそのまま応用できるかどうかは，今後も慎重な検討が必要だろう。

　最尤法では，枝の長さを推定するというとき，なにを推定しているのかがもう一つの問題点である。遺伝子系統樹では通常は実現系統樹の推定を目指すが，この場合は枝の長さは実際に進化の過程で生じた突然変異の数（塩基置換数など）である。ところが，最尤法は現代統計学で生まれた考え方であるため，母集団の状態を知るためにデータから推定するための方法であり，系統樹でいえば母集団は実現系統樹というよりも真の系統樹ということになる。しかし，真の系統樹は進化時間に比例した系統関係であり，突然変異があってもなくても存在するものである。したがって，最尤法で推定している枝の長さは実際の突然変異数（塩基置換パターンのみを考慮している通常の場合は塩基置換数）であることになる。系統樹の推定にとっては，多重整列された塩基配列やアミノ酸配列が観察値に対応し，実現系統樹といえどもそれは推定されるべき対象なのである。ここにも，系統樹，ひいては歴史的に1回限りの進化現象を，無限母集団からの有限回の標本抽出によるデータから推定しようとする現代統計学の枠組みで扱うことの困難さが存在していることがよくわかる。

　ベイズの定理は事後と事前の条件付き確率の関係を扱ったものであり，18世紀以降，統計学において使われているものだが，最尤法に続いて系統樹作成法に取り入れられた[32),33]。ベイズの定理を系統樹推定に応用すると，以下の関係が与えられる。

$$\text{Prob}(\text{Tree}|\text{Data}) = \text{Prob}(\text{Data}|\text{Tree}) \times \text{Prob}(\text{Tree}) / \text{Prob}(\text{Data}) \tag{4.25}$$

ここで，Prob($\alpha|\beta$) は β という状態のもとで事象 α が生じる条件付き確率である．ベイズ法では，式 (4.25) を用いて，配列データ (Data) が与えられたときに，最大の確率 Prob(Tree|Data) を与える系統樹を探索することになる．右辺の Prob(Data|Tree) は事実上，与えられた系統樹とデータに対する尤度である．Prob(Tree) は最尤法でも議論となった，系統樹の事前確率であり，Prob(Data) はすべての確率の和が 1 となるための基準化に必要なだけであり，系統樹を選ぶのには重要でない．結局，ベイズ法での中心的な議論は，最尤法でも問題となる樹形の生じる事前確率である．このように，系統樹作成の確率統計理論は，まだ完全に成熟したとはいえない状況が続いているが，実用的なシュミレーションでは高い確率で正しい系統樹が得られるので，現在は最尤法とならんでベイズ法は系統樹作成法として広く使われている．

4.5　系統ネットワーク

本節では，塩基配列から系統ネットワークを推定する方法と距離行列データから系統ネットワークを推定する方法について説明する．

4.5.1　塩基配列から系統ネットワークを作成する方法

系統ネットワークについては，図 4.3 ですでにその例を示した．**図 4.20** はこの方法をヒト，チンパンジー，ゴリラ，オランウータン，ヒヒ，マカクの ABO 式血液型遺伝子の塩基配列データに用いたものである．この系統ネットワークは通常の遺伝子系統樹とは明らかに異なっているが，これは ABO 式血液型遺伝子の中で過去に平行置換が複数回生じたためだと思われる．この系統ネットワークには，多数の同等に最大節約な系統樹が含まれている．

表 4.2 に示したように，分割がたがいにすべて適合である場合には，系統ネットワークは無根系統樹となる．これは，分割の重ね合わせが**入れ子構造** (nested structure) になるためである．不適合になる場合，系統ネットワークに**網目構造** (reticulation) が生じる．たがいの分割が不適合であることを示すために，異なる次元で分割を表現するからである．

図 4.21 に，図 4.15 右の塩基配列データを用いて作成した系統ネットワークを示す．○の中の数字は塩基配列を指し，各枝の横や下に書いてある斜体の数字は，それらの枝で生じた塩基変化が起こった塩基サイトの番号である．サイト 1 では配列 3 だけが他の配列と塩基が異なっているので，斜体で 1 と書いた split が生じる．つぎにサイト 2 では 3 種類の塩基が共存しているので，本来ならば配列 4，7 および他の 6 配列が三角形の頂点にくるような図形を生じるべきである．しかし複雑になるので，ここでは配列 4 と配列 7 が塩基変化によってもとの T からそれぞれ C と G に変化したと仮定した．サイト 4 とサイト 6 も 3 種類の塩

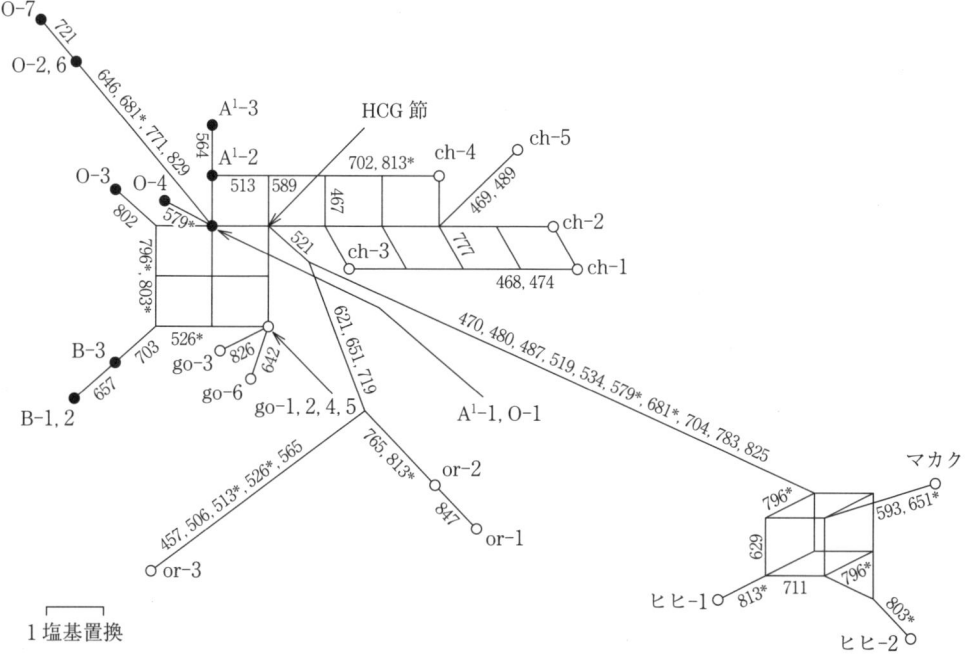

図 4.20 霊長類の ABO 式血液型遺伝子の系統ネットワーク[34]

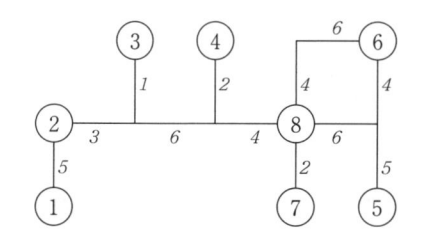

図 4.21 図 4.15 右の塩基配列データから作成された系統ネットワーク

基があるが，三角形にはしなかった．また，サイト 5 では配列 1 と 5 が同一の塩基なので，本来ならばこれらの 2 配列をつなげるべきだが，省略した．サイト 4 とサイト 6 でたがいに矛盾する分割があるために正方形が生じるが，ほかにはこのような網目構造がないので，基本的には系統樹に近い．イメージ的には図 4.15 左の最大節約系統樹とかなり異なっているように見えるが，実はほぼ似ているのである．このように，系統ネットワークは最終的に系統樹を作成したいときにも有用である．実際に斎藤と山本[34]は，図 4.20 の系統ネットワークから単一の系統樹を選んで，それが生物学的に最も妥当だと示している．なお，あるサイトに A，C，G，T すべての塩基が共存するときには，これら 4 種類の配列グループは正四面体の 4 頂点に位置することになる．これは，どの塩基（形質）も同じ距離 1 でつなぐ必要があるからである．このように，配列データの多様性が高くなると，系統ネットワークは複雑になる．複雑にならないように，おもな枠組みだけを自動的に選択して系統ネットワークを作成するソフトウェアの開発が待たれるところである．

4.5.2 距離行列データから系統ネットワークを推定する方法

前項では塩基配列から系統ネットワークを推定する方法を説明したが，系統樹作成法と同様に，距離行列からも系統ネットワークを作成することができる。ここで，具体例で説明しよう。簡単のため，表4.5から，*Mus leggada* pseudogene, *M. m. domesticus* functional gene, *M. platythrix* functional gene, *M. leggada* functional gene を選び，それらを1～4としたデータを考えてみよう（**表4.10**）。この距離行列に対して，可能な3種類の系統樹に対応する3種類の分割の4点メトリックをまず計算する。これは，3種類の可能な分割（3種類の無根系統樹に対応する）のうち，どれが最適であるかを判断するためである。

表4.10 4 OTU の距離行列
（表4.5の一部分）

	1	2	3
2	0.058 2		
3	0.075 4	0.028 4	
4	0.065 1	0.012 5	0.028 5

分割 1(12 - 34) の場合： $D[1,2] + D[3,4] = 0.0867$

分割 2(13 - 24) の場合： $D[1,3] + D[2,4] = 0.0879$

分割 3(14 - 23) の場合： $D[1,4] + D[2,3] = 0.0935$

この結果から，近隣結合法や距離ワグナー法などの距離行列法を適用すると，4点メトリックが最小値となる分割1に対応する1個の無根系統樹が最適なものとして選ばれる。ところが，系統ネットワークはつぎに4点メトリックの値が小さい分割2も表現されるので，**図4.22**に示したネットワークが得られる。このネットワークには，外部枝4本（$B[1,5]$, $B[2,6]$, $B[3,7]$, $B[4,8]$）および2種類の分割（$\alpha = B[5,7] = B[6,8]$, $\beta = B[5,6] = B[7,8]$）の計6種類の長さが存在するが，それらを用いて6種類の距離を表すことができるので，以下の6元連立方程式を解いて求められる。

$$D[1,2] = B[1,5] + B[2,6] + \beta \quad (4.26\,\mathrm{a})$$

$$D[3,4] = B[3,7] + B[4,8] + \beta \quad (4.26\,\mathrm{b})$$

$$D[1,3] = B[1,5] + B[3,7] + \alpha \quad (4.26\,\mathrm{c})$$

$$D[2,4] = B[2,6] + B[4,8] + \alpha \quad (4.26\,\mathrm{d})$$

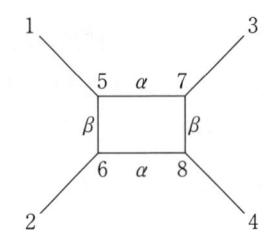

図4.22 4 OTU から構成される系統ネットワーク[2]

$$D[1,4] = B[1,5] + B[4,8] + \alpha + \beta \tag{4.26 e}$$

$$D[2,3] = B[2,6] + B[3,7] + \alpha + \beta \tag{4.26 f}$$

実際に解いてみると，$B[1,5]=0.0526$，$B[2,6]=0.0028$，$B[3,7]=0.0194$，$B[4,8]=0.0063$，$\alpha=0.0034$，$\beta=0.0028$ となる。

OTU の数が 4 よりもずっと多くなると，形質状態データの場合にはサイト間で適合となる場合が急速に増加し，それらを考慮してネットワークを描こうとすると高い次元が必要になる。ところが，距離行列は N 個の OTU に対して $N(N-1)/2$ 個の距離しか存在しないので，系統ネットワークの枝も最大その個数にとどまり，しかもネットワークを平面上に描くことができることが理論的に知られている。現在広く用いられているアルゴリズムにNeighbor-Net[35] がある。**図 4.23** は，テナガザルの ABO 式血液型遺伝子の部分配列にNeighbor-Net 法を適用した結果である。大きな平行四辺形がいくつも存在するが，これらは少なくとも 5 回の組換えの結果であると推定されている[33]。

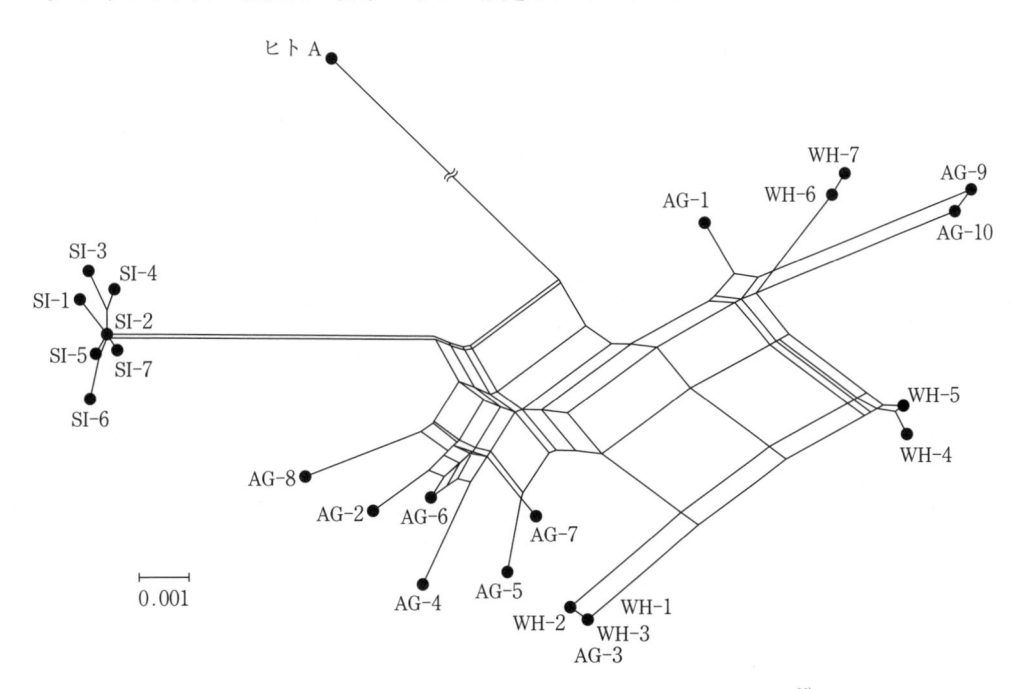

図 4.23 テナガザルの ABO 式血液型遺伝子の系統ネットワーク[36]

【引用・引用文献】

1) 斎藤成也：ゲノム進化学入門，共立出版（2007）
2) Naruya Saitou：Introduction to Evolutionary Genomics, Springer（2014）
3) Naruya Saitou and Masatoshi Nei：The neighbor-joining method：a new method for

reconstructing phylogenetic trees, Molecular Biology and Evolution, Vol.4, Issue 4, pp. 406-425 (1987)

4) Naruya Saitou : Reconstruction of gene trees from sequence data, Methods in Enzymology, Vol.266, pp. 427-449 (1996)

5) Hiroshi Ohtsuka, Mituru Oyanagi, Yoshio Mafune, Nobumoto Miyashita, Toshihiko Shiroishi, Kazuo Moriwaki, Ryo Kominami, Naruya Saitou : The presence/absence polymorphism and evolution of p53 pseudogene within the genus Mus, Molecular Phylogenetics and Evolution, Vol.5, Issue 3, pp. 548-556 (1996)

6) James S. Farris : Estimating phylogenetic trees from distance matrices, American Naturalist, Vol.106, No.951, pp. 645-668 (1972)

7) Walter M. Fitch and Emanuel Margoliash : Construction of phylogenetic trees, Science, Vol.155, No. 3760, pp. 279-284 (1967)

8) Luigi L. Cavalli-Sforza and Anthony W. F. Edwards : Phylogenetic analysis. Models and estimation procedures, American Journal of Human Genetics, Vol.19, No.3, pp. 233-257 (1967)

9) Andrey Rzhetsky and Masatoshi Nei : Statistical properties of the ordinary least-squares, generalized least-squares, and minimum-evolution methods of phylogenetic inference, Journal of Molecular Evolution, Vol.35, pp. 367-375 (1992)

10) Anthony W. F. Edwards and Luigi L. Cavalli-Sforza : A method for cluster analysis, Biometrics, Vol.21, No.2, pp. 362-375 (1964)

11) Naruya Saitou and Tadashi Imanishi : Relative efficiencies of the Fitch-Margoliash, maximum-parsimony, maximum-likelihood, minimum-evolution, and neighbor-joining methods of phylogenetic tree construction in obtaining the correct tree, Molecular Biology and Evolution, Vol.6, Issue 5, pp. 514-525 (1989)

12) Andrey Rzhetsky and Masatoshi Nei : A simple method for estimating and testing minimum-evolution trees, Molecular Biology and Evolution, Vol.9, Issue 5, pp. 945-967 (1992)

13) Masatoshi Nei, Sudhir Kumar, Kei Takahashi : The optimization principle in phylogenetic analysis tends to give incorrect topologies when the number of nucleotides or amino acids used is small, Proceedings of National Academy of Sciences, USA, Vol.95, No.21, pp. 12390-12397 (1998)

14) James S. Farris : On the phenetic approach to vertebrate classification, Hecht M. K. et al. (Eds.), Major Patterns in Vertebrate Evolution, pp. 823-850, Plenum Press (1977)

15) Lynn C. Klotz, Ned Komar, Roger L. Blanken, and Ralph M. Mitchell : Calculation of evolutionary trees from sequence data, Proceedings of National Academy of Sciences, USA, Vol.76, No.9, pp. 4516-4520 (1979)

16) Wen-Hsiung Li : Simple method for constructing phylogenetic trees from distance matrices, Proceedings of National Academy of Sciences, USA, Vol.78, No.2, pp. 1085-1089 (1981)

17) Satoshi Oota : ThreeTree : A New Method to Reconstruct Phylogenetic Trees, Genome Informatics, Vol.9, pp. 340-341 (1998)

18) Naruya Saitou and Masatoshi Nei : The number of nucleotides required to determine the branching order of three species, with special reference to the human-chimpanzee-gorilla divergence, Journal of Molecular Evolution, Vol.24, pp. 189-204 (1986)

19) Naruya Saitou : A theoretical study of the underestimation of branch lengths by the maximum parsimony principle, Systematic Zoology, Vol.38, Issue 1, pp. 1-5 (1989)

20) Joseph Felsenstein : Cases in which parsimony or compatibility methods will be positively

misleading, Systematic Zoology, Vol.27, No.4, pp. 401-410（1978）
21) Andrey Zharkikh and Wen-Hsiung Li：Statistical properties of bootstrap estimation of phylogenetic variability from nucleotide sequences：II. Four taxa without a molecular clock, Journal of Molecular Evolution, Vol.35, Issue 4, pp. 356-366（1992）
22) Naoko Takezaki and Masatoshi Nei：Inconsistency of the maximum parsimony method when the rate of nucleotide substitution is constant, Journal of Molecular Evolution, Vol.39, Issue 2, pp. 210-218（1994）
23) Koichiro Tamura and Masatoshi Nei：Estimation of the number of nucleotide substitutions in the control region of mitochondrial DNA in humans and chimpanzees, Molecilar Biology and Evolution, Vol.10, pp. 512-526（1993）
24) Naruya Saitou and Shintaroh Ueda：Evolutionary rates of insertion and deletion in non-coding nucleotide sequences of primates. Molecilar Biology and Evolution, Vol.11, pp. 504-512（1994）
25) Joseph Felsenstein：Evolutionary trees from DNA sequences：A maximum likelihood approach, Journal of Molecular Evolution, Vol.17, Issue 6, pp. 368-376（1981）
26) Naruya Saitou：Property and efficiency of the maximum likelihood method for molecular phylogeny, Journal of Molecular Evolution, Vol.27, Issue 3, pp. 261-273（1988）
27) James E. Hixson and Wesley M. Brown W. M.：A comparison of the small ribosomal RNA genes from the mitochondrial DNA of the great apes and humans: Sequence, structure, evolution, and phylogenetic implications, Molecular Biology and Evolution, Vol.3, pp. 1-18（1986）
28) Satoshi Ota and Wen-Hsiung Li：NJML：A hybrid algorithm for the neighbor-joining and maximum-likelihood methods, Molecular Biology and Evolution, Vol.17, Issue 9, pp. 1401-1409（2000）
29) Satoshi Ota and Wen-Hsiung Li：NJML+：An extension of the NJML method to handle protein sequence data and computer software implementation, Molecular Biology and Evolution, Vol.18, No.11, pp. 1983-1992（2001）
30) 坂元慶行，石黒真木夫，北川源四郎：情報量統計学，共立出版（1985）
31) 長谷川政美，岸野洋久：分子系統学，岩波書店（1996）
32) Bruce Rannala and Ziheng Yang：Probability distribution of molecular evolutionary trees：A new method of phylogenetic inference, Journal of Molecular Evolution, Vol.43, Issue 3, pp. 304-311（1996）
33) John P. Huelsenbeck, Fredrik Ronquist, Rasmus Nielsen, and Jonathan P. Bollback：Bayesian inference of phylogenetic trees and its impact on evolutionary biology, Science, Vol.294, pp. 2310-2314（2001）
34) Naruya Saitou and Fumi-ichiro Yamamoto：Evolution of primate ABO blood group genes and their homologous genes, Molecular Biology and Evolution, Vol.14, Issue 4, pp. 399-411（1997）
35) David Bryant and Vincent Moulton：Neighbor-Net：An agglomerative method for the construction of phylogenetic networks, Molecular Biology and Evolution, Vol.21, Issue 2, pp. 255-265（2004）
36) Takashi Kitano, Reiko Noda, Osamu Takenaka, Naruya Saitou：Relic of ancient recombinations in gibbon ABO blood group genes deciphered through phylogenetic network analysis, Molecular Phylogenetics and Evolution, Vol.51, pp. 465-471（2009）

5 新しい運動機能解析

遺伝情報というビックデータと情報科学の出会いは生命科学を大きく変容させたが，それは分子や細胞といった微視的レベルの現象に限ったことではない．巨視的なレベルの現象である運動機能とは，遺伝情報や神経制御のような生命システムの「ソフトウェア」と力学的な世界を，身体という「ハードウェア」を介してつなぐ生命現象の総称である．私たちはそのような複雑な表現型情報をどう扱ったらよいのだろうか．本章では，情報科学，ロボティクス，そして生体力学の発展とともに，近年学際的な意義を持ち始めた新しい形の運動機能解析について概説する．

5.1 ミクロとマクロをつなぐもの

一見したところ，ゲノムレベルの現象と個体レベルの運動機能は，まったくパラダイムを異にする対象にも思える．ところが，この両者は近年，急速に接近を始めている[1)～4)]．そもそも動物の運動機能とは，生体の実時間における刺激と応答を指すのであり，その運動機能を実現するための骨格・筋肉等さまざまな器官は，ゲノムによって直接・間接にエンコードされた無数の生体分子から構成されている[5)]．そして，そのような「構造物」だけではなく，運動をコントロールする中枢神経や，**モーターコマンド**（後述）を伝達するための「配線」である末梢神経系も，ゲノム上の構造遺伝子によってエンコードされた部品の一部である．さらにいえば，中枢神経系の「ソフトウェア」の実体であるニューロンの結合パターンの総体[6)]（**コネクトーム**と呼ばれる，図 5.1）も，内在性（先天的）機能結合については遺伝情報によって直接的に，外来性（後天的）機能結合についても究極的にはゲノムに記された（コードされた）「設計図」によってその複雑性が決められている．運動機能というのは，ゲノム情報の発現カスケードの最終生成物といってよい．

たとえば，パーキンソン病のような神経変性疾患は，典型的な運動機能障害としてその症状が現れるが，その根本的な病因はゲノム上の遺伝情報の異常にあると考えられている[7)]．

しかしながら，哺乳類の遺伝情報と運動機能を直接結びつけることに成功した例は決して多くはない[8)]．両者のあいだには複雑な生物学的メカニズムが存在するからである[9)]．残念

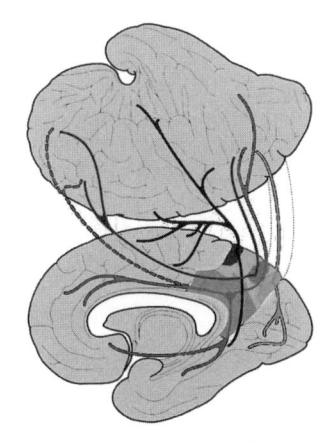

(a) 古典的な内在性機能結合の　　(b) 脳の全体領域の網羅的な結合状態
　　解剖学的トレース表示　　　　　　　（コネクトーム）の視覚化

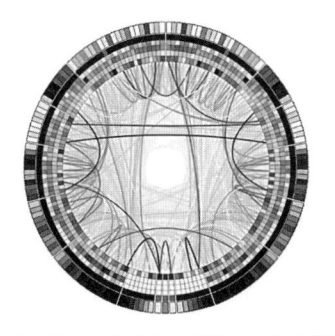

それぞれの矩形は脳のある領域を表し，円環は異なった層を表現している．図(a)，(b)は，それぞれ脳の左右半球に対応している．
Adapted by permission from Macmillan Publishers Ltd：Nature Methods, Vol.10, No.6：pp.524〜539, copyright（2013）

図5.1 コネクトーム（出典：文献10）より許諾を得て転載）

ながら，われわれ人類が持っている現在の科学技術の水準では，その溝を完全に埋めることは困難であろう．

一方で，圧倒的な量のゲノムデータをはじめとする遺伝情報を用いることにより，生物情報学的に遺伝子型と表現型を対応づける試みは始まっている[11]．さらに，ゲノムそのものを低コストで自由に改変できる新しい技術[12]（**ゲノム編集**技術）の登場により，モデル生物に限らず，事実上あらゆる生物が遺伝子操作の対象となる時代が到来しつつある．ここから得られる膨大な生物学的知見を有効に活用すれば，いわゆる「ビックデータ」的なアプローチにより遺伝子型と表現型の距離を縮めていくことは可能である．

ここで注意すべきことがある．運動機能のような複雑な表現型をどう記述するかという根本的な問題が，十分に整理されずに議論されているということである．たとえば「かたち」のようなわれわれ人間の認知にとっては自明のような対象でさえ，定量的な扱いについてはっきりとした方向性が定まっているとはいいがたい．一般的に，形態情報を客観的に扱うためには複雑な数学モデルの導入が必要である．近年，幾何形態学によって比較形態学は格段に統計的な正確さを増した[13),14)]．加えて，X線CTスキャンのような非侵襲的かつ3次元的に形態を測定する技術により，形態情報が膨大な量のディジタルデータとして扱えるようなった．比較形態学の分野にも，いわゆる「ビッグデータ」の波が訪れているのである．

形態とは，運動機能のある瞬間におけるスナップショットと考えることができる．形態の時間軸に沿った変化こそが，観察される運動の実体である．このことだけを考えても，運動

機能解析が原理的にいかに複雑な概念を内包しているか想像できるだろう。

　表現型解析の難しさの本質は，遺伝子型解析とは異なり，その定義が研究者個人の関心に大きく依存していることだと考えられる。遺伝子はもともと抽象的な概念であったが，その実体はDNAという物質であることがワトソンとクリックによって明らかにされ[15]，分子生物学は生物学の学問的な位置づけを大きく変えた。遺伝子型の持ち得る情報は確かに膨大なものであるが，基本的には一次元の離散的な情報であり，単純な文字列として表現できる。一方，表現型は研究のコンテクストに依存して，いくらでも拡大解釈が可能である。遺伝子型空間は低次元で有限だが，表現型空間は高次元で事実上無限であるということもできる。両者は対応づけられることが前提となっている概念であるにもかかわらず，抽象度のレベルがまるで異なるのである。

　そもそも表現型としての運動機能とはなんなのだろうか。遺伝子型のように物質的なレベルで扱うことが可能なのだろうか。それとも，人間（観察者）の認知能力と研究のコンテクストに依存した抽象的な対象であり，与えられたパラダイム（その時代の研究者コミュニティにおいて支配的なものの見方）によって初めて意味を持つものなのだろうか。

　筆者は，そうではないと考える。運動表現型がきわめて多様な現象を包含し，その概念がわれわれヒトの認知能力の高さに大きく依存しているのは事実であるが，表現型としての生体の運動は，原理的に無生物の運動と同じ枠組みで定量的な扱いができるはずである。

　とはいえ，上述のとおり，個体レベルの運動機能を定量化し，定量的な表現型情報として提示するというのは決して簡単なことではない。実験用マウスを用いた計測では，**図5.2**に示すように，ロータロッドテストや傾斜平均台テストのように与えられたパラダイムにおける計測を行うか，フットプリントテストのように便宜上データ空間を低次元化して扱いやすくするのが一般的である[17]。これらの現象の（広い意味での）「抽象化」は，現実的な手段でデータを取得するという意味で，一つの解を提供している。その一方で，運動機能表現型を定量的に記述するための，ある種の妥協の産物であると考えることもできる。

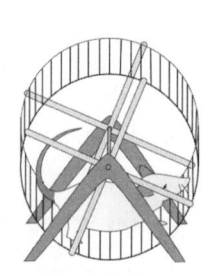

（a）シリンダーテスト　（b）ランニングホイールテスト　（c）ロトメータを用いたテスト　（d）ロータロッドテスト

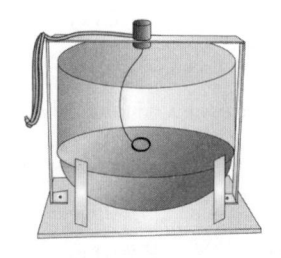

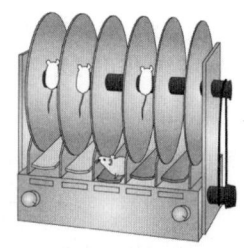

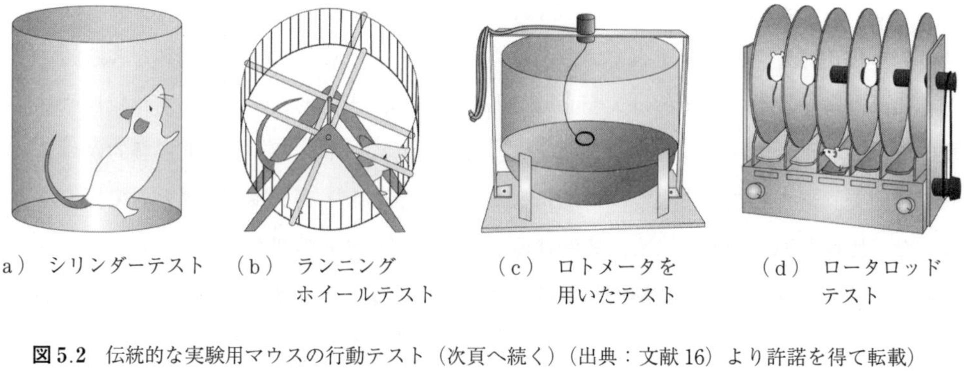

図5.2　伝統的な実験用マウスの行動テスト（次頁へ続く）（出典：文献16）より許諾を得て転載

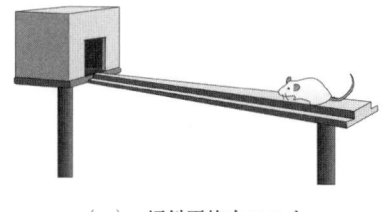

(e) 傾斜平均台テスト 　　(f) フットプリント（足跡）テスト

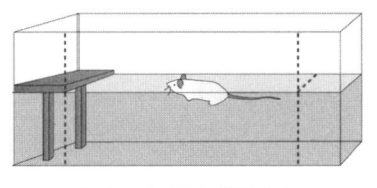

(g) スイミングテスト 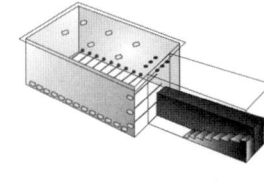　　(h) 階段到達テスト 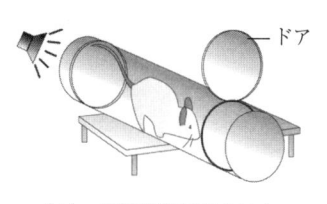　　(i) 音響驚愕反応テスト

それぞれのテストは固有のパラダイムを持ち，「ありのまま」の運動機能を計測しているわけではないことに注意。
Adapted by permission from Macmillan Publishers Ltd：Nature Reviews Neuroscience, Vol.10, No.7：pp.519～529, copyright（2009）

図5.2　（続き）（出典：文献16）より許諾を得て転載）

5.2　運動機能解析の歴史

　動物の運動機能を個体レベルで理解しようする試みは古くから行われてきた。アリストテレスの「動物運動論」は，その先鞭の一つとみなされている[18]。しかし，現在の意味での自然科学の枠組みで動物の運動機能解析が行われたのは，写真技術が出現してからである。写真技術を用いた運動機能解析の先駆者は，写真家のエドワード・マイブリッジ（Edward Muybridge）である[19]。彼は馬の歩行の客観的な解析を行うために，彼自身が改良した写真技術を駆使して，1878年に世界で初めて馬の歩行の様子を鮮明に撮影し，馬がどのように襲歩（ギャロップ）をするかという長年の論争に終止符を打った（図5.3）。われわれ人類は，馬のギャロップを認識するだけの視覚的な時間分解能を持たなかったために，歩行パターンのような「日常的」な現象ですら，正しく「認識」することはできなかったのである。

　このことは，運動機能解析の特徴をよく表している。人間は非常に優れた時空間的な視覚情報処理をすることができる。しかし，その能力には一定の認知科学的な限界があり，その限界を超えた現象は正確には処理できない。この限界は，われわれが紫外線や超音波を知覚できないこととは意味が異なる。運動機能を表現型としてとらえるためには対象を知覚するだけでは不十分で，認識することが必要なのである。運動機能を定量的に扱うためには，人

148   5. 新しい運動機能解析

マイブリッジは1878年に初めて「動く」写真を撮影した。これは彼の写真をもとに作成した解析結果である。

図5.3　「駆ける馬」[20]

間が頭の中で行っているような複雑な認識処理の結果を定量的な形で提示できるようにするか，人間の認識とは完全に切り離した新しい枠組みを考える必要がある。

その解答の一つが，**生体力学**なのである。生体力学は文字どおり，生体への力学の応用である。もっと厳密な言い方をすれば，ニュートン力学の言葉で生命現象を理解しようとする学問である。その対象はミクロからマクロに及ぶ。たとえば，生体分子の粗粒度分子動力学はミクロの世界の代表例である（分子動力学の数学的な扱いについては，6章を参照されたい）。そして神経筋骨格モデルを使った解析は，マクロの世界の代表例である。しかしながら，これら二つの分野は，スケールこそ違え，数学的には同じ種類のツールで扱われている。

運動機能解析に生体力学を最初に導入したのは，医師で生理学者のエティエンヌ＝ジュール・マレー（Étienne-Jules Marey）である[21]。彼はマイブリッジより少し遅れて写真銃（もともとの呼称はクロノグラフガンであり，直訳すれば時間撮像銃ということになる，**図5.4**）という装置を開発し，より鮮明で情報量の多い連続写真を数多く撮影した。彼はいわゆる高速度撮影（毎秒60コマ程度）にも成功している。マイブリッジの功績がトマス・エジソン（Thomas Alva Edison）のキネトスコープの発明を導いたのに対し，マレーの写真銃は映画用のカメラの原型になったともいわれている。ただし，写真家だったマイブリッジとは異なり，マレーは最初から生物の生理学的な機能解析の可能性に着目していた。

マレーは今日でいうところの**モーションキャプチャ**[22]を初めて行った。すなわち，被験体を伸縮しない剛体セグメントの集合として表現し，関節付近に追跡用のマーカーを設定することで，「動き」を定量的に記述しようと試みた。彼の発想自体は，今日のディジタルコンピュータを使った光学式モーションキャプチャを用いた動作解析となんら変わるところがない。

映画用カメラの原型と考えられている。　　　世界で最初の物理シミュレータと考えられる。

図 5.4 マレーの写真銃[21]　　　　　　　**図 5.5** マレーの昆虫飛行機械[23]

　さらにマレーは，1869 年に昆虫飛行機械[23]（insect flying machine）と呼ばれる一種の物理シミュレータを作成し，昆虫の飛翔についての詳細な実験を行った。これには二つの大きな意義がある。まず，彼はこれまで「動き」だけに着目していた運動機能解析に力学的な概念を導入した。さらに，実際の昆虫を用いることが困難な飛翔に関する実験を，昆虫の飛翔機能を模倣した一種のロボットと，その力学的な特性を実時間で計測する計測装置の組合せにより，シミュレーションとして実現した（**図 5.5**）。

　マレーの業績は，1878 年の鳥を用いた実験や，流体力学的研究，さらに現在でも行われているオーニソプター（羽ばたき型飛翔機械）の研究[24]なども含めて枚挙にいとまがないのだが，この昆虫飛行機械を用いた実験は，物理シミュレータを用いた生体力学的な解析という意味で突出している。

　生体力学は，大きく分類すれば生理学の一分野といえるだろう。しかし，生体力学によって得られた定量的なデータを，生理学的な表現型と読み替えることになんの不都合もない。生体力学は，定量的な表現型解析のための新しい枠組みになり得る可能性を持っているのである。

5.3 生 体 力 学

　個体レベルの運動機能解析において生体力学が重要な役割を果たし得ることは前節で述べたが，生物学において生体力学のカバーする領域はとても広い。分子生物学を除く生物学のほとんどの領域が，なんらかの形で生体力学とかかわりを持っているといっても過言ではない。その範囲は植物学[25]，個体発生[26]〜[29]，臓器の機能解析（心臓血管系，肺機能等），飛翔のメカニズム，古生物学，自然人類学，進化学，あるいはマイクロインジェクションのような実験応用分野にまで及ぶ[30]。

生体力学という学問領域の正確な定義は，じつはそれほどはっきりとしているわけではない。ただし，生体力学と名前を冠する研究は，古典力学を支柱に据えているという点で共通している。工学の分野で「四力」と呼ばれる機械力学，材料力学，流体力学，熱力学は，主要な生体力学の数学的ツールである。単に力学をツールとして用いているだけでなく，生体力学の思想的な背景には，明らかに工学的な発想（目的指向）がある。すなわち，工学的な人工物（つまり無生物）の機構を用いて生命現象を模倣できないだろうかという素朴な発想が根底にある。

コラム

マイブリッジと映画技術

英国生まれのエドワード・マイブリッジはサンフランシスコの出版社で働いていたが，ある事故により脳に損傷を負い，視覚的な認知特性が突然変わってしまったことをきっかけに写真家になったといわれている。彼は数々の作品により写真作家としての名声を確立した後，リーランド・スタンフォード（元カルフォルニア州知事）から，ギャロップする馬の4本の足がすべて地面から離れる瞬間があるかどうかを調べるよう依頼される。これはスタンフォードの参加した高額な賭けのためであった。とはいっても当時の写真技術では被写体は一定時間静止している必要があり，「動くもの」を撮影することなど到底不可能であった。すなわち，レンズも暗く，感光剤の性能もよくなかったために，馬のように高速に動く対象は「流れて」しまうのである。そこで彼はF3.7という明るいレンズと，化学的な研究を重ねることにより改良したコロジオン湿板を用いて，1877年に1枚の鮮明なギャロップする馬の写真を撮影することに成功した。彼がこの撮影に着手してからすでに5年の歳月が流れていた。馬のすべての脚は明確に地面から離れており，長年の論争に決着がついた。スタンフォードは賭けに勝ったのである。

翌年マイブリッジは12台のカメラを並べることにより，全力疾走する馬の連続写真も撮ることに成功した。この12枚の写真をつぎつぎと提示することにより，人々は初めて「動く」写真を目の当たりにしたのである。彼の連続写真はトマス・エジソンに大きな刺激を与え，これがキネストコープ（映写機）の発明につながっていったと考えられている。マイブリッジの12枚の連続写真こそが，今日われわれが当たり前のように日々目にしている映像表現の原点なのである。

なお，ヨーロッパ絵画界の巨匠たちが過去描いた馬の絵の足運びが軒並み誤りであったことも，マイブリッジの業績により明らかにされた。画家たちは静止したものは精密に描写できても，運動する対象については，驚くほど不正確なとらえ方しかしていなかったのである。心理学や精神医学の診断で絵画がよく用いられていることからもわかるように，絵画は現実の（物理的な）現象をそのまま反映しているわけではない。心に投射されたイメージを，ヒトの運動機能（普通は手の動き）を介して，さらにキャンバス上に投射したものである。この絵画と現実の「物理的」な現象との乖離は，ヒトの認知特性の限界を示しているという意味で，じつに興味深い。

勘のよい読者の中には，そこに**人工知能**との類似性を見出す人もいるかもしれない。20世紀の半ばから終わりにかけて，情報科学技術の急速な発展に歩調を合わせるように，狭義での，あるいは広義での人工知能研究が大きく発達した。人工知能研究とは，ヒト（もしくはヒト以外の多くの動物）の持つ優れた「ソフトウェア」としての知的能力を，コンピュータという機械によって工学的に模倣しようという試みである。と同時に，そのような模倣を通して，知能，あるいはヒトの心理学的な振る舞いについて，構成論的な立場から本質的な理解に迫ろうという試みでもある。生体力学は，いわばそのハードウェア版と考えると理解しやすい。

ただし，歴史的には，生体力学の成り立ちのほうが先である。産業革命に続く機械工学の爆発的な発展と期を一にして，生体力学（およびその関連分野）は発展した。20世紀の半ばから終わりにかけて情報科学技術が急激に発展をした時期の状況は，人工知能研究（およびその関連分野）が発展した状況とよく似ている。

今日，人工知能研究が行き詰まりを見せているという批判も存在する。しかし，実際には知能機械工学，もしくはロボティクスとの組合せにより，広義での人工知能研究は劇的な進化を遂げた。そして生体力学は，じつは（この一見無関係そうに見える）ロボティクスと大きな親和性がある。いわば21世紀に入って，人工知能研究，ロボティクス，生体力学は接近を始めているのである。

しばしば科学の世界で使われる「Physics envy」という表現は，生体力学の立ち位置をよく表している。これは物理学のように厳密な数学に立脚しないソフトな「科学」を批判する立場で使われる表現である。生体力学は，「Physics envy」の側ではない学問とみなされている。

ただし，現実問題として，生命現象を数式のみで表現することには難がある。なぜなら，生物学は元来非構成論的な学問として発達してきたのであり，極端な話，概念の定義すら決めずに議論が進むこともあり得るからである。これは生物学者が，言語の多義性にある程度依存して議論を行っているという現状の現れでもある。

少なくとも現時点においては，このような柔軟な推論方法は，複雑な生命システムを対象とした研究において，一定の意味を持つと筆者は信じる。たとえば，われわれは「遺伝子」という基本的な言葉を，厳密な定義すら決めずに（いわば暗黙の了解のもとに）柔軟に使ってきた。言い方を変えれば，遺伝子という言葉の定義は，コンテクスト依存であった。だがそういった用法がもたらした思考の柔軟性は，つぎつぎとなされる生物学的な発見（それは概念の変革を必ず伴った）において，不毛な論争を避けることに役立ったともいえる。生物学は，きわめてダイナミックな学問である。われわれが観察結果に謙虚に向き合う限り，柔軟な言語表現に依存した科学上の議論も許されるべきだろう。生物学がそのような性格を

持っている以上，数学（や厳密な論理）に全面的に依存した議論は，必ずしも最善なものとはいえないだろう。

もちろん，生物学にも数学に大きく依拠している分野は存在する。いわゆる計算生物学はもとより，集団遺伝学や分子進化学は，頑健な論理と推論の上に成り立っている。そこで使われるツールは基本的に数学であり，また厳密なアルゴリズムである。

生体力学は同じような意味で，数学と物理学に依拠している分野である。このことは生体力学の生物学としての限界も決めている。つまり，厳密な（数学的な）定義なしには，生体力学の議論の対象とはなりにくい。たとえば遺伝子間相互作用のような抽象度の高い現象は，生体力学の対象とはなりにくいだろう。具体的な物理量（位置，時間，粘性，摩擦係数，温度等）が計測できないような対象は，そもそもモデリングそのものが困難である。また，生命現象のうち古典力学の枠組みを外れる対象は，普通の意味での生体力学の対象とはなっていない。また，これはどちらかというと便宜的なことであるが，分子レベルの現象の解析は生体力学に含めないことが多い。一般に，生体力学で扱われる生命現象のスケールは，細胞レベルよりも大きいものである。

今日，イメージング技術の急速な発展により，生体力学に必要なデータが比較的容易に入手できるようになりつつある。たとえば解剖学的情報は，かつては文字どおり解剖によって取得するほかはなかった。このことの意味は，われわれが死体からしかデータを取れなかったことを意味する。つまり，われわれがモデリングを行うとき，作られる物理モデルはいわば死体を再現したものなのである。特に人間においては，特殊な状況下を除けば，生体からのデータの取得は不可能であった。このことはやむを得ないこととはいえ，長いあいだ深刻な問題として認識されてきた。ところが，X線を用いた計算断層撮影技術（CTスキャン）等により，生体の機能解剖学的な情報が非侵襲的に得られるようになり，モデリングの精度は格段に増しつつある。これは，実験動物を用いた場合でも同様である。生体からは得にくかった質量等の物理量についても，ビッグデータの一例であるイメージデータからの推定が可能になりつつある。

これらを可能にしたのは，近年圧倒的な発展を見せた情報科学からの成果である。いわゆる生物情報学とはまったく素性の異なる「ハード」な情報科学と生物学の出会いは，「計算と計測」をキーワードに，生体力学の新しい地平を開こうとしているのである。

5.4 神経筋骨格モデル

生体力学の分野では，個体レベルの（つまり巨視的な）運動機能を表現するにあたって，しばしば筋肉と骨格のみを数理的に表現した**筋骨格モデル**という物理モデルが使われ

る[31),32)]。筋骨格モデルにはその粒度に応じてさまざまな種類があるが，現在一番多く使われているものは骨を剛体とみなし，それが関節で多体結合をしていると考える**多体結合**（multi-link）**モデル**である（**図5.6**）。筋肉や腱のような軟組織は，しばしば太さも重さも持たない「線」として抽象化される。ただし，その物理的な性質は，バネとアクチュエーター（駆動装置）の概念を取り入れた**ヒル**（Hill）**の筋肉モデル**（**図5.7**）によって数理的に扱われる[33)]。もちろん，実際の生体は複雑な属性を持つ生体物質で構成されているのであり，このような単純化は，現実世界の現象からの乖離の原因となり得る。このような「エラー」を

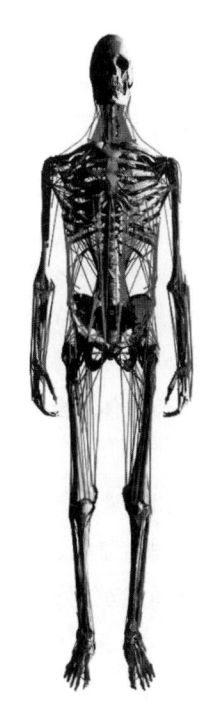

汎用 CG ソフトウェアでレンダリングを行ったため，細部はオリジナルのモデルとは異なる。東大・中村研の厚意による。

図5.6 多体結合モデル：ヒト神経筋骨格モデルの例[31),34)]

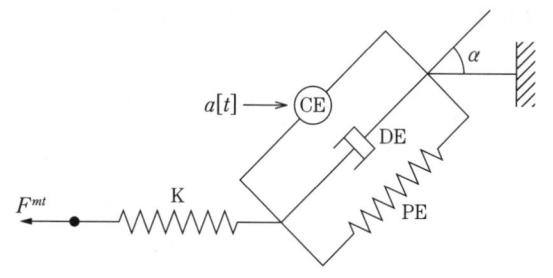

F^{mt} は力の総和，K は腱の「固さ」，CE（contractile element）は収縮要素（筋肉の能動的に発生する力），$a[t]$ は能動的な筋繊維の割合，DE はダンピング要素，PE（parallel elastic element）は並列要素（さまざまな結合組織が受動的に発生する力），α は負荷発生軸に対する筋繊維の角度を表す。

図5.7 ヒルの筋肉モデルの例[35)]

どう扱うかという問題は，筋骨格モデルに限らず，数理的なアプローチに必ずつきまとう課題である．結論からいってしまえば，この種の問題を解決するには，与えられたパラダイムにおける詳細な実験を行い，モデリングの仕方（抽象化の方向性）を検討するか，モデルの粒度自体を精細にしていくしかない．

　一方で，数理モデルの構築は，現象の理解のための足場を与えるものであって，特に複雑な現象を扱おうとするときに大きな意味を持つ．この枠組みは，神経計算科学等で用いられる**構成論的アプローチ**[36]と呼ばれる手法と大きな類似性を持っている．すなわち，モデルは，必ずしも現実の現象を完全に再現する必要はないが，われわれが関心を持つ本質的な側面を含んでいるべきである．そして，単純化されたモデルが，個別の現象ではなく，一般的な現象を説明できるようになれば，モデルを作る際に行なった現象の抽象化は正しい方向性を持っていると期待できる．生命現象の理解において，個々の現象を記述することが最終的な目的ではない．その背後にある一般的な法則を知ることこそが目的である．生物のような複雑な系においては，しばしばデータの洪水が本質的な理解を妨げることがある．モデルと現象の乖離を機械的に忌避するよりも，合理的な評価によってモデルの修正を行ない，現象の適切な抽象化を目指すことで，生命現象の本質に迫ることには大きな意義がある．

　以下に示すような理由により，この種の単純化された筋骨格モデル（**多体結合モデル**）は，広く生体力学の分野で用いられている．

- **順動力学シミュレーション**（5.7節参照）の際，単純なモデルでさえ計算量は膨大である．現実問題として，これ以上の精細化は多くの計算機環境においてあまり意味がない．
- 測定現場においては，測定条件の調整など結果出力のリアルタイム性が望まれることがしばしばある．このモデルの単純化は，測定現場で結果取得のリアルタイム性に大きく寄与している．
- 臨床現場での筋骨格手術のプランニングなどにおいて，多体結合モデルには多くの実績がある[37]．
- 多体結合モデルの粒度は，検証を行う上で現実的なものと考えられる[38]．
- 構成論的な立場からいえば，現象の本質的な特長を含み，かつできるだけ単純なモデルが望ましい．

　言うまでもなく，この種の単純化が筋骨格モデルの明確な限界も決めていることに注意しなくてはならない．たとえば，膜状の構造を持つ筋肉と腱は機能単位としては一つであっても，ただ一つのヒルのモデルでは近似できない．隣接した筋肉どうしの組織レベルでの相互作用は，ここでは完全に無視されている．軟組織は一律にバネモデル（図5.7）で近似され，骨のような組織は歪みも変形もしない剛体モデルで近似される．このような限界をきちんと理解しておかないと，思いがけない誤りをおかすことになる．

筋骨格モデルは，しばしば**神経筋骨格モデル**[39]とも呼ばれる．とは言っても，モデルが中枢神経系や末梢神経系の計算モデルを実装しているわけではない．運動機能の力学的なメカニズムの原点は「力」である．その力を発生するのは，筋肉組織，腱，そして結合組織等であるが，能動的に力を発生するのは筋肉組織のみである．そして，その筋肉を協調的にコントロールするのが末梢神経系から与えられる「指令」である．これを多くの研究者は**モーターコマンド**と呼んでいる．モーターコマンドは情報であり抽象的な概念であるが，これに相関する生理学的な実体は**筋電図（EMG）**データとして測定することができる[40]．また，近年ではモーターコマンド自体の推定も可能になりつつある[41]（いわば神経伝達情報の解読（デコード）である）．

筋骨格モデルが属性として備える多くのパラメータは，単純化してあるとはいえ，すべて実証的なデータから得られたものである．神経筋骨格モデルは，このようなモーターコマンドに言及し得る程度の粒度を持ったモデルであるともいえる．実際の解析においては，しばしば上位のメカニズムに位置するEMGを同時計測することで，解析の精度を上げるということがなされている．これは筋肉が単純なアクチュエーターではなく，伸筋と屈筋の組合せで機能単位を構成しているため，力の発生が必ずしも観察される動きに対応するわけではないからである（たとえば，機能単位として対になっている伸筋と屈筋がまったく同じ大きさの力を発生し続ければ，「動き」は生じない）．

EMGの計測の歴史は，その源流をたどれば1780年のルイージ・ガルバーニ（Luigi Galvani）による生体電気の発見にまでさかのぼる[42]．さらに，19世紀にドイツの3人の生理学者，ヨハネス・ミュラー（Johannes Muller），エミール・デュ・ボア＝レーモン（Emil du Bois-Reymond），そしてヘルマン・フォン・ヘルムホルツ（Hermann von Helmholz）によって現在でいうところの電気生理学が確立されるわけであるが，これらは近代神経科学の萌芽期における重要な仕事である[43]．EMGは歴史的に運動機能解析と生体力学において，重要な生理学的な物理量であり，今日においてもその意義に変わるところはない．

神経筋骨格モデルは，長い歴史を持つ電気生理学の概念を部分的に包含しており，具体的に中枢神経系からの信号を力学的なメカニズムと結びつける仲立ちという役割も担っている．

5.5　逆運動学と逆動力学

運動機能の因果関係を考えると，その最上流にあるのは中枢神経系であり，われわれの脳である．そこでなんらかの入力情報に基づいた**運動協調**（motor coordination）計画が作ら

れ[44]～[46]。神経信号としてエンコードされた運動計画は遠心性の神経を介して末梢神経に至り、さらに運動単位ごとに分子モーターの巨大集積組織である筋肉を刺激し[47],[48]、筋肉は入力信号に基づいて収縮することでその力を発生する[49]。この力は、まず腱というコラーゲンを主成分とする軟組織に作用する。腱は骨のある特定の部位に強固に結合しており、骨格系はその拘束条件に応じて移動や回転をすることで運動機能を発現する。このメカニズム自体を物理モデルで再現することは決して簡単なことではない[50]。これは本質的に**動力学計算**であり、単純化された多体結合モデルに基づく筋骨格モデルであっても典型的な非線形の挙動を示す[51]。一昔前まではたった一歩分の歩行シミュレーションを計算するのでさえ、膨大な計算時間が必要であった。近年ではコンピュータの性能向上のためにその問題は緩和されつつあるが、計算能力の線形的な向上は非線形問題の複雑性に対して本質的な解決策とはならない。また、この計算には数多くの生理学的なパラメータを与える必要がある[52],[53]。これらのパラメータは未知であったり、計測技術の限界から不正確であったりすることが多い。文献上に記載された既知のパラメータについても、モデルの単純化に適合させるための微調整が必要な場合もあり、恣意性を排除できない可能性がある。

　そこで、生体力学の運動機能解析では、しばしば運動機能の因果関係を逆転させた**逆運動学**（Inverse kinematics, **IK**）が用いられる。これは、まず運動の計測から出発し、その運動を発現させるには何が必要かを考え、因果関係を逆向きにたどっていくものである。すなわち、まず対象の動きを体表面（その多くは想定される骨格構造の関節付近）からサンプリングした点を追跡し、その動きを生成するために必要な骨格モデルの**関節角度**を推定する。関節の自由度に対して計測点が十分多ければ（サンプリングされた点が十分な情報量を持っていれば）、関節角度は冗長な解として求まるので、たとえば最小自乗法などで誤差を最小にすることで、解をほぼ一意に得ることができる。計測点の数が不十分である場合でも、関節の自由度を減らす（すなわち近似的な値に固定する）ことで、計算を収束させることは可能である。あるいは、生体力学的に合理的な拘束条件などを先験的に加えることも考えられる。このアプローチはきわめて汎用性に富んでいるため、ロボティクスやコンピュータゲームのようなリアルタイム性を求められる分野でも広く使われている。近年、東京大学の鮎沢らが逆運動学を高速に解く手法を開発し、事実上どんな複雑な多体結合モデルで表現されたモデルも、リアルタイムで扱えるようになった[34]。これは、ロボット工学からの大きな成果である。

　逆運動学は「動き」のみを扱うが、これに力の概念を加えたものが**逆動力学**である[50],[54],[55]。逆動力学は順動力学と組み合わせることで、強力な解析手段となり得る。逆動力学はロボティクスの分野でも重要なツールとして使われている[56]。

> **コラム**
>
> **分子モータとしての筋肉の進化**
>
> われわれが「運動」と呼ぶ表現型のほとんどは，なんらかのメカニズムにより巨視的なレベルでの力の発生を前提としている．この種の力の発生にかかわるタンパク質分子はいくつか知られているが，筋肉という組織に限って考えると，おもに2種類のタンパク質分子の相互作用によって実現されている．ミオシンとアクチンタンパク質である．たとえば，横紋筋の筋原繊維とは，ミオシンとアクチンタンパク質を主要成分とするサルコメアの集積した構造体である．そもそもアクチンは細胞骨格を構成するきわめて普遍的なタンパク質分子であり，ミオシンはアクチンが重合してできた「レール」の上を「滑る」もしくは「歩く」ことで，一種のリニアモータを実現しているタンパク質分子である．これが筋肉組織のいわば祖先形であり，ほとんどすべての生物は，細胞内の物質輸送にこのメカニズムを利用している．このような分子モータが，筋肉組織では細胞の枠を超えて結びつき，巨大なアクチュエータ（といっても，一方向にしか力を発生できないが）を構成している．
>
> われわれ脊椎動物にとどまらず，軟体動物や昆虫のような無脊椎動物も「筋肉」を持っていて，それらを使って「動く」という表現型を実現している．この機能的に見ればよく似た組織は，進化的にはどのような経路をたどって現在の表現型を獲得したのであろうか．あるいは，脊椎動物と無脊椎動物の筋肉は，「単系統」，すなわち**最近の共通祖先**（most recent common ancestor, MRCA）を排他的に共有しているのだろうか．
>
> 太田聡史と斎藤成也は，1998年にこの謎を解くため，筋肉の主要成分である複数のタンパク質のアミノ酸配列を使って分子進化系統樹を作成した[57]．その結果は驚くべきものであった．まず，ミオシンとアクチンは何度も遺伝子重複を繰り返しているのだが，その時期は種分岐よりも早い時期に起きていた．つまり，脊椎動物と無脊椎動物の筋肉が単系統であることを強く示唆していた．それにとどまらず，筋肉の種類（骨格筋，平滑筋，心筋等）ごとにアクチンとミオシンは（またそれ以外の筋肉タンパク質も）クラスターを作っており，ほとんどの場合単系統であった．たとえば，軟体動物の筋肉は脊椎動物の平滑筋と近い関係にあり，心筋・骨格筋と平滑筋とは別系統であった．
>
> われわれが素朴な意味で「筋肉」と呼ぶ組織は，われわれの食料の主要な成分になっている．われわれは食を通して軟体動物（例えばイカ）と脊椎動物の平滑筋（例えばモツ）の食感が近いことを知っている．このことと，系統樹の示唆する各筋肉組織の関係は，見事に一致していたことになる．
>
> このことは，生体力学モデルを考えるときに，大きな意味を持つ．生物種が異なっていても，その生理学的な性質が，同じ種類の筋肉においては，それほど違わないことが期待できるからである．

5.6 バーンスタイン問題

ニコライ・バーンスタイン（Nikolai Bernstein）はソビエト時代のロシアの神経生理学者である．独学により学位を取得し，深い洞察により，運動制御と運動学習について卓越した

業績を残した[58]。彼の関心は，膨大な数の筋骨格系のパラメータを中枢神経系がどう制御しているかということであった[59)～61)]。

バーンスタインは，光学式のモーションキャプチャシステムや高速度撮影装置を使って，時代に先駆けた実験を行った。残された映像によると，彼の実験装置は，今日のディジタルコンピュータと組み合わせたモーションキャプチャシステムと驚くほどよく似ている。ただし，西側世界では，スターリンの鉄のカーテンにより，彼の業績が広く知れわたることはなかった。

われわれの運動機能を決めているのは，われわれの骨格系の関節角度の時間軸に沿った変化である。だが，たとえばわれわれが何か物体をつかもうと考えるとき，われわれは筋骨格系の関節角度を意識して自分自身の身体をコントロールしているのではない。われわれが意識しているのはその物体に**作用を与えている点**であり，その軌道である。見方を変えれば，作用を与えている点が目的地点に至るまでの軌道を決めるために，われわれの中枢神経系は関節角度を決めるべく筋肉に対してモーターコマンドを送っているのである。では，その関節角度を決めるために，どれくらいの情報が必要なのであろうか。

数学的な観点からいえば，その情報量は膨大なもの（事実上無限）になることが示されている。

たとえば，卓上のコップに手を伸ばすことを考えてみよう。そのタスクを実現するために必要な最小限の自由度に対して，人間の身体（筋骨格系）の自由度ははるかに大きい。すなわち，卓上のコップに手を伸ばすやり方は一意には決まらず，事実上無限のパターンがある。もちろん，中枢神経系はその一つひとつのパターンを実現するために，数多くの筋肉（の運動単位）に対して適切な制御信号を送らねばならないことはいうまでもない[62]。一方で，人間はこのようなタスクに対して，おおよそ決まり切った典型的な動作を示すこともわかっている。一体われわれの中枢神経系は，いかにこの自由度の大きな身体を実時間で制御することを学習し，典型的な動作を選んでいるのであろうか[63]。このパラドックスは，「バーンスタイン問題（The Bernstein problem）」もしくは「**自由度問題**」として知られている[64]。

バーンスタインは，中枢神経系が筋骨格系の自由度を機能的に「凍結」できるのだと考えた。つまり，実際にわれわれが持つ筋骨格系の自由度をあえて下げる（使わない）ことで身体モデルを単純化し，学習を容易にしていると考えたのである。別な言い方をすれば，われわれの中枢神経系は，関節自由度に階層構造を設けることで，パラメータ空間を圧縮するという戦略をとっているかもしれないということである。この発想は，逆運動学による動作解析を考えると，きわめて合理的なものであることが実感できる。

今日でいうところの**生体力学**（Biomechancis）という言葉を考えたのは，バーンスタインだといわれている。

5.7 順動力学とシミュレーション

神経筋骨格モデルを使った解析では，実時間でタグ付けされた位置情報（要するに動き），床反力などの筋肉の発生した力の総和，筋電図などを生理学的なデータとして計測することができる。このことは神経筋骨格モデルを用いた解析における大きな特長となっている。われわれは逆運動学と逆動力学によって，原理的にはモーターコマンドにまでさかのぼってさまざまなパラメータの推定を行うことができる[65),66)]。それらの推定されたパラメータを用いて，その逆向きの（因果関係でいえば順方向の）シミュレーションを行うことも可能である。これが**順動力学**シミュレーションである（図 5.8）。分子動力学計算では，同じ種類の枠組みを用いている（図 5.9）。

この順動力学シミュレーションによって，われわれはモデルの動きを仮想空間内で生成することができる。いわば測定された動きの再現である。しかしながら，さまざまな測定誤差やモデルの単純化による現実の生体からの乖離のため，この再現された動きは測定値とは一致しない。分子動力学であれば，基本的に順動力学のみでシミュレーションは完結している。しかし，神経筋骨格モデルを用いたシミュレーションの場合は，モーターコマンドから始まって観測された動きを再構成した後，この再構成された動きと観察された動きを比較

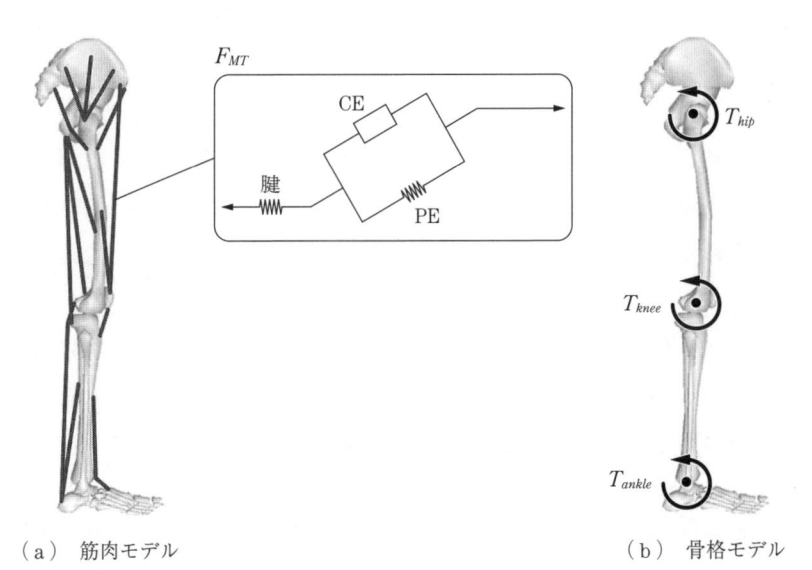

（a）筋肉モデル　　　　　　　　　　（b）骨格モデル

順動力学においては筋肉モデル（a）を「動作」させることにより力（F_{MT}）を発生させ，これを骨格モデル（b）に作用させることで関節トルク（T_{hip}, T_{knee}, T_{ankle}）を生み出す。すなわち，実際に生体内で起きているメカニズムをそのまま（時間的に順方向に）模倣している。

図 5.8 動力学的シミュレーション[65)]

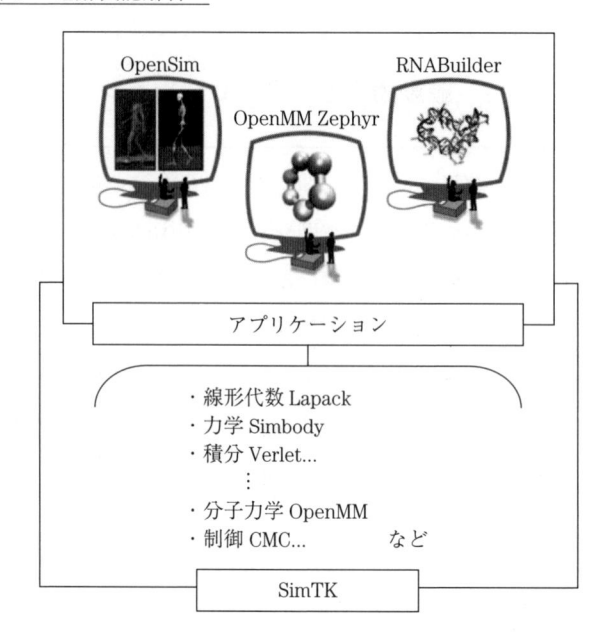

SimTKと呼ばれるソフトウェア環境のさまざまなツール（ライブラリ）が共有されている。類似のツールは商用のものも含めて，ほかにもいくつか存在する。
出典：文献67）をもとに一部作図。

図5.9 スタンフォード大学のSimBiosプロジェクトにおける神経筋骨格モデルと分子動力学の位置づけ

し，その差分が小さくなるようなパラメータを探索することが可能である。このサイクルを何回か繰り返すことを通して，順方向のシミュレーションで推定された（再現された）パラメータと実際に観察したパラメータを比較することができる（**図5.10**）。このワークフローを通して，モデルのオミットした細部がもたらした（かもしれない）バイアスも含め，誤差を小さくするための収束計算が可能なのである。これは工学的には典型的な最適化問題として扱える[66]。

ただし，パラメータの探索の精度は，モデルにあらかじめ与えられた条件に依存することに注意すべきである。たとえば，計測された床反力（すべての筋肉の発生した力の合計と等しい）をどう各筋肉に「分配」するかという問題は，この分配のためのウェイト（重み）をどう設定するかにかかっている。必要な生理学的な実測データがない限り，われわれはこのウェイトに差を設けることはできない。このことは推定の精度に大きく影響する。逆にいえば，生理学的なデータを増やせば増やすほど，パラメータの探索は容易になる。

もう一つ，順方向のシミュレーションは，一般に大きな計算量を必要とすることは覚えておくべきだろう。すなわち，モデルの粒度（パラメータの数）を最終的に決めるのは，使用できるコンピュータの能力である。

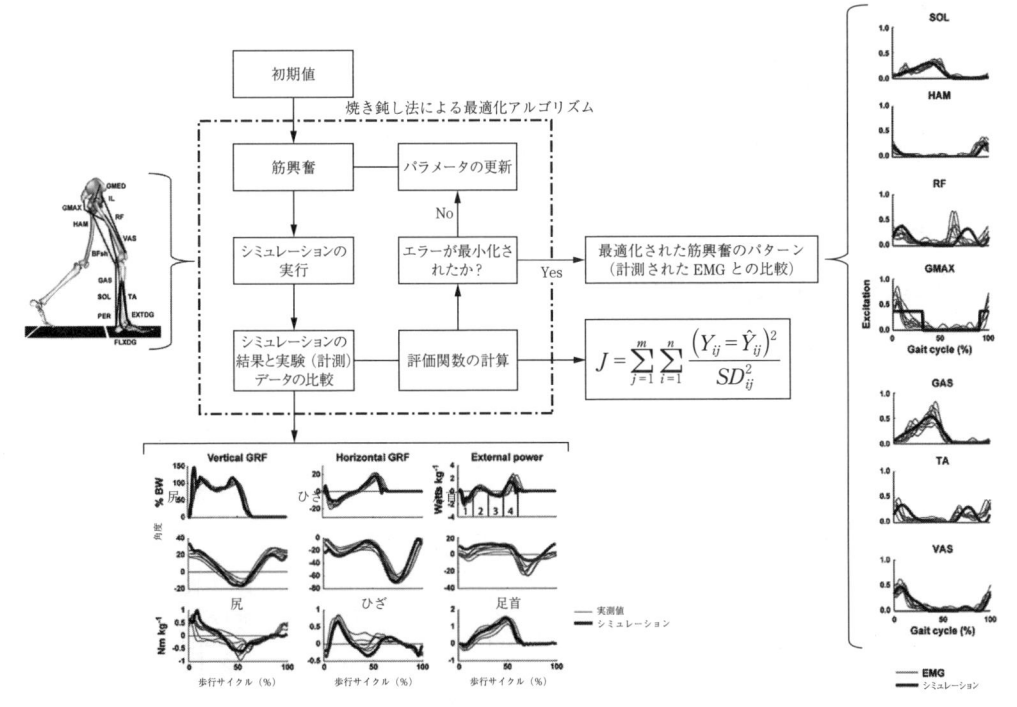

与えられたモーターコマンドの初期値（initial guess）に基づき，筋興奮（muscle excitations）を起こし，筋骨格モデルを動かし（execute simulation），その結果を観察値と比較する（compare output to experimental data）。その差を定義した関数で評価する（calculate cost function）。その差（error）が最小になるまでこのサイクルを繰り返す。この例では各筋肉の筋電図（EMG）の推定（optimal excitation patterns）まで行っている。焼き鈍し法は，まったく分野の異なる遺伝子配列の多重整列化の推定にも使われている最適化手法の一つである。

出典：文献66）をもとに一部作図。

図5.10 焼き鈍し法による各種パラメータの探索

5.8 体性感覚とホムンクルス

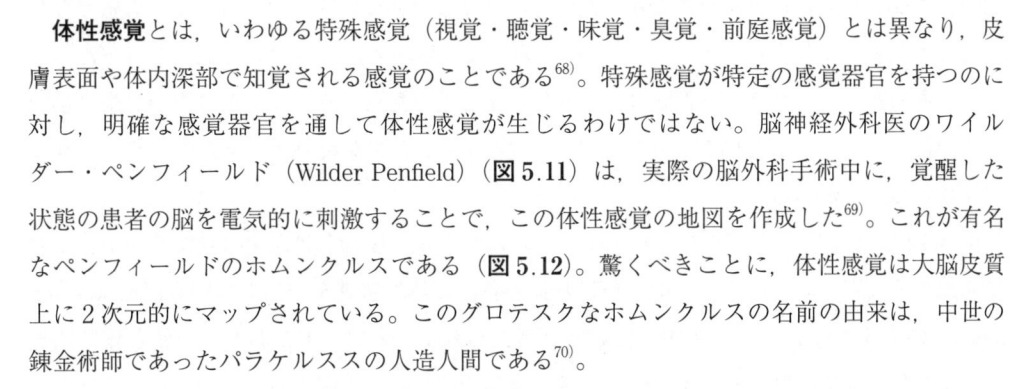

体性感覚とは，いわゆる特殊感覚（視覚・聴覚・味覚・臭覚・前庭感覚）とは異なり，皮膚表面や体内深部で知覚される感覚のことである[68]。特殊感覚が特定の感覚器官を持つのに対し，明確な感覚器官を通して体性感覚が生じるわけではない。脳神経外科医のワイルダー・ペンフィールド（Wilder Penfield）（**図5.11**）は，実際の脳外科手術中に，覚醒した状態の患者の脳を電気的に刺激することで，この体性感覚の地図を作成した[69]。これが有名なペンフィールドのホムンクルスである（**図5.12**）。驚くべきことに，体性感覚は大脳皮質上に2次元的にマップされている。このグロテスクなホムンクルスの名前の由来は，中世の錬金術師であったパラケルススの人造人間である[70]。

ペンフィールドのホムンクルスは，人間の脳の中にはヒト型のコビトが鎮座していて，こ

162   5. 新しい運動機能解析

図5.11 シェリントン哺乳動物生理学研究室にて在籍中のペンフィールド[72]

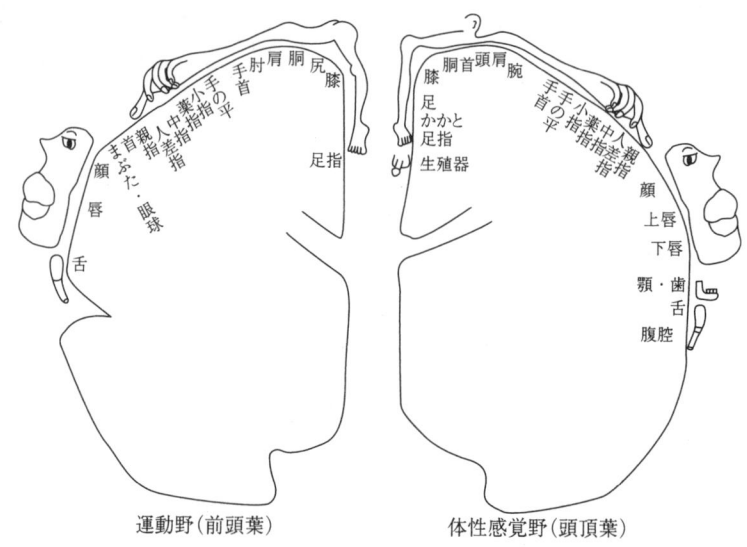

運動野(前頭葉)　　　　　体性感覚野(頭頂葉)

図5.12 ペンフィールドのホムンクルス[73]

れがわれわれの「心」の実体であるというヨハネス・ケプラー（Johannes Kepler）の「脳の中のコビト論」を彷彿とさせる[71]。ケプラーの仮説は，素朴な脳機能のメカニズムとして考え出されたものではあるが，認知学的な観点から具体的なメカニズムを考察すると，再帰的な「主体」を仮定せざるを得なかった（そのような素朴な疑問は，読者の多くも感じられたことがあるのではないだろうか）。その論理的な不備ゆえに当時大きな批判を浴びた。しかし，ある意味，ケプラーの仮説は生物学的に正しかったといえるかもしれない。生物学の世界では，このような人間の素朴な世界観を凌駕するような現象が，あたりまえのように発見されることがある。

　図5.12を見ると，ペンフィールドのホムンクルスは，ちょうど人間の身体をゆがめて射影したような形をしている。この面積は身体の各部の体性感覚を担当している部位（cortex locus）の大きさ（広さ）に関係していると考えられている[74]。すなわち，複雑な体性感覚を持つ身体の部位に対応するホムンクルスの身体の部位は，大脳皮質上で大きな面積を占める。一方，単純な体性感覚しか持たない身体の部位に対応するホムンクルスは，小さな面積

しか占めない。たとえば，顔，舌，手などは大きな面積を占めているが，頭や胴体，足などは小さい。先ほど体性感覚は特定の感覚器官でもたらされるものではないと述べたが，複雑な感覚を担当するホムンクルスの部位が，大脳皮質上で大きな面積を占めているのは自明である。

実験用マウスにおいては，この体性感覚地図がより正確に調べられている。特にマウスのひげ（whiskers）は，その一本一本が大脳皮質のどの部位に投射されているか正確にわかっている（図5.13）。マウスの場合，カラム様のバレル構造と呼ばれる微細な回路網の存在が明らかにされている[75]。

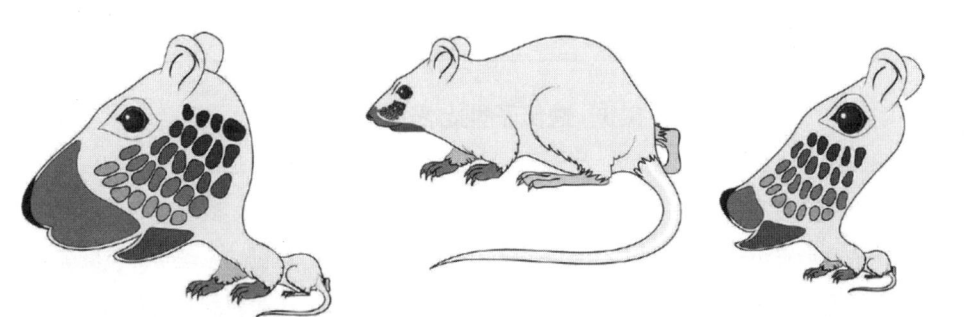

（a）正常マウスの体性感覚　　　（b）実際のマウス　　　（c）遺伝子破壊マウス体性感覚

（a）は正常マウスのマウスンクルス（mouseunculus）。（b）が実際のマウス。（c）は皮質特異的なPax 6遺伝子をノックアウト（破壊）した結果の，体性感覚野が変化した（歪んだ）マウスンクルスである。
Adapted by permission from Macmillan Publishers Ltd：Nature Neuroscience, Vol.16, No.8：pp.1060～1067, copyright（2013）

図5.13 ホムンクルスのマウス版（出典：文献75）より許諾を得て転載）

神経筋骨格モデルを使うと，この体性感覚を実験的にではなく理論的に推定できると考えられている[76],[77]。なぜなら体性感覚は一義的には外界との相互作用において力学的に「知覚」されると考えられるからである。われわれの筋肉は力を発生するアクチュエータであると同時に，絶えず応力を検出するセンサでもある[78],[79]。ここで得られた自分自身と外界からの情報は，求心性の末梢神経を通して中枢神経系に送られる。だからこそ，その微妙なフィードバックを通して微妙な筋肉のコントロールが可能なのだ。体性感覚としてのペンフィールドのホムンクルスは，いわばわれわれの感覚の基礎であり，われわれ自身と外界の知覚レベルの境界でもある。われわれの知覚する世界は，もちろん物理的な世界そのものではない。われわれの脳に写像されたイメージである。その写像の基底となっているのはわれわれ自身の身体であり，脳科学的には物理的な身体の投射であるペンフィールドのホムンクルスにほかならない。もっと具体的にいえば，神経筋骨格モデル制御をするために多くのパラメータを必要とする身体の部位は，拡大されたホムンクルスの身体の部位に対応し，大脳皮質上で大きな領域を占めているかもしれないということである。

体性感覚は運動機能解析とは深い関係がある。運動機能とはわれわれの脳内の空間を物理世界である実世界に写像するための物理的な（唯一の）手段なのである。このことを見落としてしまうと，運動機能の本質的な意義は理解できないであろう。

ちなみにこの体性感覚という概念は，ロボットを制御するためにとても重要なものである。神経筋骨格モデルで使われているさまざまな数学的ツールは，ロボット工学でも当たり前のように使われている。ロボット工学には，人間理解のための手段という側面もあり，このような構成論的な体性感覚の研究は今後ますます進んでいくだろう。それと同時に，生物学からのアプローチもいままで以上に重要になってくるだろう。

5.9 遺伝子型と表現型

遺伝子型とは，ある遺伝子の持ち得る構成のことを指す。これに対し**表現型**とは，ある遺伝子型の決める形質が発現したものである。具体的には，形態，行動，生理学的特徴等であるが，遺伝子型とは異なりどのように表現型をとらえるかによって表現型の定義はいくらでも拡張できる。遺伝子型という言葉には，その対として表現型が存在するという含意がある。しかし，両者が一対一に対応するとは限らない[80]。遺伝子型を構成する物質的な実体とは，今日的な意味ではゲノム上の特定のDNA配列を指すといってよいが，遺伝子型という言葉そのものは，遺伝子座を占める複数の**対立遺伝子**の組合せを意味する。この遺伝子型の総体を**遺伝子型空間**と呼ぶこともある[81]。同様に**表現型空間**という概念も考えられている[82]。定義により，遺伝子型空間と表現型空間はなんらかの生物学的メカニズムによって結びつけられているはずである。基本的に遺伝学では，そのメカニズムをブラックボックスとして扱い，遺伝子型と表現型の因果関係のみを問題にする。一方，生理学では，そのブラックボックスの中身に注目する。ただ，表現型がきわめて複雑な形質を持つ場合，生理学的なメカニズムを考えることなしには遺伝子型と表現型を関連づけることは難しい。その代表例が高次の表現型である運動機能である。その意味で遺伝子型空間と表現型空間の間には，生理学的なメカニズム空間が位置するとみなせる。このような考えのもと，生理学的なメカニズムの総体である**フィジオーム**（physiome）という概念で両者を結びつけようというプロジェクトが，欧州[83]〜[85]を中心に展開されている。近年，中国においても似たような試みが始まっている[86]。

かつて，ゲノム情報を完全に解読すれば，生命現象のほとんどの謎が解けると素朴に考えられていた時代があった。遺伝学というパラダイムにおいては，生物は「遺伝子」によってその形質が決定されるのであるから，そのように考えるのはごく自然のことである。言い方を変えれば，ゲノム情報とは生体システムの厳密な設計図であるべきはずであった。しかし

5.9 遺伝子型と表現型

さまざまなゲノム情報が明らかになるにつれ，現実の生体システムはそれほど単純でないことも明らかになってきた[81]。すなわち，遺伝情報は生体システムの設計図というよりは，映画の脚本（スクリプト）のようなものらしいということがわかってきたのである。同じスクリプトから，印象の異なる映画を作ることが可能であるように，同じ遺伝情報から異なる表現型が発現し得る，ということである。もっと正確な言い方をすると，ゲノム上には「書かれていない」別の「情報」によって遺伝子発現が制御されているかもしれないということを意味する。このような（従来の意味での）遺伝情報によるものとは異なる発現制御等を扱う学問領域のことを**エピジェネティクス**（epi-「上」もしくは「外」, genetics-「遺伝学」の意）と呼ぶことがある。また最近では，ゲノム情報に対するアナロジーとして，エピゲノム（epigenome）という言葉も使われるようになった。

神経変性疾患において，長い間研究者を悩ませてきた問題に，孤発性[87]がある。遺伝的背景が同じであっても（一卵性双生児であっても），ある神経変性疾患が発症する場合とそうでない場合がある。あるいは，神経変性疾患が発症する患者の家系を追っているとき，散発的にその症状が消失したり発症したりすることがある。孤発性とは，このようなあたかもわれわれの知っているメンデル遺伝学の法則を無視したような遺伝性疾患の発症のことである。

伝統的な遺伝学の枠組みでは，孤発性のメカニズムを説明することは困難であった。それは遺伝子をあたかもオンとオフしかないスイッチのようにみなしていたからだと考えることができる。

そもそも「遺伝子型」という言葉の背景には，遺伝子を粒子のように扱う伝統的な思想がある。そのような「粒子説」は，「融合説」に対して遺伝学のきわめて初期の段階で勝利をおさめた。「遺伝子はメンデルの法則に従い，表現型において離散的な挙動を示しつつ，ドミノ倒しのように後世に伝えられていく情報である。」これが伝統的な遺伝子に対する考え方である。無論，この考え方は基本的には正しい。しかし，ゲノムレベルでの遺伝情報を考えた場合，遺伝子という言葉の定義は，ゲノム以前の時代ほど素朴なものではない。今日的な意味での遺伝子は，もはや分割不可能な粒子のような存在ではない。遺伝子はゲノム上のある領域の機能単位であり，「空間的な長さ」を持つ。したがって，広い意味での「分離」や「融合」を起こすこともあり得るのである。

さらに，機能単位として遺伝子の実体は，ゲノム上に固定された領域というよりは，トランスクリプト，すなわち転写産物といったほうが正確である。ここでは遺伝子の発現はオン・オフだけで決まるのではない。トランスクリプトには必ず発現量という属性がある。

孤発性のような複雑な現象は，このような古典的な遺伝学とは異なる視点を導入して初めて明らかになるだろう。ある意味，伝統的な遺伝学は，古典力学に例えられるといえるかもしれない。古典力学によって，大半の物理現象は説明できる。しかし測定装置の精度が上

がってくると，古典力学だけでは扱えない現象がつぎつぎと観察されるようになった．相対論や量子力学等の近代物理学は，物理的な現象をより正確に説明するために構築されたものである．そのような新しい理論の構築が，生物学の世界でも求められているのである．

その意味で，エピジェネティクスもしくはエピゲノミクスは，ポストゲノム時代の新しい波であるといえる．近年明らかになりつつエピジェネティクスに関連するさまざまな知見は，遺伝子型と表現型の素朴な関係を根本から変えようとしているのである．

エピジェネティクスという言葉には，必ずしも明確な定義が与えられているわけではないが，エピジェネティクス的な現象を考えるとき，遺伝情報を後天的に修飾し，遺伝子発現パターンを制御するある種の「非遺伝情報」がなんらかの形で存在することは，ごく自然に予想される．では，このような「非遺伝情報」の実体とはなんなのだろうか．現時点において，その問いに答えることは困難である．

ただ，生理学的な現象としてエピジェネティクス的な効果を考察した場合，その要因の一つが力学的な刺激であるということは古くから指摘されている．

一番身近でわかりやすい例が，筋肉の可塑性である．われわれが経験的に知っているように，よく使われる筋肉は増強される．具体的には筋繊維が太くなる．いうまでもなく，筋繊維タンパク質等をエンコードする情報はゲノムの中にある．外からの力学的刺激が，この遺伝情報の発現をコントロールしているのである．

このような力学的刺激に応答して発現パターンの変わるような現象は，定量的な扱いが困難であった．その大きな理由の一つには筋骨格系の挙動の非線形性が挙げられる．そのため得られたデータを解析しても，従来の統計学的手法では明確な結果を得ることが難しかったのである．これは，やはり生体力学的効果と関連の大きい，骨組織の**リモデリング**（remodeling：組織の再構成）のような問題でも同様である．

筋骨格モデルによる生体力学的解析は，このような非線形性を前提とした解析手法である．近い将来，適切な物理モデルとの組み合わせにより，力学的な刺激応答と遺伝子発現の関係を定量的に議論できる可能性は十分にあると筆者は考える．

コラム

運動機能解析とロボティクス

統一後のドイツは移民政策によって，労働力不足の問題を解決しようとした．しかし，そのことはドイツという国家のアイデンティティに大きな影響を与えたといわれている[88]．問題はここでいう労働力の中身である．たとえば，ドイツにおける労働力不足においては，高い技能や知的な能力を必要としない，比較的単純な労働を問題にしている場合が多い．

日本の場合，まだはっきりとした国策として打ち出されているわけではないが，優れたロボット技術によって社会の高齢化や労働力の確保に対応しようというトレンドが存在する．これは，軍事を軸に据えた米国のロボット技術開発との大きな違いである．そして，日本のロ

ボット技術は，災害への対応も含め，われわれの抱える社会的な問題に貢献するポテンシャルを持っていると考えられている。

　ここで少し話を整理してみよう。ここでいう「労働力」とは，物理的な世界に対する制御された操作のことである。つまり「こうしよう」というアイディアが心の中にあっても，実際に「手を動かす」という物理的な行為がなければ，現実の世界では何も達成されない。そして，この物理的な行為というのは，じつに複雑な構造を持っており，普通の意味の「機械」で代替できるほどの簡単な作業でもない。そこで生身の人間が「労働力」として駆り出されているわけである。たとえば，放射線レベルの高い原発の事故現場で，人間が働くことは人道的な立場からも決して好ましいことではない。しかし，バルブの開け閉めといったような一見単純そうに見える作業でさえ，その代替手段が存在しないため，やむを得ず（放射線によって遺伝情報に損傷を受けることを覚悟の上で）生身の人間が危険な作業を担当している。人間の持つ文明の歴史は，このような，時に非人間的な労働力の積み重ねによってでき上がってきたといっても過言ではない。

　運動機能解析は，労働力としての運動機能を定式化し，工学の分野に還元しようという考えも含んでいる。もっと具体的にいえば，ロボットの一部は生物学的な運動機能を実装したシステムである。そのようなロボットは，労働力というパラダイムの中で人手の代替を担うことを期待されている。つまり，知能を持った人間という生物の行為を置換することを念頭に置いているのである。

　人間の持つさまざまな知的な運動機能も，生物学的に見れば進化というすべての生物が経験してきた自然現象の結果であり，それを実現するための情報は基本的にゲノム情報の中にコードされているものである。一見単純に思えるようなバルブの開け閉めのような運動機能も含め，われわれの能力はこの40億年近い進化の歴史の中で培われてきたものである。これらを人工物で置き換えることは決して簡単なことではない。たとえば，ロボットが現実世界の中で二足歩行能力を獲得したのは，つい最近のことである[89]。今日現存しているすべての生物は，40億年という時間を生き抜いてきた勝者なのであり，われわれがあたりまえのように持っている運動機能は，例外なく長い進化の歴史によって磨き抜かれているのである。

　われわれがロボットに人間の代替となるような労働を求めるのであれば，当然ロボットは人間に近い能力を持つ必要があるだろう。現在のロボット工学のトレンドの一つは，工学的なボトムアップのアプローチと同時に，現存の生物の運動機能を生物学的なメカニズムのレベルで模倣することである。このようなトップダウンのアプローチは，**バイオロボティクス**と総称される。

　ロボット開発は，ちょうど航空機の開発と似ているところがあるかもしれない。航空機は鳥という生物の解剖学的な模倣から始まり，実用性を度外視し，熱に浮かされたような研究開発を続けた結果，人類に国家レベルの大きなインパクト（その中には戦争という悲惨な歴史も含む）を与えた。今日，ロボット開発に向けられた期待と熱意は，航空機産業の黎明期を彷彿とさせる。

　生物学的な運動機能解析は，ロボティクスと理論的な枠組みを共有している。生体力学的な運動機能解析によって生物の運動機能を定式化できれば，情報の世界（仮想空間）と現実世界（物理空間）を結びつける存在であるロボットの開発に大きなインパクトを与える可能性を秘めている。生物の40億年の進化を反映した「生物学的」なロボットの開発が可能になれば，労働という言葉の定義も含め，われわれの社会のありようは大きく変わるかもしれない。

5.10 ゲノムと進化生体力学

分子進化学の分野では，多くの日本人研究者が存在感のある仕事をつぎつぎと発表してきた．たとえば，2013年に京都賞を受賞したペンシルバニア州立大学の根井正利は，分子進化学と呼ばれる学問領域を打ち立てた研究者の一人である[90]．根井のテキサス大学ヒューストン校時代の学生であった斎藤成也は，高速でしかも信頼性の高い系統樹作成法を考案した[91]．彼らの進化系統樹作成法は，現在では世界でもっとも人気のある方法の一つになっている．

分子進化学という学問領域は，ともすれば抽象的で哲学的な領域をさ迷っていた進化学という学問を，一挙に純粋科学に押し上げたといえる．その中でも木村資生による**中立論**の提唱[92]は，ダーウィン以来の進化観を大きく変えたという意味で群を抜いている[93]．今日，分子進化学抜きでは，生命科学は語れないほどになっている．しかしながら，根井自身も自著で指摘しているように，分子レベルの進化と巨視的な表現型レベルの進化のあいだにはまだまだ乖離が存在する．いくら分子レベルの進化を精密に議論しても，形態のような巨視的なレベルの進化を十分に理解できないというフラストレーションは，多くの進化研究者が共有しているものである[94]．

この問題は，先に述べたような遺伝子型と表現型の断絶と対をなしている．結局は生命現象の具体的なメカニズムを議論することなしには，両者を正しく関連づけることはできず，われわれは本当の意味で生命現象を理解したことにはならない．そして，ここでいう具体的なメカニズムとは，生理学的な表現型としての現象であり，究極的には物理学で表現できる属性と量にほかならないのである．

ニュートン力学を用いて生命現象を理解しようとすることは，事実上無限の表現型空間の中の現象を，厳密かつ量的な言葉で表そうという試みにほかならない．このことの本当の意義は，これまでコンテクスト依存だった表現型を，ニュートン力学のパラダイムに一義的に落とすという点にある．生体力学の枠組みでは，現象は運動方程式で表現される力学的な現象として統一的に扱われる．幸いなことにニュートン力学を用いた実用的な（数値的な）解析手法は，工学の世界において十分な蓄積がある．われわれはそれらの資産を有効に利用し，研究を効率的に進めることができるのである．

生体力学は，基本的には物理モデルを対象とした学問である．したがって，この解析には生体の力学的な特徴を適切に反映した物理モデルが必須である．その一つが上に述べた神経筋骨格モデルである．ここでいう物理モデルは，「理想化」されたモデルではあるが，モデルの性質と限界を研究者が理解している限り，その近似解には生物学的な意味がある．

形態と運動機能の間には，密接な関係がある．形態が運動表現型のいわばスナップショッ

5.10 ゲノムと進化生体力学

トであることはすでに述べた。しかしながら、これらのあいだの関係にはそれ以上の意味がある。骨形態には、あたかも合目的かのように見える特徴があることはよく知られている[95]。形態学者は、むしろ積極的にこの合目的性に注目し、そこに生物学的な意味を見出そうとしてきた。そのような合目的性をもたらす方向性が、はたして進化の過程に存在するのかどうかはよくわかっていない（現代進化学では、基本的にそのような合目的性が進化を「ドライブ」しているという考えは否定されている）。しかし、いずれにせよ、形態を広義の意味でかたちづくってきたのは進化であることには違いない。そして、形態が進化の過程を反映しているように、運動機能も同様に進化の過程を反映しているはずである。では、生体システムにおける力学系は、どのようにして進化してきたのだろうか。

このような考えのもとに構築された学問は**進化生体力学**と呼ばれる[96]。進化生体力学は、異なった生物種間の力学系の比較という意味で、比較生体力学と呼ばれることもある[97]。

たとえば、歩行のような日常的な運動機能ですら、数々の筋肉がモーターコマンドの指示のもと協調し合って一連の機能を発現させている。分子データにせよ、形態にせよ、それら自体は静的なデータである。一方、生体の力学的な性質に着目し、動的なデータを用いて進化を考察する進化生体力学では、このような高次の表現型に着目し、地球の重力場の中で、さまざまな物理的な制約のもとに、力学系としての生体がどのように進化してきたかを議論する。

進化生体力学は、したがっていくつかの階層から構成されている。運動機能、筋骨格系の形態、その力学系、そして神経制御である。このような幅広いスペクトラムを持つ学問は、専門化と細分化を旨とする現代自然科学においては例外的な存在である。

一方で、進化生体力学における解析は、ある面においてたいへん優れた特長を持っている。それは運動データを含む計測可能な動的データが、非常に大きな情報を含んでいることである。この特長はいくら強調しても足りない。進化研究における一番の弱点は、現在進行形の進化データが得にくいことである。分子進化学は、多量の分子データの力を借り、いわば「ビックデータ」の特性をうまく利用して理論を構築し、輝かしい成果を上げた。しかし、それらはあくまで静的なデータであり、進化の痕跡からの外挿にすぎない。

進化生体力学では、まだ使われていない隠された膨大な量の動的データ（力学的な性質）を、化石資料や現生の生物から引き出せる可能性があるのである。

一方で、生体力学の必要とする物理モデルは、厳密に定式化された、数学的に扱いやすいものである。現在の比較形態学が、複雑な幾何形態学に立脚していることは上に述べた。それに比べると、生体力学に登場する代表的な変数の構造は比較的単純である。例えば、「動き」の持つ変数は位置と時間だけである。これらは上に述べた逆運動学により関節角度空間にマップすることができる。動きは関節角度の配列（シークエンス）で表現されることにな

る。そこには，曖昧な表現も，印象に基づくバイアスも存在しない。モデルは関節角度シークエンスに従って「運動」する。それは一定の誤差の範囲で，現実の運動を近似的に再現するのである。

運動は時間あたりのサンプル数に比例してより正確に現実の運動を模倣する。たとえば，典型的な汎用モーションキャプチャシステムであれば，1秒間に120サンプルを行う。一つひとつのマーカーが3次元座標と時間でタグ付けされている。この膨大な量のデータがあって初めて，あまり正確とはいえない皮膚上のマーカーの位置から，かなりの精度で「正しい」関節角度を推定できるのである。これは「ビッグデータ」を利用した典型的な推定の一例といえる。

また，典型的な神経筋骨格モデルの場合，詳細な形態そのものはあまり大きな役割を担わない。形態は，筋肉と骨格の幾何学的情報を与えるが，その本質は，骨と腱の接点（付着部位）と筋肉の経由点の座標，そして関節の自由度等をどう定義するかにかかっている。つまり筋骨格モデルは，その外見とは裏腹に点と線で構成されたグラフに過ぎないのである。もちろん，肩胛骨の動きや，点では表現できない複雑な構造を持つ関節の動きの場合は，面の概念を導入することが必要であるが，それも数学的な幾何図形を使い近似することができる。つまり筋骨格モデルは，複雑な面情報に依存する程度が低いために，解析的な扱いが比較的容易なのである。

このような枠組みで異なった生物種間の比較解析を行うことは，これらの幾何学的な情報および各節角度のシークエンスを比較することを意味する。ここまでくると，分子進化学で多量の配列データを比較することともはや本質的な差異はない。この種の比較解析で一番問題となるのは生物種間のさまざまな属性の整列化（アラインメント）であるが，特に近縁な哺乳類動物に限っていえば，筋骨格モデルの相同な部位の整列化はきわめてたやすい。たとえば，祖先状態の推定のような外挿も可能である。

さらに，生体力学は力学の（もっと具体的には）工学の言葉で記述されているがゆえに，工学の世界では一般的なシミュレーションと親和性が高い。たとえば，「もしこうだったら」（**what if**）型の研究を比較的簡単に行うことができる。この特徴は，スーパーコンピュータに代表される高速な計算機の登場とともに，その存在意義を増しつつある。

一方，生体力学的手法の最大の欠点は，物理モデルである筋骨格モデルを対象ごとに（場合によっても個体ごとに）開発しなくてはならないことであろう。まず，筋骨格モデルは解剖学的な知見に基づいた正しい幾何学的な構造を持つ必要がある。それに加えて筋骨格モデルにはそれぞれのセグメントに質量などの物性情報，関節には自由度や生物学的な構造や性質を模倣するための各種のパラメータが与えられなくてはならない。たとえば，解析目的に応じて，工学的なアナロジーとして摩擦係数に対応する量などを考慮する必要さえある。結

5.10 ゲノムと進化生体力学

果として，一つの筋骨格モデルの持つパラメータは膨大な数に上る。それは現実の生体の生理学的な複雑性をそのまま反映している。

一般に，個体レベルの筋骨格モデルの開発は，大学の研究室等が単独で行うには荷が重すぎる。しかしながら，筋骨格モデルは一種のソフトウェア（もしくはある種のデータベース）であって，十分に時間をかければ，原理的にはどんな複雑なモデルも開発可能なことは強調すべきだろう。また，必ずしも解剖学的なアプローチをとらなくても，X線CTスキャンやMRIデータ等からモデルを開発するための，汎用性の高いツールも利用できるようになりつつある[98),99)]。

たとえば，四足歩行から二足歩行への進化や，水棲から陸棲への移行，恐竜のような絶滅種の運動機能解析等，進化生体力学には魅力的なテーマが解析を待っている。なぜ形態レベルの表現型が一見には合目的に見えるのかというような素朴な疑問も，形態データや遺伝情報だけを見ていても解決しないであろう。形態はそこに働く力学的な効果と必ず対になっていると考えるのが自然である。どんな形態に関与する遺伝子（もしくは遺伝情報）も，重力場の中で，物性としてのストレスに応答して遺伝子発現を変えているはずである。このような環境に呼応した遺伝子発現の変化，すなわち「エピジェネティクス」による表現型を個体レベルで理解するためにも，比較生体力学は有用なツールとなるだろう。いや，このような物理的なストレスと遺伝子発現の関係は，胚発生のような「ミクロ」な現象でも変わらない。すべての生命現象は「力」によって方向づけられ，動きとして発現する。このことは疑問の余地のない公理である。生命現象は静止画ではない。連続した映像なのである。過去にそのような切り口で生命現象が解析されてこなかったただ一つの理由は，われわれの持つ解析技術の限界のせいであったにすぎない。しかし今日，情報科学に代表される関連技術の急速な発展は，このような物理モデルベースの解析を可能にしつつある。

遺伝情報を直接扱う分子進化学は，一度は具体的な形態進化とは袂（たもと）を分かつことで，抽象的な推論に基づく精緻な理論を作り上げた。いま，期は熟し，進化学は表現型の進化に回帰しつつあるように感じる。

多くの進化学者が夢見る，分子進化の向こうにある複雑な表現型レベルの進化の本質を知るために，進化生体力学は強力な武器となるだろう。

そもそも「ビッグデータ」という言葉には，意図せず集めたデータが，単独ではそれほど有用ではなくても，多量に集積させて大規模解析を行うことで，システムの本質を突く特徴が見えてくるというような意味合いが含まれている。だとすると，生物学の伝統的な解析手法は，多かれ少なかれ，この「ビッグデータ」の考え方を踏襲している。

われわれがすべての生命現象を網羅的に観察し，その本質を完全に理解するなどということは，そもそも不可能であると考えるべきである。生命の本質を理解するためには，むしろ

生体というシステムをどう構成論的に表現するかということのほうが重要である。その上で，生命現象を正しく定式化していくことが本当の意味での生命の理解につながるだろう。構成論的な議論には批判もあるが，筆者自身は複雑な生体システムを理解する上で許容されるべきだと考えている。

生体力学は，生命システムの定式化の一つの形である。この枠組みには，巨視的な運動機能としての時間軸と，発生現象の時間軸がすでに含まれている。進化生体力学は，さらに進化の時間軸をここに加えたものである。

このような膨大な量の動的データを内包する進化生体力学が，ゲノムを含む次世代シーケンサーが生み出す膨大な量の静的データと結びついたとき初めて，真の意味での生体システムの理解が達成されるだろう。

コラム

生物情報学の現在：ITの光と影

　本文でも述べたように，研究分野の発展はその時代性と無縁ではない。われわれの社会は20世紀に情報革命という未曾有の変革を経験した。情報革命とは，本来社会や生活における大きな変革を表す言葉として物理学者のジョン・デスモンド・バナール（John Desmond Bernal）によって提唱されたものである[100]。もともと情報革命は社会科学上の概念であったが，その思想的な影響は明らかに生物学の一分野である生物情報学にも及んでいる。

　情報革命の立役者の一つであるいわゆる「情報技術」（information technology, IT）は，どちらかというと**コミュニケーション**（communication）のための技術であって，**コンピュテーション**（computation）のための技術ではない。しかし，情報生物学はなぜかITと同じ枠組みで語られることが多い。たとえばウェブ（World Wide Web）に代表されるインターネットという環境の上に構築された技術は，生物情報学の中で非常に大きなウェイトを占めている。

　しかし，生物情報学とは，本来情報科学の生物学への応用を指すのであって，一般的な意味におけるITとは別物である。現代社会においてウェブが情報発信の強力なツールとなっているために，この生物情報学の本質がかすみ，その位置づけがゆらいでいるように思える。たとえば，ウェブベースのデータベースを作ることは，サービスという観点からたいへん有用なものである。ただ，そのこと自体を指して生物情報学と言い切ることは難しい。生物情報学の本来の目的は，新しい生物学的な知識の発見そのものなのであって，「ユーザ」へのサービスだけではないのである。

　一方で，生物情報学は，長い歴史を持つ計算生物学とも明らかに異なる。計算生物学のキーワードは，モデリングとシミュレーションであり，単なるデータの集計ではない。新しいモデルと新しいデータが創り出されているという意味で，計算機を使った実験科学という言い方もできる。一方，生物情報学においてコンピュータを用いて行っていることは，端的にいえば事務作業に求められる処理と本質的に何も変わらない。つまり，大規模な遺伝情報データ等の集計作業なのであって，それ以下でもそれ以上でもない。本来の意味での生物情報学は，生物学にもっと本質的な形で貢献するポテンシャルを持ち得たはずである。しかし，なぜか生物情報学は実験生物学の皮相的な支援（もしくはサービス）という役回りに落ち着きつつある。

ひょっとすると情報生物学者は，情報革命の見かけの華やかさの中で，自分の立ち位置を見失いかけているのかもしれない。これは，生体力学のような古典的で，一見には泥臭い計算生物学の一領域が，ロボティクスと結びついて着々と発展を遂げていることとは対照的である。

学問の健全な発展は，その分野に関心を持つ一人ひとりの意識にかかっている。権威や流行に惑わされることなく，学問の本質を見極めることはけっして簡単なことではない。しかし，当たり前の努力を地道に続けていれば，だれもが学問の地平線を見渡すことができると私は信じる。

【引用・参考文献】

1) Katherine W. Jordan, Mary Anna Carbone, Akihiko Yamamoto, Theodore J. Morgan and Trudy F. C. Mackay：Quantitative genomics of locomotor behavior in Drosophila melanogaster, Genome Biology, Vol.8, Issue 8, pp. R172.1-R172.16（2007）
2) Justin B. Slawson, Elena A. Kuklin, Aki Ejima, Konark Mukherjee, Lilly Ostrovsky, Leslie C. Griffith：Central regulation of locomotor behavior of Drosophila melanogaster depends on a CASK isoform containing CaMK-like and L27 domains, Genetics, Vol.187, pp. 171-184（2011）
3) A. C. Berry：The Genetics of Locomotor Disorders, Proceedings of the Royal Society of Medicine, Vol.68, pp. 822-823（1975）
4) Ryan Lister, Eran A. Mukamel, Joseph R. Nery, Mark Urich, Clare A. Puddifoot, Nicholas D. Johnson, et al.：Global epigenomic reconfiguration during mammalian brain development, Science, Vol.341, No.6146, Article 1237905（2013）
5) Richard D. Emes and Seth G. Grant：Evolution of synapse complexity and diversity, Annual Review Neuroscience, Vol.35, pp. 111-131（2012）
6) Arthur W. Toga, Kristi A. Clark, Paul M. Thompson, David W. Shattuck, and John Darrell Van Horn：Mapping the human connectome, Neurosurgery, Vol.71, pp. 1-5（2012）
7) Vijay K. Ramanan and Andrew J. Saykin：Pathways to neurodegeneration：mechanistic insights from GWAS in Alzheimer's disease, Parkinson's disease, and related disorders, American Journal of Neurodegener Disease, Vol.2, pp. 145-175（2013）
8) Lisa S. Andersson, Martin Larhammar, Fatima Memic, Hanna Wootz, Doreen Schwochow, Carl-Johan Rubin, et al.：Mutations in DMRT3 affect locomotion in horses and spinal circuit function in mice, Nature, Vol.488, pp. 642-646（2012）
9) Christopher E. Henderson, Yoichi Yamamoto, Jean Livet, Vilma Arce, Alain Garces, Odile deLapeyrière：Role of neurotrophic factors in motoneuron development, Journal of Physiology-Paris, Vol.92, Issue3-4, pp. 279-281（1998）
10) R.Cameron Craddock, Saad Jbabdi, Chao-Gan Yan, Joshua T. Vogelstein, F. Xavier Castellanos, Adriana Di Martino, Clare Kelly, Keith Heberlein, Stan Colcombe, and Michael P. Milham：Imaging human connectomes at the macroscale, Nature Methods, Vol.10, No. 6, pp. 524-539（2013）
11) Erin M. Ramos, Douglas Hoffman, Heather A. Junkins, Donna Maglott, Lon Phan, Stephen T.

Sherry, Mike Feolo, and Lucia A Hindorff : Phenotype-Genotype Integrator (PheGenI) : synthesizing genome-wide association study (GWAS) data with existing genomic resources, European Journal of Human Genetics, Vol.22, pp. 144-147 (2014)

12) Thomas Gaj, Charles A. Gersbach, and Carlos F. Barbas 3rd. : ZFN, TALEN, and CRISPR/Cas-based methods for genome engineering, Trends in Biotechnology, Vol.31, pp. 397-405 (2013)

13) Joan T. Richtsmeier, Valerie B. DeLeon, and Subhash R. Lele, The promise of geometric morphometrics, American Journal of Physical Anthropology, Vol.45, pp. 63-91 (2002)

14) Philipp Mitteroecker and Philipp Gunz : Advances in Geometric Morphometrics, Evolutionary Biology, Vol.36, pp. 235-247 (2009)

15) James D. Watson and Francis H. Crick : Molecular structure of nucleic acids ; a structure for deoxyribose nucleic acid, Nature, Vol.171, pp. 737-738 (1953)

16) Simon P. Brooks and Stephen B. Dunnett : Tests to assess motor phenotype in mice : a user's guide, Nature Reviews Neuroscience, Vol.10, No. 7, pp. 519-529 (2009)

17) Jacqueline N. Crawley : What's wrong with my mouse?, Wiley-Liss Publication (2000)

18) アリストテレス : アリストテレス全集 Vol. 9 : 岩波書店 (1969)

19) Eadweard Muybridge : Muybridge's Complete Human and Animal Locomotion, Dover Publications (1887)

20) Eadweard Muybridge : The Horse in motion. "Sallie Gardner," owned by Leland Stanford ; running at a 1:40 gait over the Palo Alto track, (Ed.) Library of Congress Prints and Photographs Division Washington, D.C. 20540 USA (1878)
Library of Congress のサイトにて閲覧可能 : http://loc.gov/pictures/resource/cph.3a45870/

21) Mark E. Silverman : Etienne-Jules Marey : 19th century cardiovascular physiologist and inventor of cinematography, Clinical Cardiology, Vol.19, pp. 339-341 (1996)

22) George Veis : Optical tracking of artificial satellites, Space Science Reviews, Vol.2, Issue 2, pp. 250-296 (1963)

23) E. Valton : La machine animale (Animal mechanism), by Etienne-Jules Marey, Fig.87 Representing the artificial insect, or instrument to illustrate the flight of insects, Paris (1873)
OBI Scrapbook Blog のサイトにて閲覧可能 : http://scrap.oldbookillustrations.com/image/52669262625

24) Leif Ristroph and Stephen Childress : Stable hovering of a jellyfish-like flying machine, Journal of the Royal Society Interface, Vol.11, Article 20130992 (2014)

25) Bruno Moulia and Meriem Fournier : The power and control of gravitropic movements in plants : a biomechanical and systems biology view, Journal of Experimental Botany, Vol.60, No.2, pp. 461-86 (2009)

26) Ray Keller, Lance A. Davidson, and David R. Shook : How we are shaped : the biomechanics of gastrulation, Differentiation, Vol.71, pp. 171-205 (2003)

27) Vincent Fleury and O. French Society of Pediatric : Can physics help to explain embryonic development? An overview, Orthopaedics & Traumatology : Surgery & Research, Vol.99, No.6S, pp. 356-365 (2013)

28) Donald J. Responte, Jennifer K. Lee, Jerry C. Hu, and Kyriacos A. Athanasiou : Biomechanics-driven chondrogenesis : from embryo to adult, The FASEB Journal, Vol.26, No.9, pp. 3614-3624

(2012)

29) Nikolay I. Nikolaev, Torsten Müller, David J. Williams, Yang Liu：Changes in the stiffness of human mesenchymal stem cells with the progress of cell death as measured by atomic force microscopy, Journal of Biomechanics, Vol.47, Issue 3, pp. 625-630（2014）

30) Fatemeh Karimirad, Sunita Chauhan, Bijan Shirinzadeh：Vision-based force measurement using neural networks for biological cell microinjection, Journal of Biomechanics, Vol.47, Issue 5, pp. 1157-1163（2013）

31) Yoshihiko Nakanura, Katsu Yamane, and Akihiko Murai：Macroscopic Modeling and Identification of the Human Neuromuscular Network, Proceedings of the IEEE EMBS Annual International Conference, pp. 99-105（2006）

32) David J. Pearsall and J. Gavin Reid：The study of human body segment parameters in biomechanics. An historical review and current status report, Sports Medicine, Vol.18, pp. 126-140（1994）

33) Archibald V. Hill, The Heat of Shortening and the Dynamic Constants of Muscle, Proceedings of the Royal Society of London. Series B-Biological Sciences, Vol.126, pp. 136-195（1938）

34) Ko Ayusawa and Yoshihiko Nakamura：Fast inverse kinematics algorithm for large DOF system with decomposed gradient computation based on recursive formulation of equilibrium, Proceedings of 2012 IEEE/RSJ International Conference on Intelligent Robots and Systems (IROS), pp. 3447-3452（2012）

35) Eric S. Mallett, Gary T. Yamaguchi, James M. Birch, and Kiisa C. Nishikawa：Feeding Motor Patterns in Anurans：Insights from Biomechanical Modeling, American Zoologist, Vol.41, pp. 1364-1374（2001）

36) V. V. Smolyaninov, Structure, function, control：a system-constructive approach, Membramce and Cell Biology, Vol.11, pp. 701-714（1998）

37) Scott L. Delp, Allison S. Arnold, Stephen J. Piazza, and Andy Ruina：Clinical Applications of Musculoskeletal Models in Orthopedics and Rehabilitation, in Biomechanics and Neural Control of Posture and Movement, Jack M. Winters and Patrick E. Crago（Eds.）, Springer New York, pp. 477-489（2000）

38) Morten Enemark Lund, Mark de Zee, Michael Skipper Andersen and John Rasmussen：On validation of multibody musculoskeletal models, Proceedings of the Institution of Mechanical Engineers, Part H, Vol.226, pp. 82-94（2012）

39) Thomas S. Buchanan, David G. Lloyd, Kurt Manal, and Thor F. Besier：Neuromusculoskeletal modeling：estimation of muscle forces and joint moments and movements from measurements of neural command, Journal of applied biomechanics, Vol.20, pp. 367-95（2004）

40) Aymeric Guillot, Frank Di Rienzo, Tadhg Macintyre, Aidan Moran, and Christian Collet：Imagining is Not Doing but Involves Specific Motor Commands：A Review of Experimental Data Related to Motor Inhibition, Frontiers in Humam Neuroscience, Vol.6, Article 247（2012）

41) Ken Nishihara and Kazuya Imaizumi：A Computational Model for Reconstructing Motor Commands by Analysis of Theoretically Generated Electromyograms, Journal of Novel Physiotherapies, Article S4-0002（2013）

42) David A. Wells：The science of common things：a familiar explanation of the first principles of

physical science. For schools, families, and young students, Ivison, Phinney, Blakeman（1859）

43) Erick R. Kandel, James H. Schwartz, Thomas M. Jessell, Steven A. Siegelbaum, and A. J. Hudspeth, Principles of Neural Science, 5th ed., McGraw-Hill Professional（2012）

44) Emma Gowen and Antonia Hamilton：Motor abilities in autism：a review using a computational context, Journal of Autism and Developmental Disorders, Vol.43, pp. 323-44（2013）

45) Courtney C. Haswell, Jun Izawa, Lauren R. Dowell, Stewart H. Mostofsky, and Reza Shadmehr：Representation of internal models of action in the autistic brain, Nature Neuroscience, Vol.12, pp. 970-972（2009）

46) Stephen H. Scott：The computational and neural basis of voluntary motor control and planning, Trends in Cognitive Sciences, Vol.16, pp. 541-549（2012）

47) Alan J. McComas：Invited review：motor unit estimation：methods, results, and present status, Muscle & Nerve, Vol.14, Issue 7, pp. 585-597（1991）

48) Alan J. McComas, Motor unit estimation：anxieties and achievements, Muscle & Nerve, Vol.18, pp. 369-379（1995）

49) R. Chris Miall and Daniel M. Wolpert：Forward Models for Physiological Motor Control, Neural Networks, Vol.9, No.8, pp. 1265-1279（1996）

50) Edward W. Otten：Inverse and forward dynamics：models of multi-body systems, Philosophical Transactions of the Royal Society of London Series B-Biological Sciences, Vol.358, pp. 1493-1500（2003）

51) Dimitria Blana, Robert F. Kirsch, and Edward K. Chadwick：Combined feedforward and feedback control of a redundant, nonlinear, dynamic musculoskeletal system, Medical and Biological Engineering and Computing, Vol.47, pp. 533-542（2009）

52) Erick B. Reed, Andrea M. Hanson, and Peter R. Cavanagh：Optimising muscle parameters in musculoskeletal models using Monte Carlo simulation, Computer Methods in Biomechanics and Biomedical Engineering, pp. 1-11（2013）

53) Mourad Benoussaad, David Guiraud, and Philippe Poignet：Physiological musculoskeletal model identification for the lower limbs control of paraplegic under implanted FES, Proceedings of IEEE/RSJ International Conference on Intelligent Robots and Systems（IROS'2009）, pp. 3549-3554（2009）

54) Hyeongseok Ko and Norman I. Badler：Animating Human Locomotion with Inverse Dynamics, IEEE Computer Graphics and Applications, Vol.16, Issue 2, pp. 50-59（1996）

55) David G. Lloyd and Thor F. Besier：An EMG-driven musculoskeletal model to estimate muscle forces and knee joint moments in vivo, Journal of Biomechanics, Vol.36, pp. 765-776（2003）

56) Frank Saunders, Barry A. Trimmer, and Jason Rife, Modeling locomotion of a soft-bodied arthropod using inverse dynamics, Bioinspiration & Biomimetics, Vol.6, No.1, Article 016001（2011）

57) Satoshi Oota and Naruya Saitou：Phylogenetic relationship of muscle tissues deduced from superimposition of gene trees, Molecular Biology and Evolution, Vol.16, pp. 856-867（1999）

58) Olaf Sporns, Gerald M. Edelman, and Onno G. Meijer：Bernstein's dynamic view of the brain：the current problems of modern neurophysiology（1945）, Motor Control, Vol.2, pp. 283-305（1998）

59) D. Ilngle：The Co-ordination and Regulation of Movements, Papers translated from Russian and German. N. Bernstein. Pergamon, New York, 1967. xii + 196 pp., illus. $8, Science, Vol.159, pp. 415-416（1968）
60) Mark L. Latash：Progress in Motor Control：Structure-Function Relations in Voluntary Movements, Human Kinetics Publisjers（2002）
61) Nicholai A. Bernstein：Dexterity and Its Development（Resources for Ecological Psychology）, Psychology Press（1996）
62) Emmanuel Guigon, Pierre Baraduc, Michel Desmurget：Computational motor control：redundancy and invariance, Journal of Neurophysiology, Vol.97, pp. 331-347（2007）
63) Mark L. Latash, Mindy F. Levin, John P. Scholz, and Gregor Schöner：Motor control theories and their applications, Medicina（Kaunas）, Vol.46, pp. 382-392（2010）
64) Emanuel Todorov：Optimality principles in sensorimotor control, Nature Neuroscience, Vol.7, pp. 907-915（2004）
65) Ahmet Erdemir, Scott McLean, Walter Herzog, Antonie J. van den Bogert：Model-based estimation of muscle forces exerted during movements, Clinical Biomechanics（Bristol, Avon）, Vol.22, pp. 131-154（2007）
66) Richard R. Neptune, Craig P. McGowan, and Steven A. Kautz：Forward dynamics simulations provide insight into muscle mechanical work during human locomotion, Exercise and Sport Sciences Reviews, Vol.37, pp. 203-210（2009）
67) Scott L. Delp, Joy P. Ku, Vijay S. Pande, Michael A. Sherman, and Russ B. Altman：Simbios：an NIH national center for physics-based simulation of biological structures, Journal of the American Medical Informatics Association, Vol.19, pp. 186-189（2012）
68) Joseph C. Arezzo, Herbert H. Schaumburg, and Peter S. Spencer：Structure and function of the somatosensory system：a neurotoxicological perspective, Environmental Health Perspectives, Vol.44, pp. 23-30（1982）
69) Wilder Penfield and Edwin Boldrey：SOMATIC MOTOR AND SENSORY REPRESENTATION IN THE CEREBRAL CORTEX OF MAN AS STUDIED BY ELECTRICAL STIMULATION, Brain, Vol.60, Issue 4, pp. 389-443（1937）
70) Titus Lucretius Carus：Lucretius：On the Nature of Things, Forgotten Books（2007）
71) Stanley Finger：Origins of Neuroscience：A History of Explorations into Brain Function, Oxford University Press, USA（2001）
72) Willam Feindel：The physiologist and the neurosurgeon：the enduring influence of Charles Sherrington on the career of Wilder Penfield, Brain, Vol.130, Issue 11, pp. 2758-2765（2007）
73) 福田 淳 監修，高雄元晴，榊原 学，内藤誠一郎，堀越哲郎，尾関智子：神経情報科学入門―初学者からITエンジニアまで―, p. 116, コロナ社（2009）
74) Felix Blankenburg, Jan Ruben, Robert Meyer, Jessica Schwiemann, and Arno Villringer：Evidence for a rostral-to-caudal somatotopic organization in human primary somatosensory cortex with mirror-reversal in areas 3b and 1, Cerebral Cortex, Vol.13, Issue 9, pp. 987-993（2003）
75) Andreas Zembrzycki, Shen-Ju Chou, Ruth Ashery-Padan, Anastassia Stoykova, and Dennis D. M. O'Leary：Sensory cortex limits cortical maps and drives top-down plasticity in thalamocortical circuits, Nature Neuroscience, Vol. 16, No.8, pp. 1060-1067（2013）

76) Massimo Sartori, Leonardo Gizzi, David G. Lloyd, and Dario Farina : A musculoskeletal model of human locomotion driven by a low dimensional set of impulsive excitation primitives, Frontiers in Computational Neuroscience, Vol.7, Article 79 (2013)
77) Yoshihiko Nakamura, Katsumi Yamane, Yuusuke Fujita, and Ichiro Suzuki : Somatosensory computation for man-machine interface from motion-capture data and musculoskeletal human model, IEEE Transactions on Robotics, Vol.21, No.1, pp. 58-66 (2005)
78) Anna Belgrano, Ljiljana Rakicevic, Lorenza Mittempergher, Stefano Campanaro, Valentina C. Martinelli, Vincent Mouly, Giorgio Valle, Snezana Kojic, Georgine Faulkner : Multi-tasking role of the mechanosensing protein Ankrd2 in the signaling network of striated muscle, PLoS One, Vol.6, Isuue 10, Article e25519 (2011)
79) John W. Rumsey, Mainak Das, Abhijeet Bhalkikar, Maria Stancescu, and James J. Hickman : Tissue engineering the mechanosensory circuit of the stretch reflex arc : sensory neuron innervation of intrafusal muscle fibers, Biomaterials, Vol.31, pp. 8218-8227 (2010)
80) Anthony J. F. Griffiths, Jeffrey H. Miller, and David T. Suzuki : Genetic variation, An Introduction to Genetic Analysis, 7th edition (2000)
Available : http://www.ncbi.nlm.nih.gov/books/NBK22007/
81) Massimo Pigliucci : Genotype-phenotype mapping and the end of the 'genes as blueprint' metaphor, Philosophical Transactions of the Royal Society of London Series B-Biological Sciences, Vol.365, pp. 557-566 (2010)
82) Christian Braendle, Charles F. Baer, Marie-Anne Félix : Bias and Evolution of the Mutationally Accessible Phenotypic Space in a Developmental System, PLoS Genetics, Vol.6, Issue 3, Article e1000877 (2010)
83) Roy C.P. Kerckhoffs, Sanjiv M. Narayan, Jeffrey H. Omens, Lawrence J. Mulligan, Andrew D. McCulloch : Computational modeling for bedside application, Heart Failure Clinics, Vol.4, Issue 3, pp. 371-378 (2008)
84) Paul Cheshire, Lenka Lhotska, and Peter Pharow : Virtual physiological human and its role for advanced pHealth service provision, Studies in Health Technology and Informatics, Vol.189, pp. 33-37 (2013)
85) Jonathan Cooper, Frederic Cervenansky, Gianni De Fabritiis, John Fenner, Denis Friboulet, Toni Giorgino, Steven Manos, Yves Martelli, Jordi Villà-Freixa, Stefan Zasada, Sharon Lloyd, Keith McCormack, and Peter V. Coveney : The Virtual Physiological Human ToolKit, Philosophical Transactons of the Royal Society A-Mathematical Physical & Engineering Sciences, Vol.368, pp. 3925-3936 (2010)
86) Qian Liu, Bo Wu, Shaoqun Zeng, Qingming Luo : Human physiome based on the high-resolution dataset of human body structure, Progress in Natural Science, Vol.18, pp. 921-925 (2008)
87) Carolyn Ptak and Arturas Petronis : Epigenetics and complex disease : from etiology to new therapeutics, Annual Review of Pharmacology and Toxicology, Vol.48, pp. 257-276 (2008)
88) German National Contact Point : The Impact of Immigration on Germany's Society, (Ed.) Migration and Integration Research Department 90343, Nu ̈ rnberg, Germany : Federal Office for Migration and Refugees Migration and Integration Research Department (2005)
89) Steve Collins, Andy Ruina, Russ Tedrake, Martijn Wisse : Efficient bipedal robots based on

passive-dynamic walkers, Science, Vol.307, pp. 1082-1085（2005）

90) Masatoshi Nei：Mutation-Driven Evolution, Oxford University Press（2013）
91) Naruya Saitou and Masatoshi Nei：The neighbor-joining method：a new method for reconstructing phylogenetic trees, Molecular Biology and Evolution, Vol.4, pp. 406-425（1987）
92) Motoo Kimura：Evolutionary rate at the molecular level, Nature, Vol.217, pp. 624-626（1968）
93) James F. Crow：Motoo Kimura. 13 November 1924-13 November 1994：Elected For.Mem.R.S. 1993, Biographical Memoirs of Fellows of the Royal Society, Vol.43, pp. 255-265（1997）
94) Hans Leemhuis, Viktor Stein, Andrew D. Griffiths, Florian Hollfelder：New genotype-phenotype linkages for directed evolution of functional proteins, Current opinion in structural biology, Vol.15, No.4, pp. 472-478（2005）
95) Y. X. Qin, H. Lam, S. Ferreri, and C. Rubin, Dynamic skeletal muscle stimulation and its potential in bone adaptation, Journal of musculoskeletal & neuronal interactions, Vol.10, pp. 12-24（2010）
96) Graham Taylor and Adrian Thomas：Evolutionary Biomechanics：Selection, Phylogeny, and Constraint, Oxford University Press（2014）
97) Steven Vogel：Comparative Biomechanics：Life's Physical World（Second Edition）, Princeton University Press（2013）
98) Geoffrey G. Handsfield, Craig H. Meyer, Joseph M. Hart, Mark F. Abel, and Silvia S. Blemker：Relationships of 35 lower limb muscles to height and body mass quantified using MRI, Journal of Biomechanics, Vol.47, pp. 631-638（2014）
99) Katherine R. S. Holzbaur, Wendy M. Murray, Garry E. Gold, and Scott L. Delp：Upper limb muscle volumes in adult subjects, Journal of biomechanics, Vol.40, Issue 4, pp. 742-749（2007）
100) Wolfgang Hofkirchner：Emergent Information：A Unified Theory of Information Framework, World Scientific Publishing Company Inc.（2013）

6
高速ビッグデータマイニングへの展開

本章では，タンパク質の空間構造に着目し，タンパク質の立体構造に関するさまざまな空間データ処理の方法について紹介した後，それらのデータ処理を高速化するために重要と思われる情報処理技術について紹介する．空間データ処理としては，類似性検索の一種である類似構造検索，立体構造の予測，機能の予測，分子動力学法について紹介する．このような処理は，NP困難な問題あるいは大容量のデータ処理を含んでいるため，高速処理の技術が重要である．ここでは，サフィックス木によるデータの構造化，データ処理に大容量のメモリを必要とする場合のバッファ管理方式，複数のコンピュータを利用した並列処理方法の三つの高速化アプローチについて紹介する．

6.1 タンパク質立体構造

これまでは，表6.1に示すように，塩基配列やアミノ酸配列を入力データとし，相同性検索を含む類似配列検索（3.1節），プロファイルやモチーフの抽出法による機能部位予測（3.5節），分子進化系統樹の推定（4.3節と4.4節）について紹介してきた．しかしながら，塩基配列やアミノ酸配列は，文字列データの一種であり，タンパク質立体構造に特有な空間座標のデータが含まれていない．このため，これまでの手法をタンパク質立体構造に用いることはできない．タンパク質立体構造は，空間データの一種であり，タンパク質を構成する原子の空間座標を一列に並べたデータである．以下に，タンパク質立体構造について，簡単

表6.1 問題の種別ごとの処理方法

入力データ \ 問題の種別	類似配列検索	分子進化系統樹	モチーフ抽出	構造予測	機能予測	機能部位の解析
塩基配列やアミノ酸配列	整列化処理やプロファイルなど	UPGMA法や近隣結合法など	ギブスサンプリング法や期待値最大化法など	フォールド認識法や機械学習など	機械学習	—
タンパク質の立体構造	—	—	—	—	類似構造検索（RMSDや構造整列化など）	ポケット形状の探索やドッキング計算など

に紹介する。

　タンパク質立体構造におけるアミノ酸は，**主鎖**（main chain）と**側鎖**（side chain）の部分に分けられる。**図 6.1** に示すとおり，主鎖はどのアミノ酸にも共通に存在する部分（-NH-CH-CO-）を意味し，主鎖どうしは，**ペプチド結合**（-C-N-）により鎖状に連結されている。側鎖は，アミノ酸の種類ごとに異なる部分（図中の R_1, R_2, R_3）であり，この部分でアミノ酸の性質が決まる。アミノ酸配列の両端は同じ構造を持たず，NH_2 を持つ末端を **N 末端**（N terminal，アミノ末端），COOH を持つ末端を **C 末端**（C terminal，カルボキシル末端）と呼ぶ。アミノ酸配列は，N 末端から C 末端に向かって表記することになっている。

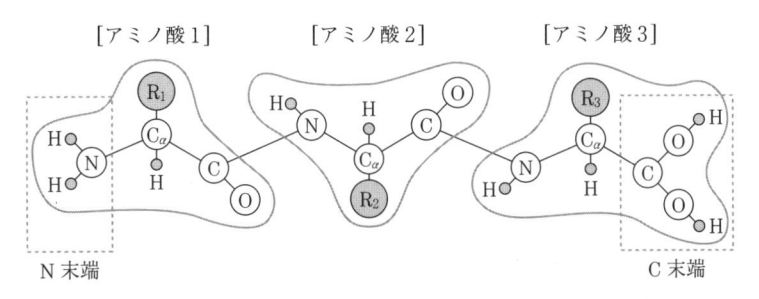

図 6.1　主鎖と側鎖

　タンパク質立体構造におけるアミノ酸残基間距離の計算には，C_α 原子間距離を利用する場合が多い。また，タンパク質立体構造の C_α 原子の座標位置だけを抜き出して，N 末端から C 末端に並べた**座標配列**（coordinate sequence）を構成することができる。この座標配列をもとに，座標間をワイヤで結んだモデルは，おおまかな主鎖間のつながりの様子が表現されており，**バックボーンモデル**（backbone model）と呼ばれている。

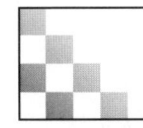

6.2　類似構造検索

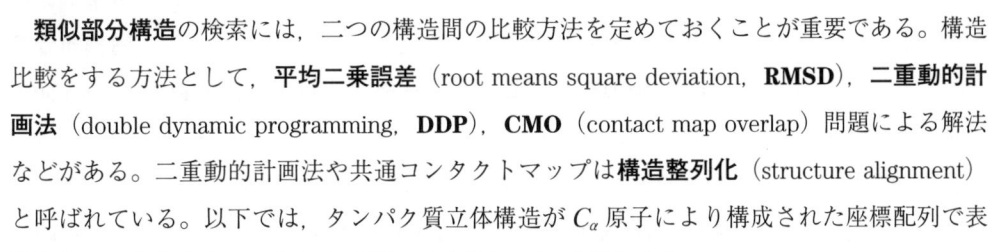

　類似部分構造の検索には，二つの構造間の比較方法を定めておくことが重要である。構造比較をする方法として，**平均二乗誤差**（root means square deviation，**RMSD**），**二重動的計画法**（double dynamic programming，**DDP**），**CMO**（contact map overlap）問題による解法などがある。二重動的計画法や共通コンタクトマップは**構造整列化**（structure alignment）と呼ばれている。以下では，タンパク質立体構造が C_α 原子により構成された座標配列で表現されているとみなし，これらの三つの方法について紹介する。

6.2.1　平均二乗誤差

　RMSD は，**座標配列長**が等しい二つのタンパク質立体構造の非類似度を計算する方法であ

る。この方法では，一方の座標配列から他方の座標配列へ点座標を1対1に対応させることにより，**比較ペア**を決めたあとで，両者の構造をうまく重ね合わせる方法が用いられている。

2本の座標配列を $P=(p_1 p_2 \cdots p_N)$ および $Q=(q_1 q_2 \cdots q_N)$ とし，両者の構造を比較してみよう。ただし，p_i，q_i を3次元列ベクトルとし，N を座標配列長とする。また，構造比較においては，座標配列上の同じ位置（N末端から数えた座標番号）にある点座標どうしを比較ペアとする。すなわち，p_i と q_i を対応させる（$1 \leq i \leq N$）。座標配列 P を固定し，Q に回転および並行移動を与え，p_i と q_i の距離の総和が最小となる位置を計算する。このときの，R をある**回転行列**，v をある**並行移動ベクトル**とし，$E(P, Q, R, v) = \sqrt{\sum_{i=1}^{N} \| p_i - (R q_i + v) \|^2 / N}$ とおくと，P と Q のRMSD値は，R と v を変化させ，$E(P, Q, R, v)$ が最小となる値として定義される。

$$RMSD(P, Q) = \min_{R, v} \{ E(P, Q, R, v) \}$$
$$= \min_{R, v} \left\{ \sqrt{\frac{\sum_{i=1}^{N} \| p_i - (R q_i + v) \|^2}{N}} \right\} \quad (6.1)$$

ただし，(R_0, v_0) を $E(P, Q, R, v)$ に最小値を与える回転行列と並行移動ベクトルの組みとすると，$(R_0, v_0) = \mathrm{argmin}_{R, v} \{ E(P, Q, R, v) \}$ を満たす。

二つの座標配列 P および Q のそれぞれの重心を M_P および M_Q とし，それらの重心を原点に並行移動したときの座標配列をそれぞれ P' および Q' とすると，式(6.1)は次式のように簡単になる。

$$RMSD(P, Q) = RMSD(P', Q') = \min_R \{ E(P', Q', R) \}$$
$$= \min_R \left\{ \frac{\sqrt{\sum_{i=1}^{N} \| p_i' - (R q_i') \|^2}}{N} \right\} \quad (6.2)$$

したがって，式(6.1)の最小化問題は，式(6.2)に含まれる $f(R) = \sum_{i=1}^{N} \| p_i' - (R q_i') \|^2 / N$ を最小化する回転行列 R' を求める問題に帰着される。この問題の解法には，**特異値分解**（singular value decomposition, **SVD**）によるアプローチ[1〜3]および**四元数**（quaternion, クォータニオン）によるアプローチ[4,5]がある。ここでは，前者について紹介する。

特異値分解によるアプローチでは，$f(R)$ の R をつぎのように計算することができる。$H = \sum_{i=1}^{N} q_i' \cdot {}^t p$ とし，H のSVDを計算して $H = U \cdot \Lambda \cdot {}^t V$ が求まったとすると，$R = V \cdot {}^t U$ を計算することにより，$f(R)$ を最小化する R が得られる[1,2]。

図6.2 に表示される2本の座標配列について，RMSDを計算してみよう。**図6.3** はそれらの座標配列を行列表現したものである。P, Q の**重心**は，それぞれ，以下のとおりである。

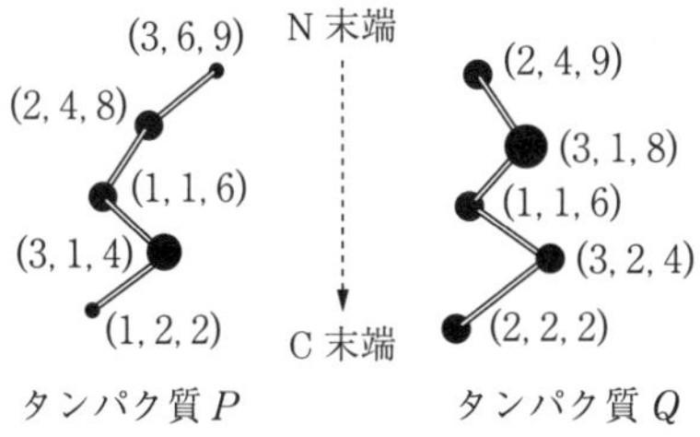

図 6.2 2本の座標配列の例　　**図 6.3** 座標配列の行列表現

$$P=(p_1\ p_2\ p_3\ p_4\ p_5)=\begin{pmatrix} 3 & 2 & 1 & 3 & 1 \\ 6 & 4 & 1 & 1 & 2 \\ 9 & 8 & 6 & 4 & 2 \end{pmatrix}$$

$$Q=(q_1\ q_2\ q_3\ q_4\ q_5)=\begin{pmatrix} 2 & 3 & 1 & 3 & 2 \\ 4 & 1 & 1 & 2 & 2 \\ 9 & 8 & 6 & 4 & 2 \end{pmatrix}$$

$$M_P=\begin{pmatrix} 2.0 \\ 2.8 \\ 5.8 \end{pmatrix},\qquad M_Q=\begin{pmatrix} 2.2 \\ 2.0 \\ 5.8 \end{pmatrix}$$

P, Q の重心をそれぞれ原点に**並行移動**した行列 P', Q' は，以下のとおりである．

$$P'=\begin{pmatrix} 1.0 & 0.0 & -1.0 & 1.0 & -1.0 \\ 3.2 & 1.2 & -1.8 & -1.8 & 0.8 \\ 3.2 & 2.2 & 0.2 & -1.8 & -3.8 \end{pmatrix}$$

$$Q'=\begin{pmatrix} -0.2 & 0.8 & -1.2 & 0.8 & -0.2 \\ 2.0 & -1.0 & -1.0 & 0.0 & 0.0 \\ 3.2 & 2.2 & 0.2 & -0.8 & -3.8 \end{pmatrix}$$

P' と ${}^tQ'$ により，$H=\sum_{i=1}^{5}q_i'\cdot{}^tp_i'$ を計算すると，以下のとおりである．

$$H=\begin{pmatrix} 2.0 & 1.2 & 0.2 \\ 3.0 & 7.0 & 4.0 \\ 5.0 & 18.8 & 32.8 \end{pmatrix}$$

この行列 H を**特異値分解**（$H=U\Lambda{}^tV$）すると，以下のとおりである．

$$U=\begin{pmatrix} -0.027 & -0.369 & -0.929 \\ -0.190 & -0.910 & 0.368 \\ -0.981 & 0.187 & -0.045 \end{pmatrix},\qquad \Lambda=\begin{pmatrix} 38.849 & 0 & 0 \\ 0 & 4.813 & 0 \\ 0 & 0 & 1.171 \end{pmatrix},$$

$${}^tV=\begin{pmatrix} -0.142 & -0.510 & -0.848 \\ -0.527 & -0.686 & 0.501 \\ -0.838 & 0.518 & -0.171 \end{pmatrix}$$

特異値分解の結果を用いて，回転行列 $R=V\cdot{}^tU$ を計算すると，以下のとおりである．

$$R=\begin{pmatrix} 0.977 & 0.199 & 0.079 \\ -0.214 & 0.912 & 0.349 \\ -0.003 & -0.358 & 0.934 \end{pmatrix}$$

$P'-R\cdot Q'$ を計算すると，以下のとおりである．

$$P' - R \cdot Q' = \begin{pmatrix} 0.544 & -0.757 & 0.355 & 0.361 & -0.503 \\ 0.216 & 1.516 & -1.214 & -1.000 & 0.483 \\ 0.927 & -0.210 & -0.348 & -0.117 & -0.252 \end{pmatrix}$$

これにより，$f(R) = \sum_{i=1}^{5} \|p_i' - (Rq_i')\|^2 / 5$ を計算すると，以下のとおりである。

$$f(R) = \frac{(1.201 + 2.916 + 1.721 + 1.146 + 0.550)}{5} = 1.507$$

$f(R)$ の平方根を計算すると，$RMSD(P, Q) = RMSD(P', Q') = 1.228$ が得られる。

6.2.2 二重動的計画法

二重動的計画法[6),7)] (double dynamic programming, **DDP**) は，座標配列長が異なる二つの立体構造 A および B に対する構造整列化のために，2段階にわたり動的計画法を適用する方法である。これにより，タンパク質の立体構造どうしを整列化すると，タンパク質の立体構造間の類似度が計算される。この二重動的計画法を実装した構造整列化システムとして，古くから **SSAP**（sequential structure alignment program）が知られている[8)]。

第一段階では，タンパク質立体構造内の残基ごとにその**局所環境**（local environment）に着目し，第二段階では，構造全体に着目する。ここでは，二つの立体構造 A および B の間で対応づけ可能な残基ペアを $(A[i], B[j])$ と表記する（$1 \leq i \leq M, 1 \leq j \leq N$）。

〔1〕**局所環境** 残基 $A[i]$ の局所環境[9)]とは，その側鎖 R_i の中心から**距離閾値**（distance cut-off）を半径とする球を描き，その球の中に含まれる他の残基の側鎖の集まりを意味する（$1 \leq i \leq M$）。この球に含まれない側鎖は残基 $A[i]$ の局所環境から排除される。**図 6.4** では，N末端からC末端を結ぶ1本の曲線が主鎖の C_α 原子間を結んだバックボーンであり，その曲線に接続されている丸印は側鎖である。五つの側鎖 a, b, c, d, e の集まりが残基 i の局所環境 $N(A[i])$ に該当する。すなわち，$N(A[i]) = \{a, b, c, d, e\}$ を意味する。これらの五つの側鎖のそれぞれの中心から側鎖 R_i の中心までの距離は，距離閾値 ε 以内に

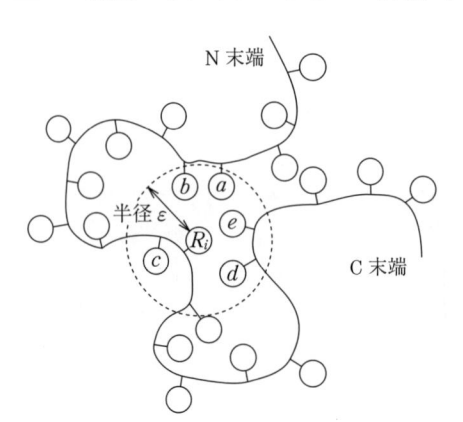

図 6.4 側鎖 R_i を持つ残基 $A[i]$ の局所環境の例

ある。$\varepsilon = 12$ Å が採用されている。

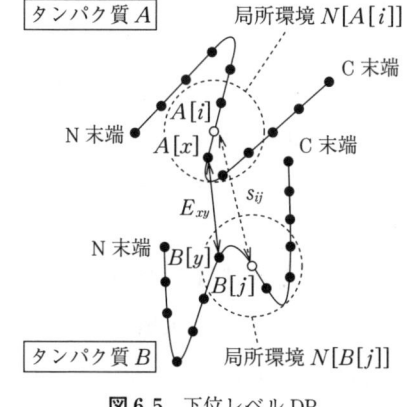

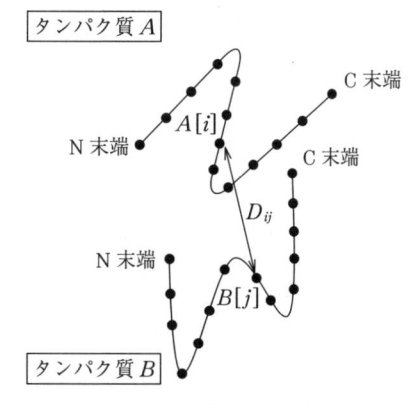

〔2〕 **下位レベル DP と上位レベル DP**　二重動的計画法では，第一段階で**下位レベル DP**（lower level DP）を適用後，第二段階で**上位レベル DP**（upper level DP）を適用する。下位レベル DP とで計算される局所環境の間の類似度スコアは上位レベル DP で利用され，高レベル DP により構造全体の間の類似度スコアが計算される。以下では，各段階における処理方法について説明する。

〔a〕 **第一段階（下位レベル DP）**　残基 $A[i]$ と残基 $B[j]$ のそれぞれの局所環境を $N(A[i])$, $N(B[j])$ と表記する（$1 \leq i \leq M, 1 \leq j \leq N$）。ただし，$N(A[i])$ と $N(B[j])$ の要素は，それぞれバックボーンに沿って N 末端から C 末端に並べられ 1 から始まる番号が順にふられているとする。すなわち，二つの局所環境内のそれぞれの要素を $x \in N(A[i])$ および $y \in N(B[j])$ と表記すると，$1 \leq x \leq L_i$, $1 \leq y \leq L_j$, $L_i = |N(A[i])|$, $L_j = |N(B[j])|$ を満たす。ここでは，$N(A[i])$ と $N(B[j])$ の間の類似度 $s(i, j)$ を動的計画法により計算する（$1 \leq i \leq M, 1 \leq j \leq N$）。

図 6.5 に表示される残基ペア $(A[i], B[j])$ について考えてみよう。この図では，残基を黒丸と白丸で表し，$A[i]$ と $B[j]$ のそれぞれについて，局所環境の中心を白丸で表示している。$N(A[i])$ と $N(B[j])$ の間の類似度 $s(i, j)$ を動的計画法により計算するためには，残基 $A[x] \in N(A[i])$ と $B[y] \in N(B[j])$ に対する類似度のスコア関数 $e(x, y)$ が必要であり，$e(x, y)$ の定義には次式が用いられている。

$$e(x, y) = \frac{a}{\left(d(A[i], A[x]) - d(B[j], B[y])\right)^2 + b} \tag{6.3}$$

図 6.5　下位レベル DP

図 6.6　上位レベル DP

$d(A[i], A[x])$ は，残基 $A[i]$ の側鎖と残基 $A[x]$ の側鎖との間の**中心間距離**（center-to-center distance）である。$d(B[j], B[y])$ は，残基 $B[j]$ の側鎖と残基 $B[y]$ の側鎖との間の中心間距離である。a と b は定数であり，それぞれ，50.0 と 2.0 が採用されている。

二つの局所環境 $N(A[i])$ および $N(B[j])$ のあいだの類似度 $s(i, j)$ は，次式の動的計画

法により計算可能である。

$$E[x, y] = e(x, y) + \max\{E[x+1, y+1], E[x, y+1] - g, E[x+1, y] - g\} \quad (6.4)$$

ただし，x および y は，それぞれ，残基 $A[i]$ および $B[j]$ の局所環境内に存在する残基に付与した番号であり，$x \in N(A[i])$ および $y \in N(B[j])$ を満たす（$1 \leq x \leq L_i, 1 \leq y \leq L_j$）。また，パラメータ g はギャップペナルティであり，その値として，5.0 が採用されている。初期値については $E[L_i+1, L_j+1] = 0$ に設定する。基底条件については，類似構造検索や類似構造比較が全域的な場合には，$E[i, L_j+1] = -(L_i - i + 1) \times g$ および $E[L_i+1, j] = -(L_j - j + 1) \times g$ に設定し，局所的な場合には，$E[i, L_j+1] = 0$ および $E[L_i+1, j] = 0$ に設定する。

式 (6.4) の計算は，累積類似度行列の右下から左上に向かって行われる。全域的な構造比較の場合，$E[1, 1]$ が最大値であり，これを $N(A[i])$ と $N(B[j])$ のあいだの類似度スコア $s(i, j)$ として利用する（$1 \leq i \leq M, 1 \leq j \leq N$）。式 (6.4) による動的計画法を $M \times N$ 回も適用することにより，すべての類似度スコア $s(i, j)$ を計算することができ，これらは第 2 段階の処理で利用される（$1 \leq i \leq M, 1 \leq j \leq N$）。

この段階における動的計画法の適用回数を減らすために，近似的な方法が見出されている。二つの残基 $A[i]$，$B[j]$ のそれぞれに対する局所環境 $N(A[i])$，$N(B[j])$ がたがいに同じであれば，局所環境内の残基数が同じである。この考え方を用いると，式 (6.4) を適用せずとも近似的に $s(i, j) = 0$ と設定できる場合がある[9]。

〔b〕 **第二段階（上位レベル DP）** 図 6.6 に表示されるように，二つのタンパク質 A および B に対して，動的計画法を適用する。$N(A[i])$ と $N(B[j])$ の間の類似度スコア $s(i, j)$ を，$A[i]$ と $B[j]$ に対する類似度のスコア関数としよう。次式により，立体構造間の類似度スコア $D[i, j]$ を計算することができる（$1 \leq i \leq M, 1 \leq j \leq N$）。

$$D[i, j] = s(i, j) + \max\{D[i+1, j+1], D[i, j+1] - g, D[i+1, j] - g\} \quad (6.5)$$

ただし，g はギャップペナルティであり，その値として，5.0 が採用されている。また，初期値 $D[M+1, N+1]$ や基底条件 $D[i, M+1]$，$D[N+1, j]$ については，第一段階の計算で採用した値を設定する。

式 (6.5) の計算により得られる最大の類似度スコアは，立体構造 A と B の間の類似度である。また，行列 $D[i, j]$ に対して，トレースバック（左上から右下へ実施される）を適用することにより，バックボーンに沿った最適な構造整列が得られる。

Standley らは，以上で紹介した二重動的計画法を用いて，**NER**（number of equivalent residues，等価残基数）に基づく新しいスコア関数（ASH スコア関数と呼ばれている）を導入した構造整列化システムを開発している[10],[11]。そのシステムは，**ASH**（alignment of structural homology）と呼ばれている。

6.2.3 CMO 問題

二つの立体構造 A および B に対する構造整列化はある種の最適化問題を解く方法である。**CMO 問題**（contact map overlap problem）とは，この最適化問題を**コンタクトマップ**（contact map）と呼ばれる概念を用いて定式化したものを意味する。この定式化では，コンタクトマップを用いて，**共通コンタクト**（equivalent contact edges）の数が最大となるように A の残基と B の残基との写像（1 対 1 の対応づけ）を探し出す最適化問題としてとらえられている[12),13)]。

本項では，この最適化問題を解くために重要な概念として，コンタクトマップ，写像エッジ集合，共通コンタクトについて紹介し，CMO 問題の意味を理解する。

〔1〕 **コンタクトマップ**　コンタクトマップとは，タンパク質の立体構造上の残基をグラフの頂点とし，ある閾値 Θ に基づき，3 次元空間上で近接すると判断される頂点どうしをエッジ（辺）で結んだ**無向グラフ**を意味する。

以下では，便宜上，このコンタクトマップを**有向グラフ** $G(V, E)$ として扱う。ただし，V および E は，それぞれコンタクトマップにおける頂点の集合およびエッジ（辺）の集合である。E に含まれるエッジは**コンタクトエッジ**（contact edge）と呼ばれるが，コンタクトエッジの両端にある頂点どうしは N 末端側から C 末端側へ結合されているとみなす。これは，**座標配列**上で隣接する頂点どうしをエッジで結ぶことを意味するものではないことに注意されたい。

図 6.7 にタンパク質 A の立体構造に対するコンタクトマップ $G(V_A, E_A)$ の例を表示する。ただし，$V_A = \{A[1], A[2], A[3], A[4], A[5]\}$，$E_A = \{(A[1], A[3]), (A[3], A[5]), (A[1], A[5])\}$ を満たす。図の破線で描かれた円は，残基 $A[3]$ の中心から閾値 Θ 内にある領域を意味する。この円内に入る残基は $A[1]$ と $A[5]$ のみであるため，このコンタクトマップでは，残基 $A[3]$ に関係するコンタクトエッジは $(A[1], A[3])$ および $(A[3], A[5])$ の二つである。同様に，他の残基として $A[1]$ を選択すると，これに関するコンタクトエッジは $(A[1], A[3])$ および $(A[1], A[5])$ であることから，新たに一つのエッジ $(A[1], A[5])$ が見つかる。

（a）タンパク質 A　　　　　（b）コンタクトマップ

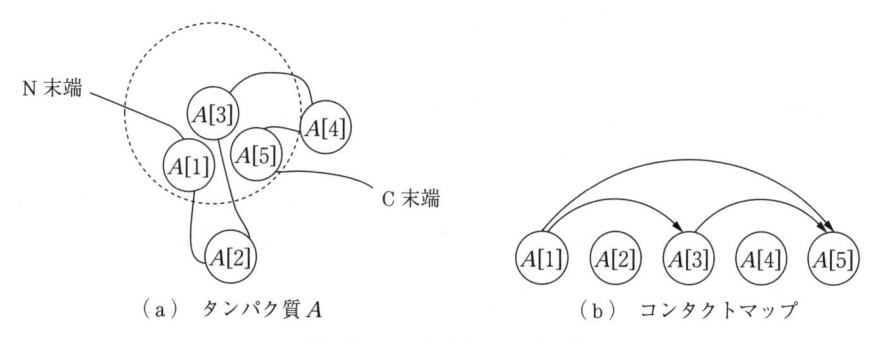

図 6.7　コンタクトマップの例

〔2〕 **写像エッジ集合**　二つのコンタクトマップ $G(V_A, E_A)$ と $G(V_B, E_B)$ に対して，同じ頂点数を持つ二つの部分集合 $SubV_A \subseteqq V_A$ および $SubV_B \subseteqq V_B$ について考えてみよう．**図6.8**は，二つのタンパク質AとBに対するコンタクトマップ $G(V_A, E_A)$，$G(V_B, E_B)$ を表示したものである．頂点どうしを結ぶ破線は写像エッジと呼ばれ，二つの部分集合 $SubV_A = \{A[1], A[3], A[5]\}$ および $SubV_B = \{B[1], B[3], B[4]\}$ の頂点どうしをN末端からC末端へ向かって順に対応づけたものである．それらの対応づけを集めたものを，**写像エッジ集合** ME と呼ぶことにする．なお，どの写像エッジ集合も，$SubV_A$ から $SubV_B$ への**全単射** ϕ となる．たとえば $N = |V_A| = |V_B|$ と仮定すると，V_A あるいは V_B の部分集合の数は空集合を除き $2^N - 1$ 個にもなることから，膨大な数の**写像エッジ集合**が存在することがわかる．

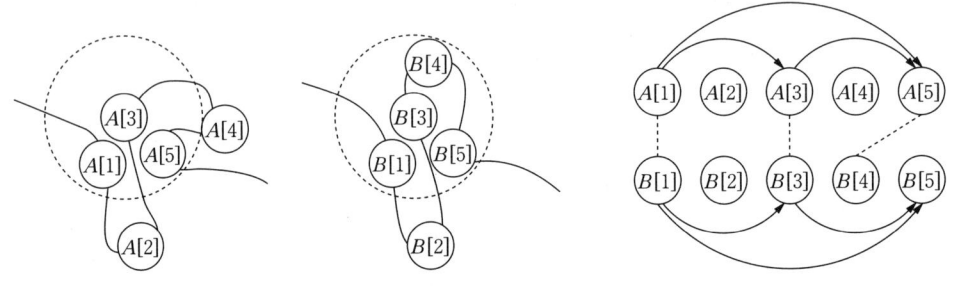

（a）タンパク質A　　（b）タンパク質B　　（c）タンパク質AとBのコンタクトマップ

（a）と（b）において破線で描かれている二つの円の中心は，それぞれ残基 $A[3]$ および $B[3]$ とする．

図6.8 共通コンタクトの例

〔3〕 **共通コンタクト**　ある写像 ϕ により対応づけられる二つの頂点ペア $((A[i], A[j]),\allowbreak (B[\phi(i)], B[\phi(j)]))$ が $(A[i], A[j]) \in E_A$ かつ $(B[\phi(i)], B[\phi(j)]) \in E_B$ を満たすとき，二つのコンタクトエッジのそれぞれを**共通コンタクト**（common contact）と呼ぶ．

図6.8を用いて，二つのコンタクトマップ $G(V_A, E_A)$ および $G(V_B, E_B)$ に対する共通コンタクトの例を示す．二つの頂点ペアとして V_A から $A[1]$ と $A[3]$，V_B から $B[1]$ と $B[3]$ を選択すると，タンパク質Aおよび Bのそれぞれに $(A[1], A[3]) \in E_A$ および $(B[1], B[3]) \in E_B$ のコンタクトエッジが存在するため，二つの頂点ペア $((A[1], A[3]), (B[1], B[3]))$ は共通コンタクトである．しかしながら，$((A[1], A[2]), (B[1], B[3]))$，$((A[1], A[5]), (B[1], B[4]))$，$((A[3], A[5]), (B[3], B[4]))$ は，$(A[1], A[2]) \notin E_A$，$(B[1], B[4]) \notin E_B$，$(B[3], B[4]) \notin E_B$ であるため，どれも共通コンタクトではない．

$G(V_A, E_A)$ と $G(V_B, E_B)$ に対して，ある写像エッジ集合 ME が定義されているとしよう．ME に含まれるどのエッジも共通コンタクトを持つとき，ME を**整列集合** AL と呼ぶ．CMO問題は，二つのコンタクトマップ $G(V_A, E_A)$ と $G(V_B, E_B)$ から生成される整列集合 AL のすべてから，共通コンタクトの数が最大になるような整列集合 AL^* を探索することにある．

図 6.9 の例を用いて，共通コンタクト数が最大となる整列集合 AL^* を求めてみよう。二つのコンタクトマップ $G(V_A, E_A)$, $G(V_B, E_B)$ について，頂点に関する部分集合として $SubV_A = \{3, 4, 5, 6, 7, 8, 9, 10\}$, $SubV_B = \{a, b, c, e, f, g, h, i\}$ を選択すると，写像エッジ集合は $ME = \{(3, a), (4, b), (5, c), (6, e), (7, f), (8, g), (9, h), (10, i)\}$ となる。写像エッジ $(3, a) \in ME$ の頂点 3 は写像エッジ $(7, f) \in ME$ の頂点 7 と接続するコンタクトエッジ $(3, 7)$ を持ち，同時に，$(3, a)$ の頂点 a は $(7, f)$ の頂点 f と接続するコンタクトエッジ (a, f) を持つ。したがって，写像エッジ $(3, a)$ は写像エッジ $(7, f)$ との間に共通コンタクトを持つといえる。同様に，ME 内の他の写像エッジについても，共通コンタクトを持つことがわかる。これにより，この写像エッジ ME は整列集合 AL となる。また，この整列集合の共通コンタクトの数は 8 であり，これ以上の数を持つ整列集合がほかに存在しないため，この整列集合が最適な整列集合 AL^* である。

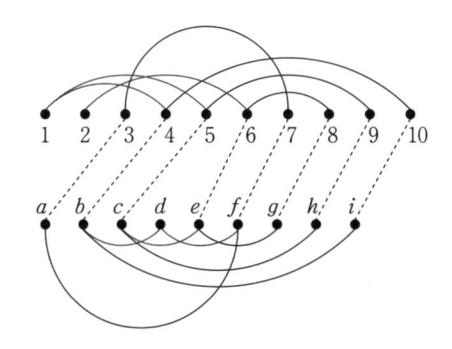

図 6.9 構造整列化の例

〔4〕 **CMO 問題の定義**　二つのタンパク質配列をそれぞれ $P_A = <12\cdots M>$, $P_B = <12\cdots N>$ とする。また，P_A, P_B のコンタクトマップを $G(V_A, E_A)$, $G(V_B, E_B)$ とする。ただし，$V_A = \{A[1], A[2], \cdots, A[M]\}$, $V_B = \{B[1], B[2], \cdots, B[N]\}$ とする。タンパク質 X のコンタクトマップ $G(V_X, E_X)$ を定義するコンタクトエッジ集合 E_X は，以下のように表記される。

$$E_X = \{(X[i], X[j]) \mid X[i], X[j] \in V_X, distance(i, j) \leq 閾値\ \Theta,\ 1 \leq i+1 < j \leq |X|\}$$

閾値 Θ は文献によってさまざまな値が採用されている。たとえば，Carr ら[14] は 4 Å を，Zaki ら[15] は 4 Å を，Lu ら[16] は 6.75 Å を使用している。また，Caprara ら[17] はいくつかの値を試している。

写像エッジ集合の定義については，つぎのとおりである。二つのコンタクトマップ $G(V_A, E_A)$ と $G(V_B, E_B)$ に対して，$SubV_A \subseteq V_A$, $SubV_B \subseteq V_B$, $|SubV_A| = |SubV_B|$ とするとき，$A[i] \in SubV_A$ から $B[j] \in SubV_B$ への全単射 ϕ を以下のように定義する。

$$\phi : i \mapsto j$$

ただし，$i_1 < i_2 \mapsto \phi(i_1) < \phi(i_2)$ という制約を満たすものとする。これにより，写像エッジ間には交差が許されないことになる。写像 $j = \phi(i)$ を満たす写像エッジ $(A[i], B[\phi(i)])$ の集合は，

$ME = \{(A[i], B[\phi(i)]) | A[i] \in SubV_A, B[\phi(i)] \in SubV_B\}$ と定義される。

以上により，CMO 問題は，以下のように定義される。

- 入力： P_A, P_B のそれぞれに対するコンタクトマップ $G(V_A, E_A)$, $G(V_B, E_B)$
- 出力： 以下のスコア $S_{CMO}(ME)$ を最大化する写像エッジ集合 ME^* の中で，どの写像エッジも共通コンタクトを持つ写像エッジ集合，すなわち，最適な整列集合 AL^*

$$S_{CMO}(ME) = \sum_{(A[i], B[\phi(i)]) \in ME, (A[j], B[\phi(j)]) \in ME, i+1 < j} f(A[i], A[j], B[\phi(i)], B[\phi(j)]);$$

$$f(A[i], A[j], B[\phi(i)], B[\phi(j)]) = \begin{cases} 1.0 & \text{for } (A[i], A[j]) \in E_A \text{ and } (B[\phi(i)], B[\phi(j)]) \in E_B \\ 0.0 & \text{otherwise} \end{cases}$$

ただし，ME は，$|SubV_A| = |SubV_B|$ を満たす二つの部分集合 $SubV_A \subseteq V_A$, $SubV_B \subseteq V_B$ から生成される。このような ME は非常に多く存在するため，ここでは，$S_{CMO}(ME)$ を最大化する ME^* を導入しているが，一般に ME^* は複数存在する。このため，複数の ME^* からどの写像エッジも共通コンタクトを持つ写像エッジ集合を選択し，それを P_A, P_B 間の最適な整列集合 AL^* として定義している。CMO 問題は，NP 困難[18]であるため，分枝限定法[14),19)]，ラグランジュ緩和法[20)]，線形計画法[17)] による解法のほかに，動的計画法[21),22)] や発見的手法[23)~26)] などによる解法が数多く研究されている。

6.3 タンパク質の構造や機能の予測

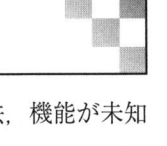

以下では，構造が未知のアミノ酸配列からタンパク質の構造を予測する方法，機能が未知のタンパク質構造から機能を予測する方法について紹介する。構造の予測については，プロファイル対プロファイル整列化に基づくフォールド認識法について紹介する。機能の予測については，類似構造検索による機能情報の取得と機能部位の解析に分け，それらの一般的な進め方について紹介する。

コラム

カメレオン配列

部分配列が同じでも，それが存在するタンパク質が異なれば，たがいに異なる二次構造（α ヘリックスや β シートなど）をとるアミノ酸配列を意味する。カメレオン配列の事例は多くない。この名前は，1996 年に Peter S. Kim らにより科学雑誌 Nature で紹介された。

6.3.1 アミノ酸配列からの構造予測

進化的に類縁関係にあるタンパク質どうしでは，アミノ酸配列が多少変化していても，それらの立体構造は類似している。このようなヒューリスティクスに基づき，構造が未知のアミノ酸配列から立体構造を予測する方法が数多く存在する。ただし，人工的に産生されたタンパク質やカメレオン配列はこのヒューリスティクスを満たさない可能性があることに注意されたい。以下では，このようなヒューリスティクスに基づく**フォールド認識法**（fold recognition，**FR**）と呼ばれる方法について紹介する。

フォールド認識法は，**3D-1D 整列化**（sequence-structure alignment）とも呼ばれるように，既知の立体構造と構造が未知のアミノ酸配列との整列化により類似度スコアを計算し，そのアミノ酸配列が形成すると予測される立体構造に類似する立体構造を立体構造データベース PDB から選択する方法である。これは，1990 年に提唱されたものであるが，1991 年に Bowie らが Science 誌[27),28)] で紹介して以来，**図 6.10** のイメージ図で表示されるように，既知構造 T と構造未知のアミノ酸配列 S との間の整列化の方法として，広く知られるようになった。現在では，さまざまな改良が加えられ，現在のフォールド認識法の多くは，アミノ酸配列データベースを利用した**プロファイル対プロファイルの整列化**[29),30)]（profile-to-profile alignment）が中心になっている。アミノ酸配列データベースとして，NCBI の **NR**（non-redundant database）をはじめとして，**SwissProt** や **UniProt** などが利用されている。

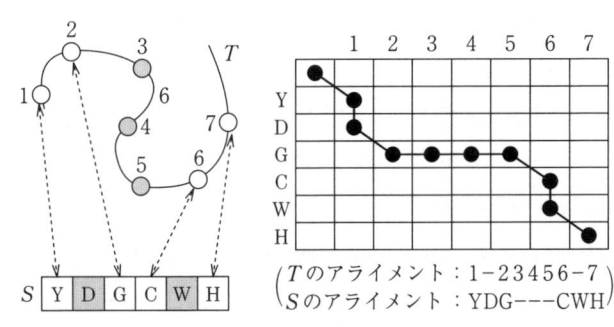

T は立体構造，S はアミノ酸配列であり，灰色（アミ部分）で強調した位置はギャップを意味する。

図 6.10 フォールド認識法のイメージ

以下では，構造未知のアミノ酸配列 $S = S[1..N]$ と既知構造 $T = T[1..M]$ とのあいだのプロファイル対プロファイル整列化によるフォールド認識法について紹介する。ただし，$S[i] = a$ は i 番目のアミノ酸残基 a を意味し，$T[j] = j$ は j 番目のアミノ酸に相当する（$1 \leq i \leq N$，$1 \leq j \leq M$）。

プロファイル対プロファイル整列化は，以下の手順で実施される。

（1）構造未知のアミノ酸配列 S に相同な配列をアミノ酸配列データベースから検索し，

その検索結果から3章の式 (3.15) で紹介した位置依存スコア行列 $PSSM_S(i, j)$ を作成し，構造未知のアミノ酸配列 S のプロファイルとする（$1 \leq i \leq 20, 1 \leq j \leq N$）．

（2） 立体構造のアミノ酸配列 T に相同な配列をアミノ酸配列データベースから検索し，その検索結果から位置依存スコア行列 $PSSM_T(i, j)$ を作成し，立体構造のアミノ酸配列 T のプロファイルとするする（$1 \leq i \leq 20, 1 \leq j \leq M$）．

（3） 次式の動的計画法により，類似度スコア $E[i, j]$ が最大となる全域的な整列化を実施する（$1 \leq i \leq N, 1 \leq j \leq M$）．

$$\left. \begin{array}{l} E(0, 0) = 0, \quad E(i, 0) = -i \times d, \quad E(0, j) = -j \times d, \\ E[i, j] = \max\{E[i-1, j-1] + f(S[i], T[j]), E[i, j-1] - d, E[i-1, j] - d\} \end{array} \right\} \quad (6.6)$$

ただし，d はギャップペナルティである．また，$f(S[i], T[j])$ は**位置スコア関数**（position score function）と呼ばれ，$PSSM_S(i, j)$ の i 列目のベクトルと $PSSM_T(i, j)$ の j 列目のベクトルとのあいだの類似度を意味する．これらの二つのベクトルに対するピアソン相関係数や内積は，どちらも類似度の性質を持つ尺度であるため，直接，位置スコア関数 $f(S[i], T[j])$ として利用可能である．

しかしながら，これらの二つのベクトルに対するユークリッド距離をはじめとして，ベクトルを分布に直した相互情報量やカルバックライブラー情報量などは，どれも非類似度の性質を持つ尺度である．このため，これらを位置スコア関数 $h(S[i], T[j])$ とする場合は，以下のように非類似度スコア $D[i, j]$ を最小とする式を利用しなければならない．

$$\left. \begin{array}{l} D(0, 0) = 0, \quad D(i, 0) = i \times d, \quad D(0, j) = j \times d, \\ D[i, j] = \min\{D[i-1, j-1] + h(S[i], T[j]), D[i, j-1] + d, D[i-1, j] + d\} \end{array} \right\} \quad (6.7)$$

フォールド認識法以外による構造予測の方法には，**タンパク質二次構造予測**（protein secondary structure prediction），**ホモロジーモデリング**（homology modeling）**法**，**フラグメントアセンブリ**（fragment assembly，**FA**）**法**，**アブイニシオ**（ab initio）**法**，**格子モデル**（lattice model）**法**などがある．タンパク質二次構造予測は，構造未知のアミノ酸配列の各部位がどのような二次構造（α ヘリックスや β ストランドなど）に含まれるのかを予測する方法である．ホモロジーモデリング法は，相同性検索により構造未知のアミノ酸配列に相同な構造既知のアミノ酸配列を収集し，構造未知のアミノ酸配列と相同なアミノ酸配列に対する多重整列を行って鋳型構造（テンプレート）を構築することで予測を進める方法である．構築された鋳型構造は，6.4 節で紹介する**分子動力学**（molecular dynamics，**MD**）**法**などにより最終構造が予測される．フラグメントアセンブリ法は，構造既知の断片をつなぎ合わせて立体構造の予測を進める方法であり，予測された構造の妥当性は**疎水性相互作用**などのエネルギーによって評価されている．アブイニシオ法は，物理学的原理を用いて立体構造を予測する方法である．格子モデル法は，ポテンシャルエネルギーが最小になるようにアミノ酸

の空間配置を推定する方法である．

6.3.2 構造からの機能予測

タンパク質の機能は，分子機能，生物学的プロセス，細胞膜の三つの広い領域で論じられている．分子機能は，酵素触媒のような分子レベルでの活性を意味する．生物学的プロセスは，ある代謝経路などに存在する分子機能の集まりによってもたらされる広範な機能を意味する．細胞膜は，タンパク質の分子機能が働く細胞の区画を意味する．以下では，タンパク質の分子機能に着目し，相同性やモチーフ等を用いて，機能が未知のタンパク質構造からタンパク質の機能を予測するアプローチ[31]について，**図6.11**の流れ図をもとに概観する．

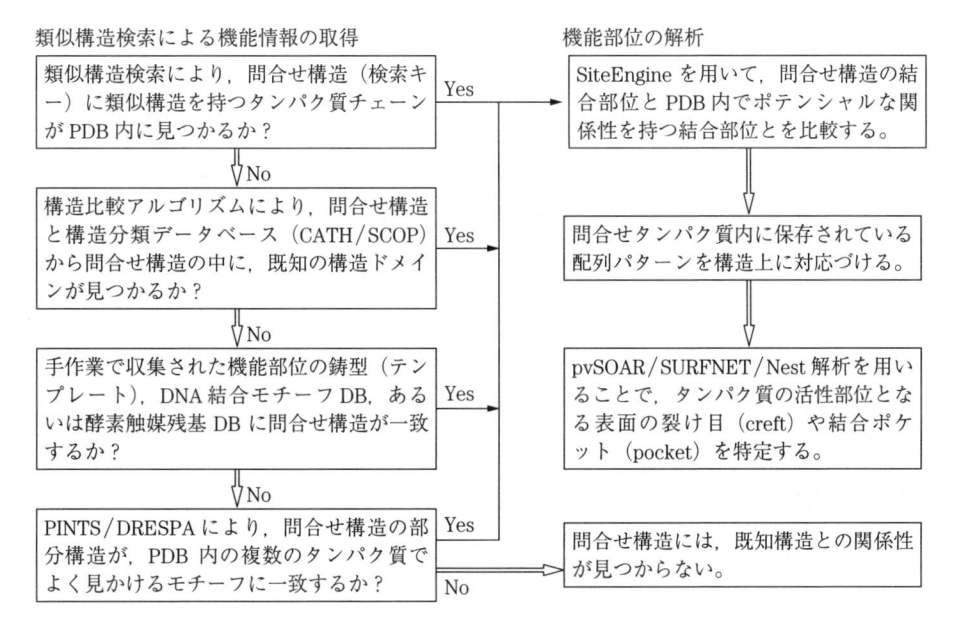

図6.11 機能予測の流れ図

一般に，アミノ酸全長にわたって二つのタンパク質の構造どうしが類似している場合は，同じ機能を持つ可能性が高い．このため，機能が未知の構造から機能を予測するアプローチでは，機能が未知のタンパク質構造を**問合せ構造**（検索キー）とし，類似構造検索により既知のタンパク質立体構造データベースPDBからグローバルな類似構造を持つタンパク質を見つけ出すことが先決となる．なお，Webサイトから利用可能な類似構造検索システムには，二次構造に基づく類似構造検索が可能なSSM[32]をはじめとして，立体構造比較に基づく類似構造検索が可能なCE[33],[34]やASH[35],[36]などが知られている．グローバルな類似構造として検索されるそのタンパク質の機能は，問合せ構造の機能と推測することができる．

グローバルな類似構造が見つからない場合でも，問合せ構造には，既知機能を持つ構造ドメインを含むかもしれない．DailiLite[37],[38]やCATHEDRAL[39],[40]などのような**構造比較アル**

ゴリズムは，問合せ構造とタンパク質の構造分類データベース（SCOPやCATHなど）を比較することにより，問合せ構造内の構造ドメインを検出することができる．問合せ構造内に構造ドメインが見つかれば，構造分類データベースに登録されている情報を用いて，その構造ドメインの機能を推測することができる．

このような方法で構造ドメインが検出されない場合でも，問合せ構造の機能部位は，人手により文献収集された既知の機能モチーフと比較することにより，多くの場合，その存在を確認することができる．また，その部位は，活性部位，結合部位，翻訳後修飾部位を探索するPDBSiteScan[41),42)]，あるいは**CSA**[43),44)]（Catalytic Site Atlas）と呼ばれる**酵素触媒残基データベース**を用いて検出することができる．なお，これらのシステムは，Webサイトから利用可能である．また，このようなWebサイトが利用できなくても，PINTS[45)]あるいはDRESPAT[46)]を用いて，機能的に類似すると予測される構造モチーフを識別することができる．

未知タンパク質の機能部位が，上記の技術のいずれかによって推測されると，機能部位の解析に入ることができる．推定上の結合部位については，既知の部位から成るライブラリー（データセット）と比較することができる．このライブラリーは，幾何学的な**ポケット形状**（化学的に結合しやすい形状）を探索するプログラム（SURFNETあるいはpvSOAR）[47),48)]を用いて構築されている．さらに，プログラム（SiteEngineあるいはNest analysis）[49)〜52)]を用いて，両者の物理化学的性質（荷電性や疎水性など）を比較することができる．予測された機能の部位が相互に探し出されているかどうかを見るために，保存されている配列パターン（**進化経路解析**あるいは配列の多重整列化により計算）は，問合せ構造と一致した構造の双方に対応づけすることができる．

6.3.3　機械学習と予測

タンパク質の構造や機能が未知の分子配列（塩基配列やアミノ酸配列）から構造や機能を予測する方法として，あらかじめ，構造や機能が既知の分子配列データを構造や機能の意味で同じグループに分類する**機械学習**（machine learning）の方法が知られている．構造や機能の分類ができれば，未知の分子配列が与えられたときに，それがどのグループに帰属するのかを予測することができる．ここでは，機械学習の一つである**サポートベクターマシン**（support vector machine，**SVM**）の仕組み[53),54)]について紹介し，分子配列データを扱うために有用な**カーネル法**（kernel method）について紹介する．なお，サポートベクターマシンの仕組みについては，行列を直接用いる**行列解法**と**反復計算アルゴリズム**による解法の二つについて紹介する．

〔1〕　**線形判別分析**　　図6.12の3次元ベクトルデータは，訓練データ，あるいは学習

6.3 タンパク質の構造や機能の予測

3次元ベクトルデータ

属性 データ名	s 軸	t 軸	y_i
x_1	1.0	2.0	1
x_2	3.0	0.5	−1
x_3	3.0	2.5	1
x_4	4.0	4.0	1
x_5	5.5	0.5	−1
x_6	7.0	2.0	−1

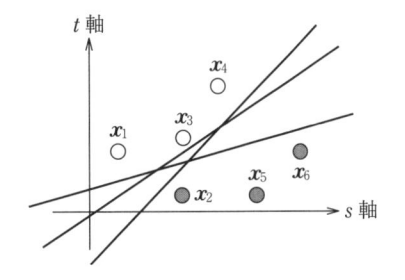

図 6.12 正負のデータを分離する超平面

データと呼ばれており，1 と −1 で区別される二つのクラスはそれぞれ正および負のクラスと呼ばれている．ここでは，訓練データ x_i にクラスラベル $y_i \in \{1, -1\}$ が付与されているものとする．

線形判別分析（フィッシャーの線形判別）とは，未知のデータの正負の判別を可能にするために，訓練データを正負に分類する**超平面**（hyperplane）を計算する方法を指す．この超平面は，$x = (s, t)$ と表記するとき，両者を分離する線形分離超平面 $<w, x> + b = 0$ の計算を意味する．ただし，w は超平面に垂直な法線ベクトルとする．訓練データ集合 $\{x_1, x_2, x_3, x_4, x_5, x_6\}$ に対して正負のクラスを分離する超平面は無数に存在するため，未知のデータに対して高い識別性能を持つ超平面を計算する問題を解かねばならない．

1992 年に，ウラジミール・ヴァプニク（Vladimir Naumovich Vapnik）らは，**マージン**（margin）という概念を導入し，「マージンが最大」になるような法線ベクトル w を持つ超平面の計算法を提案し，線形判別分析がかかえていた問題を見事に解決した[55]．この計算法はサポートベクタマシンと呼ばれている．マージンとは，求めたい超平面とそれに最も近いデータとの距離を意味する．**図 6.13** に，マージンと超平面の関係を図示する．マージン平面上に存在する複数の訓練データ（例えば x_2 や x_3 など）は，超平面の計算に直接利用されているので，各訓練データを**サポートベクトル**（support vector, **SV**）と呼び，サポートベクトルの集合を SVs と表記する．一般にサポートベクトルの数が多くなれば，超平面の計算時間は増加する．

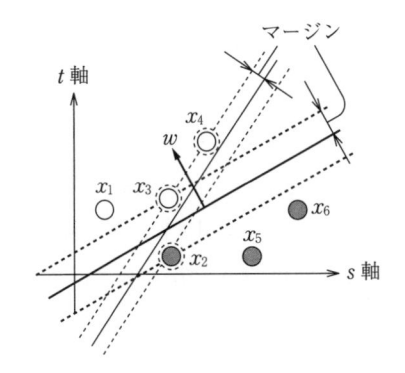

図 6.13 マージン幅が最大の超平面

〔2〕 **ハードマージンSVM**　マージン幅は，$1/\|w\|$ であり，サポートベクトル $x_i \in SVs$ は，$y_i[<w, x_i>+b]=1$ を満たすことが知られている。これより，訓練データ数を N とし，訓練データ集合を $\{(x_i, y_i) | x_i \in X, y_i \in \{-1, 1\}, i=1, \cdots, N\}$ とすると，以下の二次計画問題を解けば，w や b が得られる（$1 \leq i \leq |SVs|$）。

［目的関数］　$(1/2)\|w\|^2$ が最小となる w を計算

［制約条件］　$y_i[<w, x_i>+b] \geq 1$

この問題を**ラグランジュの未定乗数法**を適用しても，ラグランジュ乗数 $\alpha_i \geq 0$ ラグランジュ乗数を解くことができない。このような事情により，さらに**凸2次計画問題**を最大化する問題を構築すると，$\alpha_i \geq 0$ と $\beta \geq 0$ を計算するための連立一次方程式が得られる（$1 \leq i \leq N$）。

$$\begin{pmatrix} y_1^2\|x_1\|^2 & y_1y_2<x_1,x_2> & \cdots & y_1y_n<x_1,x_N> & y_1 \\ y_2y_1<x_2,x_1> & y_2^2\|x_2\|^2 & \cdots & y_2y_n<x_2,x_N> & y_2 \\ \vdots & \vdots & & \vdots & \vdots \\ y_Ny_1<x_N,x_1> & y_Ny_2<x_N,x_2> & \cdots & y_N^2\|x_N\|^2 & y_N \\ y_1 & y_2 & \cdots & y_N & 0 \end{pmatrix} \begin{pmatrix} \alpha_1 \\ \alpha_2 \\ \vdots \\ \alpha_N \\ \beta \end{pmatrix} + \begin{pmatrix} 1 \\ 1 \\ \vdots \\ 1 \\ 0 \end{pmatrix}$$

また，**KKT条件**（Karush-Kuhn-Tucker conditions）を利用すると，以下の関係が得られる。

① $\alpha_i > 0$ のとき，$y_i(<w, x_i>+b)-1=0$，すなわち，$x_i \in SVs$

② $\alpha_i = 0$ のとき，$y_i(<w, x_i>+b)-1>0$，すなわち，$x_i \notin SVs$

これにより法線ベクトル w を以下のように計算することができる。

$$w = \sum \alpha_i y_i x_i [1 \leq i \leq N] = \sum \alpha_i y_i z_i [z_i \in SVs]$$

法線ベクトル w が求まれば，b を以下のように計算できる。

$$b = y_i - <w, z_i> = -\frac{1}{2}(<w, z_i^+>+<w, z_i^->)$$

ただし，$z_i, z_i^+, z_i^- \in SVs$ であり，z_i^+ および z_i^- は，それぞれ，$y_i=+1$ および $y_i=-1$ に対応するサポートベクトルである。

以上により，正負のクラスを分離する超平面は次式で与えられる。

$$g(x) = \text{sign}(f(x)) = \text{sign}(<w, x>+b)$$

ただし，$f(x) \geq 0$ ならば，$\text{sign}(f(x))=+1$，$f(x)<0$ ならば $\text{sign}(f(x))=-1$ とする。

〔3〕 **ソフトマージンSVM**　ハードマージンSVMでは，ある超平面が訓練データとして与えられている正/負のデータを完全に線形分離できると仮定してきた。しかし，実際には，どのような超平面を用いても完全には線形分離できない場合が多い。すなわち，線形分離できない訓練データを z_i^* とすると，制約条件 $y_i[<w, z_i^*>+b] \geq 1$ を満たさないのである。

このような場合に対処するために，ソフトマージンSVMが利用されている。ソフトマージンSVMでは，スラック変数 $\xi_i \geq 0$ を導入することにより，線形分離をする際，$y_i[<w$,

$z_i^*> + b] \geq 1-\xi_i$ とし，多少の識別誤りを許すように制約を緩めている．マージンを広くし，誤差の和 $\sum \xi_i[1 \leq i \leq N]$ を小さくする超平面の線形分離は，目的関数 $L(\boldsymbol{w})=(1/2)\|\boldsymbol{w}\|^2+C\sum \xi_i[1 \leq i \leq N]$ を最小化することで対処が可能である．ただし，C はマージンの最大化と誤差の最小化というトレードオフの関係を制御するパラメータであり，適切な値を自動的に決定することは難しい．いくつかの値を試して決定することが多い．この場合の凸二次計画問題は以下のようになる．

[目的関数]　$Q(\boldsymbol{\alpha})=\sum \alpha_i[1 \leq i \leq N] - \frac{1}{2}\sum\sum \alpha_i\alpha_j y_i y_j K(\boldsymbol{x}_i,\boldsymbol{x}_j)[1 \leq i \leq N, 1 \leq j \leq N]$

[制約条件]　$\sum \alpha_i y_i[1 \leq i \leq N]=0, 0 \leq \alpha_i \leq C$ 　　for　$1 \leq i \leq N$

詳細は他の専門書に譲るが，この目的関数を最小化する問題を解くと，連立一次方程式が得られる．KKT 条件を利用すると，ラグランジュ乗数 α_i がとり得る値は以下の関係を満たす．

① $\alpha_i=0$ となるとき，$y_i[<\boldsymbol{w},\boldsymbol{x}_i>+b]>1$ を満たすので，訓練データ $\boldsymbol{x}_i$ はマージン外ベクトル集合 I の要素（正しくクラス分類済み）である．

② $0<\alpha_i<C$ となるとき，$y_i[<\boldsymbol{w},\boldsymbol{x}_i>+b]=1$ を満たすので，訓練データ $\boldsymbol{x}_i$ はマージン上ベクトル集合 S の要素（サポートベクトル）である．

③ $\alpha_i=C(\beta_i=0)$ となるとき，$y_i[<\boldsymbol{w},\boldsymbol{x}_i>+b]<1$ 満たすので，訓練データ $\boldsymbol{x}_i$ はマージン内 $(0<y_i[<\boldsymbol{w},\boldsymbol{x}_i>+b]<1)$ ベクトル集合 O の要素あるいは誤分類 $(y_i[<\boldsymbol{w},\boldsymbol{x}_i>+b] \leq 0)$ ベクトル集合 O の要素である．

ラグランジュ乗数 α_i が求まれば，次式により $\boldsymbol{w}$ と b の計算が可能になる．

$$\boldsymbol{w}=\sum \alpha_i y_i \boldsymbol{z}_i [\boldsymbol{z}_i \in S] + C\sum y_i \boldsymbol{x}_i [\boldsymbol{x}_i \in Q]$$

$$b=y_i - <\boldsymbol{w},\boldsymbol{z}_i> = y_i - \sum \alpha_j y_j <\boldsymbol{z}_j \boldsymbol{z}_i>[\boldsymbol{z}_i \in S] - C\sum y_j<\boldsymbol{x}_j \boldsymbol{z}_i>[\boldsymbol{x}_i \in O]$$

また，ある未知データ $\boldsymbol{x}$ についての線形判別関数は，$g(\boldsymbol{x})=\mathrm{sign}(<\boldsymbol{w},\boldsymbol{x}>+b)$ で与えられる．

〔4〕 **反復計算アルゴリズムによる解法**　　一般に，大きな訓練データ集合を対象にすると，二次計画問題を最大化する問題を解くためにラグランジュ乗数 α_i を直接計算するには，膨大なメモリ空間を要する．このため，独自のアルゴリズムが開発されている．ここでは，素朴な方法として知られる**最急勾配登りアルゴリズム**（steepest ascent algorithm）について，簡単に紹介する．初期解からスタートし反復計算により解 α_i を更新しながら，正確な解を得る方法だが，注意すべき点は，KKT 条件 $\alpha_i[y_i(<\boldsymbol{w},\boldsymbol{x}_i>+b)-1]=0$ を満たすようつねに監視しなければならないことである．二次計画問題の最大化問題を解くためのアルゴリズムは最急勾配登りアルゴリズムと呼ばれ，その概要は以下のとおりである[53]．

① 初期解ベクトル $\boldsymbol{\alpha}_0:=\boldsymbol{0}$ からスタートし，③を満たすまで，②を繰り返し更新

② 解の更新規則 （$1 \leq i \leq N$）

$$\alpha_i := \alpha_i + \eta \frac{\partial Q(\boldsymbol{\alpha})}{\partial \alpha_i} = \alpha_i + \eta_i \left(1 - y_i \sum \alpha_j y_j <\boldsymbol{x}_i, \boldsymbol{x}_j> [1 \leq j \leq N]\right);$$

if $\alpha_i < 0$ then $\alpha_i := 0$; else if $\alpha_1 > C$ then $\alpha_i := C$;

ただし，パラメータ η_i は学習率と呼ばれ収束性改善のためにさまざまな工夫が試みられている。たとえば，$\eta_i = \omega / K(x_i, x_i)$ および $\omega \in [0, 2]$ とし，$\omega = 1$ がよく採用される。

③ 停止条件（KKT条件の成立や $Q(\boldsymbol{\alpha})$ の増加率など）

KKT条件（b の変化），目的関数 $Q(\boldsymbol{\alpha})$ の増加率を監視する方法のどれでも可

しかしながら，このアルゴリズムは収束スピードが遅いため，収束スピードを向上させる方法として **SMO**（sequential minimal optimization algorithm）**法**と呼ばれるアルゴリズムが提案されている。SMOでは，各反復計算ステップにおいて二つの要素 α_i と α_j を選択（収束のスピード向上のためにヒューリスティックな選択が可能）し，これらの二つのパラメータに対する最適値を見つけ出す。ただし，他のパラメータ α は固定されていると仮定している。なお，SMO法の詳細については，他の専門書[53]を参照されたい。

〔5〕**カーネル法** これまでは，正負のクラスラベルの付いた n 次元ベクトルデータの集合を**超平面**で分離する線形判別関数を導出する方法を紹介してきた。しかしながら，このような集合をいつでも超平面で分離できるとは限らないため，一般には，**超曲面**（hypersurface）で分離する問題の解法を考えるべきであろう。カーネル法は，この問題を解決するために導入された手法であり，図6.14で表示されるように，**対象空間 X から特徴空間 F への写像 Φ** を行い特徴空間 F でデータの集合を超平面で分離する線形判別関数を導出する方法である[56]。なお，特徴空間 F については，m 次元ベクトル空間でなければならないが，対象空間 X については，必ずしも n 次元ベクトル空間である必要はなく，写像 Φ がうまく定義できれば文字列，グラフ，画像などに対しても利用可能である。

カーネル（Kernel）とは，対象空間 X から特徴空間 F への写像 Φ が存在し，すべての $\boldsymbol{x}, \boldsymbol{y} \in X$ について，$K(\boldsymbol{x}, \boldsymbol{y}) = <\Phi(\boldsymbol{x}), \Phi(\boldsymbol{y})>$ となるような関数 K を意味する。ただし，F は

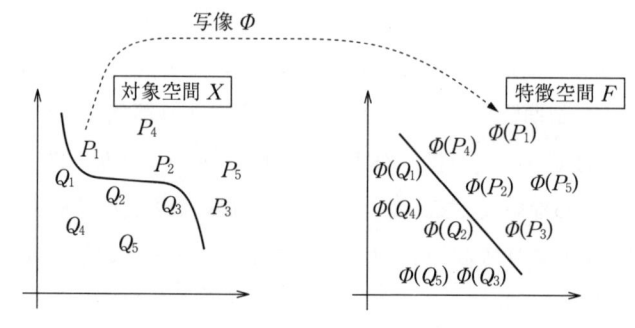

図6.14 対象空間から特徴空間 F への写像イメージ

ユークリッド空間（Euclidean space）で見られる内積の性質を満たす空間（ヒルベルト空間）でなければならない。たとえば，恒等写像 $\phi(x) = x$ を考えると，$K(x, y) = <x, y>$ と表記され，対象空間 X と特徴空間 F は同一空間となる。X で内積の性質を満たせば，F でも同じ内積が使用できるので，関数 K はもっとも簡単なカーネルである。

他の例として，$x = (x_1, x_2) \in X$ に対して写像 $\Phi(x) = (x_1^2, x_2^2, \sqrt{2}\, x_1 x_2)$ を考えると，$K(x, y) = <\Phi(x), \Phi(y)> = (<x, y>)^2$ については内積の性質を満たすので，関数 K はカーネルとなる。このとき2次元ベクトル空間から3次元ベクトル空間へ写像しているが，一般に高次元の特徴空間へ拡張するアプローチは**カーネルトリック**と呼ばれる。

ハードマージン SVM の場合，未定乗数の α_i と β を計算する方程式は以下のとおりである（$1 \leq i \leq N$）。

$$\begin{pmatrix} y_1^2 k(x_1, x_1) & y_1 y_2 K(x_1, x_2) & \cdots & y_1 y_n K(x_1, x_N) & y_1 \\ y_2 y_1 K(x_2, x_1) & y_2^2 K(x_2, x_2) & \cdots & y_2 y_n K(x_2, x_N) & y_2 \\ \vdots & \vdots & & \vdots & \vdots \\ y_N y_1 K(x_N, x_1) & y_N y_2 K(x_N, x_2) & \cdots & y_N^2 K(x_N, x_N) & y_N \\ y_1 & y_2 & \cdots & y_N & 0 \end{pmatrix} \begin{pmatrix} \alpha_1 \\ \alpha_2 \\ \vdots \\ \alpha_N \\ \beta \end{pmatrix} = \begin{pmatrix} 1 \\ 1 \\ \vdots \\ 1 \\ 1 \end{pmatrix}$$

写像 Φ によって，対象空間 X における N 個のデータ (x_i, y_i) が，特徴空間 F のデータ (z_i, y_i) に写像されるとしよう（$1 \leq i \leq N$）。このとき，特徴空間 F で線形分離超平面を計算する方法に帰着するため，以下の式が成立する。

$$w = \sum \alpha_i y_i z_i \, [1 \leq i \leq N]$$
$$b = y_i - <w, z_i> = y_i - \sum \alpha_j y_j K(x_j, x_i) \, [1 \leq j \leq N]$$
$$= -\frac{1}{2}(<w, z^+> + <w, z^->)$$

ただし，z^+ と z^- はおのおののラベル $+1$ と -1 のサポートベクトルとする。このとき，以下の線形判別関数が得られる。

$$g(z) = \text{sign}(f(z)) = \text{sign}(<w, z> + b) = \text{sign}\left(\sum \alpha_i y_i <z_i, z> [1 \leq j \leq N] + b\right)$$
$$= \text{sign}\left(\sum \alpha_i y_i <\Phi(x_i), \Phi(x)> [1 \leq i \leq N] + b\right)$$
$$= \text{sign}\left(\sum \alpha_i y_i K(x_i, x) [1 \leq i \leq N] + b\right)$$

図 6.15 の訓練データに対する判別関数を計算してみよう。ただし，カーネルとして $K(x, y) = (<x, y>)^2$ を用いることにする。未定乗数の α_i および β を計算する方程式は以下のとおりである。

属性 データ名	s 軸	t 軸	y_i
x_1	5	1	1
x_2	4	2	1
x_3	1	5	-1
x_4	5	4	-1

図6.15 訓練データの例

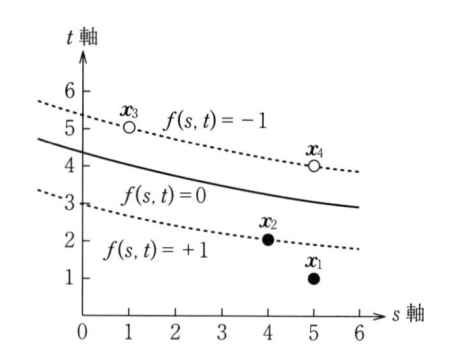

図6.16 対象空間における分離

$$\begin{pmatrix} 676 & 484 & -100 & -841 & 1 \\ 484 & 400 & -196 & -784 & 1 \\ -100 & -196 & 676 & 625 & -1 \\ -841 & -784 & 625 & 1681 & -1 \\ 1 & 1 & -1 & -1 & 0 \end{pmatrix} \begin{pmatrix} \alpha_1 \\ \alpha_2 \\ \alpha_3 \\ \alpha_4 \\ \beta \end{pmatrix} = \begin{pmatrix} 1 \\ 1 \\ 1 \\ 1 \\ 0 \end{pmatrix}$$

この式を解くと α_1 の値が負になるため，$\alpha_1 = 0$ とし，x_1 をサポートベクトルから外す。また，α_1 に対応する第1行目の式を外すと，$\alpha_2 = 0.006\,346$, $\alpha_3 = 0.002\,683$, $\alpha_4 = 0.003\,663$, $\beta = 1.859\,376$ が得られる。これらはどれも正の値であることから，x_2, x_3, x_4 はいずれもサポートベクトルとなる。これより，$<w, z> = \sum \alpha_i y_i K(x_i, x)[1 \leq i \leq 4] = 0.007\,28s^2 - 0.072\,75st - 0.100\,30t^2$, $b = 1.859\,38$ となるため，次式の判別関数が得られる。

$g(s, t) = \text{sign}(f(s, t))$

$f(s, t) = 0.007\,28s^2 - 0.072\,75st - 0.100\,30t^2 + 1.859\,38$

図6.16 に，判別関数 $f(s, t)$ をもとに，分離曲面 $f(s, t) = 0$，マージン曲面 $f(s, t) = \pm 1$ を二次元平面上にプロットしたグラフを表示する。対象空間では，超平面ではなく，超曲面になっていることに注意されたい。

ところで，〔4〕では，〔3〕の最急勾配登りアルゴリズムを紹介したが，このアルゴリズムにカーネル法を導入するには内積 $<x_i, x_j>$ を $K(x_i, x_j)$ に置き換えるだけで十分である。

〔6〕 **文字列カーネル**　　塩基配列やアミノ酸配列などの訓練データを正負に分類するには**文字列カーネル**（string kernel）が利用できる。文字列カーネルは，文字列の特徴をベクトルとして抽出し，その内積をカーネルとして扱うことが多い。このカーネルとしては，**スペクトラムカーネル**（spectrum kernel），**ミスマッチカーネル**（mismatch kernel），**モチーフカーネル**（motif kernel）などが知られている。以下では，配列データ s に含まれる k-部分配列の集合を $Mers(k, s)$ と表記する。

〔a〕 **スペクトラムカーネル**[57]　　あるアルファベット（文字の集合）を Γ と表記する

とき，配列データは Γ 上の文字列とする．$\Gamma[k]$ を，Γ 上で定義される長さ k の文字列のすべてを表す集合とする．スペクトラムカーネルでは，$\Gamma[k]$ に含まれるそれぞれの k-部分配列に対して，配列データ上に出現する回数を数える．

たとえば，アルファベットを $\Gamma = \{A, T\}$ とし，配列データを $s = <\text{AATAT}>$ とするとき，Γ 上で定義される 2-部分配列 $R \in \Gamma[2] = \{AA, AT, TA, TT\}$ が配列データ s の中に出現する回数について考えてみよう．このとき，特徴ベクトル $\Phi(s)$ は，図 6.17 に示されるように，$\Gamma[2]$ に含まれるそれぞれの 2-部分配列 R に対して，s 上に出現する回数を数え，それらを特徴ベクトル $\Phi(s)$ で表現したものである．

$$\Phi(s) = \begin{pmatrix} \text{AA} & \text{AT} & \text{TA} & \text{TT} \\ 1 & 2 & 1 & 0 \end{pmatrix}$$

図 6.17 特徴ベクトル $\Phi(s)$ の例

データ名＼属性名	配列データ	y_i
x_1	$<\text{AATAT}>$	$+1$
x_2	$<\text{TTATA}>$	-1

図 6.18 訓練データの例

一般に，Γ 上の配列 s における，連続する k-部分配列 t の出現回数を $\text{occ}(t, s)$ と表記すると，文字列 s に対する特徴ベクトル $\Phi(s)$ は以下のとおりである．

$$\Phi(s) = (\text{occ}(t, s))_{t \in \Gamma[k]}$$

このとき，$K(s, s') = <\Phi(s), \Phi(s')>$ は**スペクトラムカーネル**と呼ばれる．

さて，スペクトラムカーネルを用いて，図 6.18 の訓練データに対する線形分離超平面を計算し，$s_1 = <\text{AAAAA}>$ および $s_2 = <\text{TTTTT}>$ のそれぞれに対する正/負のクラス判別を行ってみよう．図より，訓練データを定義するために必要なアルファベット Γ は $\{A, T\}$ である．また，アルファベット Γ 上で定義される長さ 2 の文字列のすべての集合 $\Gamma[2]$ は $\{AA, AT, TA, TT\}$ であることから，配列データに対する特徴ベクトル z は 4 次元ベクトルである．2 件の入力データ x_1, x_2 を特徴空間 F に写像 ϕ したときの特徴ベクトルをそれぞれ，$z_1 = \phi(x_1)$, $z_2 = \phi(x_2)$ と表記すると，それらは以下のとおりである．

$z_1 = \phi(x_1) = (1, 2, 1, 0)$

$z_2 = \phi(x_2) = (0, 1, 2, 1)$

スペクトルカーネル $K(x_i, x_j)$ については，以下のとおりである（$1 \leq i \leq 2, 1 \leq j \leq 2$）．

$K(x_1, x_1) = <(1, 2, 1, 0), (1, 2, 1, 0)> = 1 + 4 + 1 + 0 = 6$

$K(x_1, x_2) = <(1, 2, 1, 0), (0, 1, 2, 1)> = 0 + 2 + 2 + 0 = 4$

$K(x_2, x_1) = <(0, 1, 2, 1), (1, 2, 1, 0)> = 0 + 2 + 2 + 0 = 4$

$K(x_2, x_2) = <(0, 1, 2, 1), (0, 1, 2, 1)> = 0 + 1 + 4 + 1 = 6$

これにより，未定乗数の α_1, α_2, β を計算するための方程式として次式が得られる．

$$\begin{pmatrix} 6 & -4 & 1 \\ -4 & 6 & -1 \\ 1 & -1 & 0 \end{pmatrix} \begin{pmatrix} \alpha_1 \\ \alpha_2 \\ \beta \end{pmatrix} = \begin{pmatrix} 1 \\ 1 \\ 0 \end{pmatrix}$$

この方程式を解くと，$\alpha_1 = \alpha_2 = 1/2$，$\beta = 0$ となる。これらは，どれも KKT 条件を満たすことから，$<w, z> = \sum \alpha_i y K(x_i, x)[1 \leq i \leq 2] = \sum \alpha_i y_i <\phi(x_i), \phi(x)>[1 \leq i \leq 2]$，および $b = y_i - <w, z_i>$ の計算が可能となる。それらの計算結果は以下のとおりである。

$$<w, z> = \frac{1}{2}(\mathrm{AA} + \mathrm{AT} - \mathrm{TA} - \mathrm{TT})$$

$$b = 1 - <w, z_1> = 1 - \frac{1}{2}(1 + 2 - 1 - 0) = 1 - 1 = 0$$

ただし，4次元特徴ベクトル z を（AA, AT, TA, TT）と表記する。すなわち，属性1をAA，属性2をAT，属性3をTA，属性4をTTと表記する。これより，特徴空間における線形判別関数は以下のとおりである。

$$g(z) = \mathrm{sign}(f(z))$$

$$f(z) = f(\mathrm{AA, AT, TA, TT}) = <w, z> + b = \frac{1}{2}(\mathrm{AA} + \mathrm{AT} - \mathrm{TA} - \mathrm{TT})$$

この線形判別関数をもとに $s_1 = <\mathrm{AAAAA}>$ および $s_2 = <\mathrm{TTTTT}>$ のそれぞれに対する正/負のクラス判別を特徴空間で行ってみよう。$s_1 = <\mathrm{AAAAA}>$ および $s_2 = <\mathrm{TTTTT}>$ の特徴ベクトルについては，以下のとおりである。

$$\phi(s_1) = \phi(<\mathrm{AAAAA}>) = (4, 0, 0, 0)$$

$$\phi(s_2) = \phi(<\mathrm{TTTTT}>) = (0, 0, 0, 4)$$

$f(s_1)$ および $f(s_2)$ をそれぞれ計算すると，以下のとおりである。

$$f(s_1) = \frac{1}{2} \times (4 + 0 - 0 - 0) = 2$$

$$f(s_2) = \frac{1}{2}(0 + 0 - 0 - 4) = -2$$

$f(s_1) < 0, f(s_2) > 0$ であるので，s_1 は負のクラス（-1）に分類されるが，s_2 は正のクラス（+1）に分類される。

〔b〕**ミスマッチカーネル**　スペクトラムカーネルでは，k-部分配列 t に完全一致する部分配列を配列 s から見つけ出すことにより出現回数を数え上げていた。これに対して，ミスマッチカーネル[58]では，誤差 ε を許すという条件のもとで出現回数の数え上げが行われる。この出現回数の数え上げには，配列データ s に含まれる k-部分配列の集合を $Mers(k, s)$ とするとき，$u \in Mers(k, s)$ に対して，誤差 ε 以内にある k-部分配列の集合 $N_{(k, \varepsilon)}(u)$ が利用される。

たとえば，アルファベットを $\Gamma=\{A, T\}$ とし，誤差 $\varepsilon=1$ を許すという条件で，$\Gamma[3]=$ {AAA, AAT, ATA, ATT, TAA, TAT, TTA, TTT} に含まれる 3-部分配列 t が $s=$ <AATAT> に出現する回数を数え上げてみよう。$s=$ <AATAT> に含まれるすべての 3-部分配列 u は，$Mers(3, s)=\{AAT, ATA, TAT\}$ である。図 6.19 には，$u=$ <AAT> に対して $N_{(3,1)}(u)$ の要素をすべて生成するため列挙木が表示されている。この列挙木は**ミスマッチ木**（mismatch tree）と呼ばれ，これにより，$u=$ <AAT> に対して誤差 ε が 1 以内にある 3-部分配列がすべて列挙される。

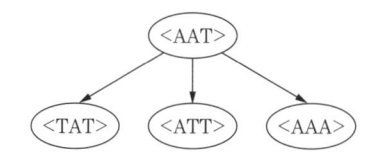

図 6.19　$u=$ <AAT> に対するミスマッチ木の例

つぎに，$u \in Mers(k, s)$，$t \in \Gamma[k]$ に対して，スコア $\phi^t_{(k,\varepsilon)}(u)$ を以下のように定義してみよう。

$$\phi^t_{(k,\varepsilon)}(u) = \begin{cases} 1 & \text{for } i \in N_{(k,\varepsilon)}(u) \\ 0 & \text{othewise} \end{cases}$$

この定義を用いると，各 k-部分配列 u に対する特徴ベクトルは以下のように表現することができる。

$$\phi_{(k,\varepsilon)}(u) = (\phi^t_{(k,\varepsilon)}(u))_{t \in \Gamma[k]} \tag{6.8}$$

したがって，配列データの特徴ベクトルは以下のとおりである。

$$\phi_{(k,\varepsilon)}(s) = \sum \phi_{(k,\varepsilon)}(u) [u \in Mers(k, s)] \tag{6.9}$$

このとき，$K_{(k,\varepsilon)}(s, s') = <\Phi_{(k,\varepsilon)}(s), \Phi_{(k,\varepsilon)}(s')>$ は，(k, ε)-ミスマッチカーネルと呼ばれている。

図 6.20 は，アルファベットを $\Gamma=\{A, T\}$，誤差を $\varepsilon=1$，部分配列の長さを $k=3$，配列を $s=$ <AATAT> とするときの式 (6.8) および式 (6.9) の計算例である。

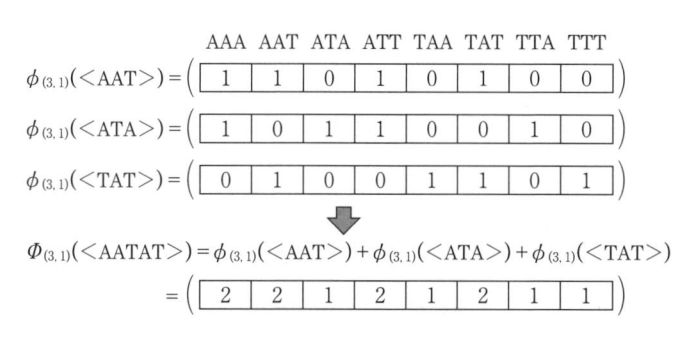

図 6.20　特徴ベクトルの計算例

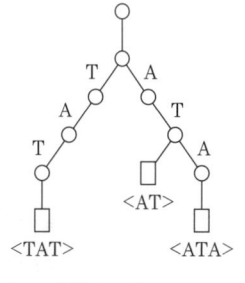

図 6.21　モチーフの格納例

○　中間ノード
□　葉ノード

〔c〕 **モチーフカーネル**　Γ 上で定義される k-部分配列のすべてを表す集合 $\Gamma[k]$ のかわりに，モチーフの集合 M を用いて定義されるカーネルを**モチーフカーネル**[59]という。モチーフカーネルの計算には，配列データ s に含まれるモチーフのすべてについてモチーフの出現回数を高速に数え上げる必要があり，そのために**トライ構造**（trie structure）が利用されている。たとえば，三つのモチーフからなる集合を $M=\{<\text{ATA}>, <\text{TAT}>, <\text{AT}>\}$ とする。これらは，図 6.21 に表示されるようなトライ構造で格納されている。

配列データ s の特徴ベクトル $\Phi(s)$ を求める方法について紹介する。モチーフの数え上げでは，配列 s のスキャン開始位置を先頭から 1 文字ずつずらし，それぞれのスキャン開始位置ごとにトライ木をたどり，リーフにたどり着いたときのみ，そのリーフに該当するモチーフの出現回数を 1 だけ増やす。各モチーフの出現回数については，特徴ベクトル内の該当要素に格納する。トライ木で使用するモチーフ集合を M，配列 s におけるモチーフ x の出現回数を $\text{mocc}(x, s)$ と表記すると，文字列 s に対する特徴ベクトル $\Phi(s)$ は次式で表される。

$$\Phi(s) = (\text{mocc}(x, s))_{x \in M}$$

このとき，$K(s, s') = <\Phi(s), \Phi(s')>$ は，モチーフカーネルと呼ばれる。

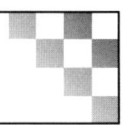

6.4 分子動力学法

分子動力学（molecular dynamics, **MD**）**法**は，図 6.22 に示すように，N 個の粒子（原子や分子）のそれぞれに対して物理的な動きをニュートンの運動方程式で表現し，それらをコンピュータ上で数値的に解いて位置・速度・エネルギーなどの時間的な変化を追跡（シミュレーション）する方法である。この方法は，1950 年代後半に Alder と Wainwright[60]により，複数の剛体球からなる運動系を対象に初めて取り入れられた。これが分子動力学法を利用する牽引力となり，分子動力学法は，現在，生体分子のモデリング，化学物理学，物質科学に利用されている。

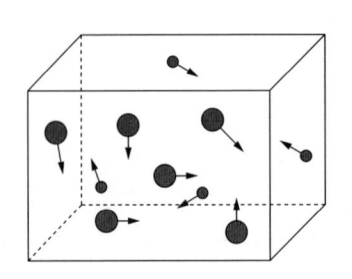

図 6.22　3 次元空間内の剛体球の挙動 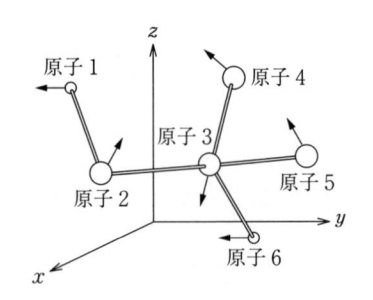　　図 6.23　タンパク質構造内原子の挙動

6.4 分子動力学法

分子動力学法を生体系のタンパク質へ応用したのは，1977年のKarplusらの研究[61]である。1980年以降は，温度，圧力，化学ポテンシャルを制御する方法が導入され，現在は，タンパク質−リガンド間の相互作用解析（動的挙動解析）をはじめとして，ペプチドのフォールディング機構の予測，結合自由エネルギー計算に必要な構造情報として利用されている。

タンパク質に対する分子動力学計算では，図6.23に示すように，立体構造内の各原子についての微小時間ごとの変化をつなぎ合わせて構造変化の時系列情報を得る方法がとられる。タンパク質を構成する原子の総数をNとすると，各原子iの位置は以下のニュートンの運動方程式に基づいて移動する。

$$F_i = m_i \frac{d^2 r_i(t)}{dt^2} = m_i a_i \tag{6.10}$$

ただし，F_i, m_i, r_i, a_iはそれぞれ，原子i（i番目の原子）が受ける力，原子iの質量，位置，加速度を意味する（$1 \leq i \leq N$）。F_iは合力であり，以下のポテンシャルエネルギーE_i（原子iに働く力によるポテンシャルエネルギーの総和）に対して$-\mathrm{grad}_i E_i$を計算することにより求められる（gradはグラディエントすなわち勾配を意味する）。

$$E_i = E_i^{bond} + E_i^{angle} + E_i^{torsion} + E_i^{improper\ torsion} + E_i^{electrostatic} + E_i^{van\ der\ Waals} \tag{6.11}$$

ここで，E_i^{bond}, E_i^{angle}, $E_i^{torsion}$, $E_i^{improper\ torsion}$は**結合項**と呼ばれ，原子間の結合に関係する項を意味する。$E_i^{electrostatic}$, $E_i^{van\ der\ Waals}$は**非結合項**と呼ばれ，結合の有無にかかわらず発生する。E_i^{bond}, E_i^{angle}, $E_i^{torsion}$, $E_i^{improper\ torsion}$はそれぞれ，**結合エネルギー**（bond energy），**結合角エネルギー**（angle energy），**二面角エネルギー**（torsion energy），**広義の二面角エネルギー**（improper torsion energy）を意味し，$E_i^{electrostatic}$, $E_i^{Van\ der\ Waals}$は，それぞれ，**静電エネルギー**（electrostatic energy），**ファンデルワールス・エネルギー**（Van der Waals energy）を意味する。特に，静電力（クーロン力）やファンデルワールス力の計算には，$O(N^2)$の計算量が必要となるため，空間を$2 \times 2 \times 2$のセルに再帰的に分割し，分割されたセルを8分木のデータ構造で管理することで，計算量を$O(N \log N)$に減らす方法[62]が現在でも利用されている。

式(6.10)のニュートンの運動方程式は，Δtを時間刻み幅とする差分方程式で表現し，Δtの単位で時間を進めながら計算を繰り計算することにより，近似的に原子の位置と速度を計算することができる。ある時刻t_nを開始時刻t_0と時間幅Δtで表現すると，$t_n = t_0 + n \times \Delta t$を満たす。一般に，$\Delta t$を短くすれば，計算精度が向上するが，計算時間が増える。**ベレの方法**[63]（Verlet algorithm）と呼ばれる差分方程式は，以下のように導出される。

まず，$r(t_1) = r(t_0 + \Delta t)$, $r(t_2) = r(t_1 + \Delta t)$, $r(t_0) = r(t_1 - \Delta t)$のそれぞれをテイラー展開すると次式が得られる。

$$r(t_1) = r(t_0 + \Delta t) = r(t_0) + v(t_0)\Delta t + \frac{F(t_0)\Delta t^2}{2m} + O(\Delta t^3) \tag{6.12}$$

$$r(t_2) = r(t_1 + \Delta t) = r(t_1) + v(t_1)\Delta t + \frac{F(t_1)\Delta t^2}{2m} + O(\Delta t^3) \tag{6.13}$$

$$r(t_0) = r(t_1 - \Delta t) = r(t_1) - v(t_1)\Delta t + \frac{F(t_1)\Delta t^2}{2m} - O(\Delta t^3) \tag{6.14}$$

式 (6.13) と式 (6.14) の両辺をそれぞれ足すことにより，位置を計算する式が得られる．ただし，$O(\Delta t^3) \pm O(\Delta t^3)$ や $\frac{1}{2}O(\Delta t^3)$ は $O(\Delta t^3)$ と表記できることに注意されたい．

$$r(t_2) = 2r(t_1) - r(t_0) + \frac{F(t_1)\Delta t^2}{m} + O(\Delta t^3) \tag{6.15}$$

式 (6.14) の両辺から式 (6.15) の両辺をそれぞれ引くことにより，つぎのような速度を計算する式が得られる．

$$v(t_1) = \frac{1}{2\Delta t}\{r(t_2) - r(t_0)\} + O(\Delta t^3) \tag{6.16}$$

以下では，**速度ベレの方法**を紹介する．$O(\Delta t^3)$ は他の項に比べてきわめて小さいと仮定し，式 (6.12) より初期条件として位置 $r(t_0)$，速度 $v(t_0)$，力 $F(t_0)$ を与えると，位置 $r(t_1)$ が決まる．式 (6.15) より，位置 $r(t_0)$，位置 $r(t_1)$，力 $F(t_1)$ を与えると，位置 $r(t_2)$ が決まる．式 (6.16) より，位置 $r(t_0)$，位置 $r(t_2)$ を与えると，速度 $v(t_1)$ が決まる．すなわち，$O(\Delta t^3)$ を 0 とおくと，式 (6.13)，(6.15)，(6.16) より，次式が得られる．

$$r(t_1) = r(t_0) + v(t_0)\Delta t + \frac{F(t_0)\Delta t^2}{2m} \tag{6.17}$$

$$v(t_1) = v(t_0)\Delta t + \frac{\Delta t}{2}\frac{F(t_1) + F(t_0)}{m} \tag{6.18}$$

式 (6.17)，(6.18) の一般式は以下のとおりである．

$$r(t_n) = r(t_{n-1}) + v(t_{n-1})\Delta t + \frac{F(t_{n-1})\Delta t^2}{2m} \tag{6.19}$$

$$v(t_n) = v(t_{n-1})\Delta t + \frac{\Delta t}{2}\frac{F(t_n) + F(t_{n-1})}{m} \tag{6.20}$$

以後，対象系に N 個の原子があるとき，時刻 t における原子 i の質量，位置，速度，力をそれぞれ，m_i，$r_i(t)$，$v_i(t)$，$F_i(t)$ と表記する（$1 \leq i \leq N$）．

図 6.24 に，分子動力学計算を行う手順を示す．一般に，分子動力学計算ではアボガドロ数（6×10^{23} 個）の原子を対象にした対象系の計算が理想的だが，コンピュータの計算性能を考慮すると 10^6 個程度が限界といわれている．図の②〜④の計算は，あらかじめ定めた max ステップまで繰り返し行われる．特に，③の計算については，数値計算上の桁落ちを

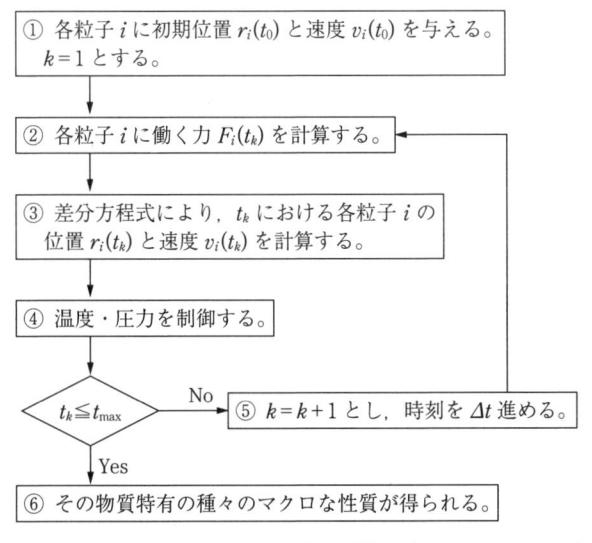

```
① 各粒子 i に初期位置 r_i(t_0) と速度 v_i(t_0) を与える。
   k=1 とする。
        ↓
② 各粒子 i に働く力 F_i(t_k) を計算する。 ←─┐
        ↓                                    │
③ 差分方程式により，t_k における各粒子 i の  │
   位置 r_i(t_k) と速度 v_i(t_k) を計算する。 │
        ↓                                    │
④ 温度・圧力を制御する。                      │
        ↓                                    │
   ⟨t_k ≦ t_max⟩ ── No ──→ ⑤ k=k+1 とし，時刻を Δt 進める。
        │ Yes
        ↓
⑥ その物質特有の種々のマクロな性質が得られる。
```

図 6.24 分子動力学計算の手順

防止するために，式 (6.19) と (6.20) を用いる代わりに，各原子 i の位置，速度，力の個別に和をとり，最後にそれらの結果を統合する。このため以下の式が利用される[64]。

$$r_i(t_n) = r_i(t_0) + \Delta t \sum_{k=1}^{n} v_i(t_{k-1}) + \frac{\Delta t^2}{2m_i} \sum_{k=1}^{n} F_i(t_{k-1}) \tag{6.21}$$

$$v_i(t_n) = v_i(t_0) + \frac{\Delta t}{2m_i} \sum_{k=1}^{n} \left[F_i(t_k) + F_i(t_{k-1}) \right] \tag{6.22}$$

図の ④ に表記されている温度・圧力制御は，初期状態の温度や圧力から目標とする温度や圧力に収束するように制御する処理である。

タンパク質の分子動力学計算ソフトウェアは多く存在するが，学術用に配布されているソフトウェアには，GROMACS[65] (groningen machine for chemical simulation)，AMBER[66),67] (assisted model building with energy refinement)，CHARMM[68] (chemistry at Harvard molecular mechanics)，myPresto[69] (medicinally yielding protein engineering simulator) などがある。

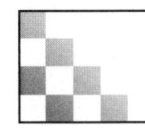

6.5 高速化技術

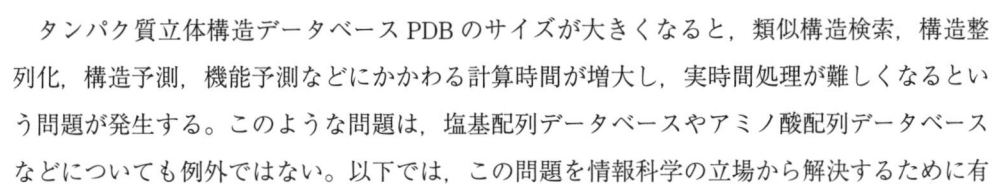

タンパク質立体構造データベース PDB のサイズが大きくなると，類似構造検索，構造整列化，構造予測，機能予測などにかかわる計算時間が増大し，実時間処理が難しくなるという問題が発生する。このような問題は，塩基配列データベースやアミノ酸配列データベースなどについても例外ではない。以下では，この問題を情報科学の立場から解決するために有

用な方法として，データベースの索引構造の構成法をはじめとし，バッファ管理方法，並列処理法について紹介する。なお，索引構造としてはサフィックス木を取り上げる。

6.5.1 サフィックス木の構築と検索

サフィックス木は，文書データベースのみならず，塩基配列データベースやアミノ酸配列データベースに対する高速な文字列検索をはじめとして，データベース中に頻繁に出現する部分文字列の高速抽出を実現するための索引構造として注目されている。サフィックス木は，1973年にWeinerが提案した概念[70]である。その後，1976年にMcCreight[71]がその構築法を単純化し，1995年にUkkonenn[72),73]が線形時間でサフィックス木を構築するアルゴリズムを紹介した。サフックス木は動的計画法と組み合わせることで，編集距離を用いた類似部分配列の検索を可能とする方法[74)~76)]もある。以下では，サフィックス木の原理を知るために，ハミング距離を用いた類似部分検索について紹介する。

ある配列データを$T=<$ACGACG$\$>$と表記してみよう。最右端にある記号$\$$は，終端を表す記号である。配列データベース中にN本の配列データがある場合は，それらの配列の終端記号に対する識別子として，それぞれ$\$_1$, $\$_2$, $\$_3$, …, $\$_N$を付与しておけば，配列データどうしを区別することができる。ここでは，配列データベース中に1本の配列データ$T=<$ACGACG$\$>$が蓄積されているものとしてサフィックス木を構築してみよう。なお，複数本の配列データがデータベースに格納されている場合の構築方法は，以下で紹介する1本の場合とほぼ同じである。

1件の配列データ$S=<$ACGACG$\$>$のサフィックスを求めると，$S_1=<$ACGACG$\$>$, $S_2=<$CGACG$\$>$, $S_3=<$GACG$\$>$, $S_4=<$ACG$\$>$, $S_5=<$CG$\$>$, $S_6=<$G$\$>$となる。これらは$S$のサフィックス配列と呼ばれる。サフィックス配列$S_i$は，「配列データ$S$の$i$番目のサフィックス」を意味する。ただし，ここでは，空文字$S_7=<\$>$のサフックス配列は使用しないので，$S$のサフィックス配列の表記から外している。これらの6件のサフィックス配列を用いて，図6.25に配列データ$S=<$ACGACG$\$>$のサフィックス木を示す。部分配列は，辺に記録されている。図の葉ノードに表記されているL_iは，その葉ノードがルートからその葉ノードまでの経路上に現れる配列が配列データSのi番目のサフィックス配列S_iに該当する。たとえば，ルートから葉ノードL_2までの経路を見ると，$<$CG$>$の経路を通った後，$<$ACG$\$>$の経路を通ることがわかる。これらの経路をつなげた$<$CGACG$\$>$は，$S$の2番目のサフィックス配列$S_2$と一致する。

図6.25において，許容誤差をεとし，三つの問合せ配列$Q_1=(<$CGA$>, \varepsilon=0)$, $Q_2=(<$ACG$>, \varepsilon=0)$, $Q_3=(<$CC$>, \varepsilon=1)$のそれぞれによる部分配列の検索について，考えてみよう。

Q_1の$<$CGA$>$については，根（root）から経路$<$CG$>$に一致し，L_2側の経路$<$ACG$\$>$

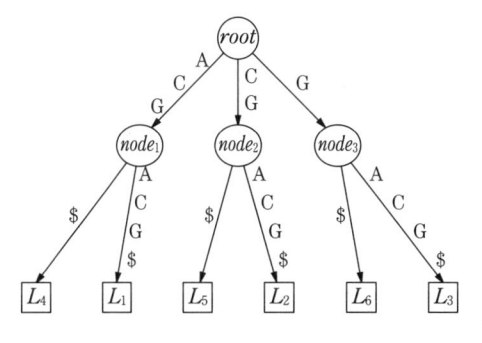

図 6.25 サフィックス木の例

の先頭文字＜A＞と一致することから，配列データ S の 2 番目のサフィックス S_2 の先頭から 3 文字目までの部分配列に存在することがわかる。

Q_2 の＜ACG＞については，ルートから経路＜ACG＞に一致するため，配列データ S の 4 番目と 1 番目のサフィックス（S_4 と S_1）にも存在することがわかる。

Q_3 の＜CC＞については，1 文字だけの不一致を許すので，＜C＊＞ or ＜＊C＞を検索することと同等である。ただし，記号'＊'は，任意の 1 文字と一致するワイルドカードを意味する。＜C＊＞の一致状況をルートから見ていくと，1 文字目で＜C＞と一致するのは $\{S_2, S_5\}$ だけである。＜＊C＞については，2 文字目で＜C＞と一致するのは $\{S_4, S_1\}$ である。以上の情報を集めると，$Q_3 = (＜CC＞, \varepsilon = 1)$ を満たすものは，$\{S_1, S_2, S_4, S_5\}$ に含まれるサフィックス配列の先頭から 2 文字目までの配列となる。すなわち，S_1 の＜AC＞，S_2 の＜CG＞，S_4 の＜AC＞，S_5 の＜CG＞となる。

6.5.2 座標配列に対するサフィックス木

座標配列に対するサフィックス木は，タンパク質立体構造データベース PDB の高速類似検索をはじめとして，PDB 中に頻繁に出現する部分構造の高速抽出を実現するたに有用である。

タンパク質立体構造データベースの索引構造にサフィックス木を利用する方法には，座標配列を用いて**幾何学的サフィックス木**[2),3)]（geometrical suffix tree）を構築する方法と，座標配列を符号化してサフィックス木を構築する **PSIST**[77),78)] と呼ばれる方法がある。前者の幾何学的なサフィックス木では，二つの立体構造間の非類似度を求めるために，6.2.1 項で紹介した **RMSD**（平均二乗偏差）が用いられており，立体構造が持つ空間情報がサフィックス木に直接組み込まれている。後者の PSIST では，座標配列を符号化しているため，立体構造の情報が一部失われた状態でサフィックス木が構築される。以下では，部分座標配列を辺ではなくノードに記録する幾何学的サフィックス木[3)] について紹介する。

幾何学的サフィックス木は，タンパク質立体構造の C_α 原子の座標位置だけを抜き出して，N 末端から C 末端に並べた座標配列をもとに構築されたサフィックス木である。文字列デー

タのサフィックス木に対する類似文字列検索では，文字列間の非類似度としてハミング距離などが利用されているため，サフィックス木の中間ノードの深さに比例して，問合せ文字列との非類似度が単調に増加する．したがって，サフィックス木の深さ方向の探索において，ある中間ノードで許容誤差 ε を超える場合，そのノードを根とする部分木の中間ノードには問合せを満足する文字列が存在しない．すなわち，許容誤差 ε を超えた中間ノード以降は枝刈りをすることができる．

この枝刈りの仕組みを幾何学的サフィックス木に導入する方法について考えてみよう．幾何学的サフィックス木に対する類似構造検索では，座標配列間の非類似度の尺度として RMSD を利用すると，類似文字列検索においてサフィックス木の深さ方向に関する単調性が保証されない．これに対して，**MSSD**[2]（minimum sum squared distance）を利用すると単調生が保証されることが知られている．MSSD は RMSD を用いて計算される．

二つの座標配列を $Q=(q_1q_2\cdots q_m)$ および $T=(t_1t_2\cdots t_m)$ とすると，MSSD は以下のとおりである．

$$MSSD(Q, T) = m(RMSD(P, T))^2 \tag{6.23}$$

図 6.25 で紹介した文字列のサフィックス木では，根（root）と中間ノード（$node_1$）を結ぶ枝は，二つのサフィックス文字列 S_1，S_4 が完全一致する部分列＜ACG＞を表していた．これに対して，幾何学的サフィックス木では，MSSD の値と分岐の閾値 b を比較し，b 以下であれば同じ枝とし，閾値 b を超えたときに中間ノードを作成して分岐させている．一般に，ノードに記録されるべきサフィックス座標配列は複数存在するので，サフィックス木構築で最初に利用されたサフィックス座標配列を代表として記録する．

複数本の座標配列のそれぞれに識別子 ID が振られているとするとき，サフィックス木の各ノードで $[(i, j), Length, Count]$ のデータを記録する．(i, j) は，ID が i の座標配列について，先頭から j 番目の座標点から始まるサフィックス座標配列の位置情報を意味する．以後，このサフィックス座標配列を $S_{(i,j)}$ と表記する．$Length$ は，根ノードからノードまでの経路に対応する座標配列の長さを意味しており，そのノードの代表となる座標配列は，$S_{(i,j)}[1..Length]$ と表記される．$Count$ は，このノード以下に接続される葉ノードの総数を意味する．

例えば，閾値 b を 20 とし，二つの座標配列を**表 6.2** とすると，**図 6.26** に図示される幾何学的サフィックス木が構築される[3]．この例で構築された幾何学的サフィックス木は，7 個の中間ノードと 8 個の葉ノードからなる．図の中間ノード（ノード 2）に記録されているノード情報 $[(1, 1), 3, 4]$ の $(1, 1)$ は，ID が 1 の座標配列で 1 番目の座標点から始まるサフィックス配列 $S_{(1,1)}$ =＜$(3, 5, 2), (4, 6, 3), (4, 5, 3), (7, 7, 4), (4, 4, 2)$＞であることを意味する．

ノード情報 $[(1, 1), 3, 4]$ の 3 と 4 はそれぞれ，サフィックス配列 $(1, 1)$ の先頭から 3 番目

6.5 高速化技術

表 6.2 座標配列データベースの例

ID	座標配列
1	<(3, 5, 2), (4, 6, 3), (4, 5, 3), (7, 7, 4), (4, 4, 2)>
2	<(2, 5, 1), (3, 5, 3), (2, 7, 4), (6, 7, 3), (3, 4, 2)>

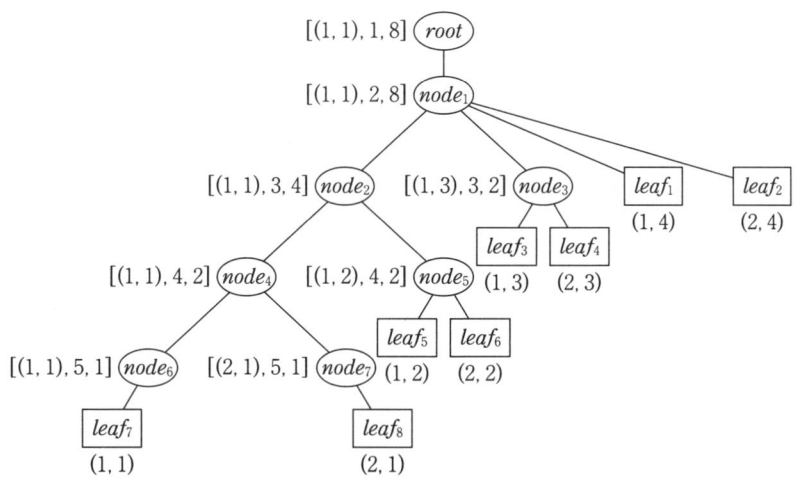

図 6.26 幾何学的サフィックスの構築例

までの座標配列が $node_2$ を表現する座標配列 $S_{(1,1)}[1..3]$ = <(3, 5, 2), (4, 6, 3), (4, 5, 3)>であり，$node_2$ 以下に接続される葉ノードの総数が 4 であることを意味する。

また，葉ノード $leaf_4$ に記録されている (2, 3) は，ID が 2 の座標配列<(2, 5, 1), (3, 5, 3), (2, 7, 4), (6, 7, 3), (3, 4, 2)>の 3 番目の座標点 (2, 7, 4) から始まるサフィックス配列 $S_{(2,3)}$ = <(2, 7, 4), (6, 7, 3), (3, 4, 2)>を意味する。

幾何学的サフィックス木が分岐の閾値 b のもとで構築されているとしよう。以下では，ノード $node_k$ に記録されているデータを $[(i, j), Length_k, Count_k]$ とするとき，$Length_k$ を $length(node_k)$ と表記することにする。また，根からノード $node_k$ までの経路を表現する座標配列の中で，$S_{(i,j)}[1..Length_k]$ を R_k と表記する。構築されている幾何学的サフィックス木から，長さ m の問合せ座標配列を K とし，許容誤差を ε とするとき，問合せ $Q=(K, \varepsilon)$ に対する類似部分構造（部分座標配列）をすべて検索する手順は以下のとおりである。

（1）根から木をたどり，以下の条件をすべて満たす枝 $e_{kl} = (node_k, node_l)$ をすべて見つける。

① $length(node_k) < m$ かつ $length(node_l) \geqq m$

② $MSSD(K, R_l[1..m]) \leqq m \times (\varepsilon + \sqrt{b/m})^2$

（2）中間ノード $node_l$ 以下に存在する葉ノード $leaf$ をすべて調べ，$RSMD(K, T[1..m]) \leqq \varepsilon$ を満たす部分構造 $T[1..m]$ をすべて見つける。ただし，T は葉ノード $leaf$ を表現

するサフィックス座標配列とする。

問合せ座標配列 $K = <(2,4,1),(5,5,3),(4,7,5)>$，RMSD の許容誤差 $\varepsilon = 2.0$ で検索を行ってみよう。まず，$node_1$ まで探索を行うと，$length(node_1) = 2 < 3$ かつ $length(node_2) = length(node_3) = 3 \geq 3$ により，$node_2$ および $node_3$ は上記の（1）①の条件を満たす（$k=1, l \in \{2, 3\}, m = 3$）。また，$R_2 = <(3,5,2),(4,6,3),(4,5,3)>$，$R_3 = <(4,5,3),(7,7,4),(4,4,2)>$，$MSSD(K, R_2[1\cdots3]) = 8.53$，$MSSD(K, R_3[1\cdots3]) = 12.99$，$3(2.0 + \sqrt{20/3})^2 = 62.98$ により，$node_2$ および $node_3$ は上記（1）②の条件を満たす。

つぎに，上記（2）の処理に入ると，$node_2$ 以下の葉ノードは $leaf_5$, $leaf_6$, $leaf_7$, $leaf_8$ であり，$node_3$ 以下の葉ノードは $leaf_3$, $leaf_4$ であることがわかる。これらの合計6本のサフィックス座標配列のそれぞれについて，K との RMSD を計算すると，$RMSD(K, S_{(1,2)}[1..3]) = 1.41$，$RMSD(K, S_{(2,2)}[1..3]) = 1.11$，$RMSD(K, S_{(1,1)}[1..3]) = 1.68$，$RMSD(K, S_{(2,1)}[1..3]) = 0.81$，$RMSD(K, S_{(1,3)}[1..3]) = 2.08$，$RMSD(K, S_{(2,3)}[1..3]) = 1.10$ となる。$node_3$ 以下に存在する2件の葉ノードのうち，$S_{(1,3)}[1..3]$ は許容誤差 $\varepsilon = 2.0$ を超えるため，この1件だけは類似部分構造ではない。

したがって，この許容誤差以内の部分座標配列は，$S_{(1,2)}[1..3]$, $S_{(2,2)}[1..3]$, $S_{(1,1)}[1..3]$, $S_{(2,1)}[1..3]$, $S_{(2,3)}[1..3]$ の5件であり，これらが問合せ座標配列 K に対して許容誤差 $\varepsilon = 2$ 以内にある類似部分構造となる。

6.5.3 バッファ管理システム

現在のコンピュータに内蔵されている **OS**（operating system，オペレーティングシステム）では，主記憶装置の限られたメモリ容量よりも大きなメモリ領域を仮想的に提供するために，**仮想記憶**（virtual memory，仮想メモリ）と呼ばれるメモリ管理の方法が利用されている。メモリ管理により，主記憶とディスクを組み合わせて，主記憶よりも広いメモリ空間を持つ**論理ページ**（logical page）をプログラマに提供している。これにより，プログラマは，主記憶やディスクの**物理ページ**（physical page）を意識せずにプログラミング作業を進めることができる。

また，仮想記憶では，主記憶にない論理ページが要求されたとき，不要なページを主記憶からディスクに書き込み（page out，**ページアウト**），ディスクから必要なページを読み込む（page in，**ページイン**）仕組みを持つが，この仕組みを効率化するために，そのページをいったんメモリ領域に蓄えている。このメモリ領域は**バッファ**（buffer）と呼ばれ，**バッファ管理**（buffer control）の方法により OS の性能は左右される。このため，仮想記憶と連携しているメモリマップドファイルを利用すると，プログラムはファイルを主記憶の一部として扱うことができるので，ファイルへの読み書き操作が容易だが，OS の判断によりバッ

ファ管理が行われるため，標準のファイルI/O（入出力）よりも遅くなることがある。

たとえば，OSの判断により行われるバッファ管理では，ディスク上にサフィックス木の構築や構築されたサフィックス木に対する検索の性能向上を配慮した仕組みにはなっていない。このため，大規模データ処理に必要なメモリ容量が主記憶の容量を超える付近から，性能劣化につながることが多い。この対策としては，サフィックス木の中間ノードや葉ノードなどのデータのみをディスク上のページに格納し，主記憶とディスクの間でそのページの入出力を専用に行うバッファ管理システムを新たに構築することが重要である。特に，このようなバッファ管理システムを作成することにより，サフィックス木の構築中にバッファ上に残されているページに対して**LRU**（least recently used）を適用したり，サフィックス木の検索中では**TOP-Q**[79]と呼ばれる方法を適用したりできる[3]。LRUとは，バッファ領域に空きがないとき，バッファ領域のページの中で参照された時間がもっとも古いページを削除する方法である。TOP-Qとは，根に近い中間ノードは優先的にバッファ領域に残す方法である。

6.5.4 並列処理

膨大な計算時間を要する処理は，通常のコンピュータの処理能力のみで対処するのは難しいため，ソフトウェア面で最適化手法を取り入れるだけでは十分に対処できるとは限らない。**スーパーコンピュータ**（super computer，超高速計算機）や**並列コンピュータ**（parallel computer）の利用は，計算時間の大幅な短縮という点で解決の糸口を与える可能性がある。スーパーコンピュータの定義は，技術の進歩によって変わるが，その時代の最新技術を利用し，通常のサーバに比べて1 000倍以上の性能を持つコンピュータを意味する。最近は，集積回路の性能限界により，1台のコンピュータの性能向上を期待することが難しくなっている。このため，複数台のコンピュータをネットワークで結合したスーパーコンピュータや**マルチコア**（multi-core）が組み込まれたコンピュータが出現している。このようなコンピュータをうまく使いこなすには，並列処理の考え方について明らかにしておくことが重要である。

与えられた問題を並列化するために，その問題を分割する方法（問題分割法）をはじめとして，問題分割によって生成されるタスクの負荷分散法を明らかにすることが重要である。問題分割法には，データ分割法とタスク分割法が知られているが，どちらも問題を分割する方法のみに関心があるだけで，プロセッサの稼働率が100％近くになることを保証していない。このため，問題分割法を明らかにしたら，稼働率を100％に近づける負荷分散法について検討する必要がある。後述するが，負荷分散のための並列計算モデルには，マスタワーカモデルと分散型ワーカモデルが知られている。

以下では，並列コンピュータに焦点を当て，応用プログラムの並列化で重要となる基本的な考え方について紹介する．

〔1〕 **並列性能比**　並列コンピュータは，プロセッサを複数結合し，それらを同時並列的に実行させることにより，1個のプロセッサに比べて高速な処理を行う計算機である．理想的には，N個のプロセッサを結合した並列マシンは，1個のプロセッサに比べてN倍の高速化を達成することが望ましいが，応用プログラム自身に内在する並列度が小さい場合は理想性能に満たない場合もある．つぎの計算式は，応用プログラムの並列化がどの程度の並列性能を持つかを見積もる尺度である．

$$並列性能向上比 = \frac{1個のプロセッサによる処理時間}{N個のプロセッサによる処理時間} = \frac{N \times 仕事量}{通信量 + 仕事量} \quad (6.24)$$

これは，N個の仕事を1個のプロセッサで処理した場合に比べて，N個の仕事をN個のプロセッサで処理した場合にどれぐらい計算時間が短縮されたかを見る尺度である．たとえば，プロセッサ間の通信量が0であれば，理想的な並列性能，すなわち，1個のプロセッサに比べてN倍の性能向上が得られるであろうし，仕事量が小さいかあるいは通信量が大きければ，理想性能を出すことはできなくなるであろう．

並列マシンが得意とする計算問題には，最初からN個に分かれている計算問題（N個の応用プログラムを同時に計算する問題など），データ分割や空間分割などによりあらかじめN個の計算問題に自動分割可能な問題（相同性検索，類似構造検索，索引構造の構築，分子動力学シミュレーション，画像処理，CGなど），探索問題（整列化処理，分枝限定法，混合整数計画法など）などがある．いずれも，前述の式 (6.24) により，応用プログラムの処理では，プロセッサ間の通信量が各プロセッサに与えられている仕事量に比べて無視できるほどに少ないことが望ましい．しかしながら，無視できない場合もある．そのような場合でも高速処理が要求されるときは，通信量を低減する方式の開発をはじめとして，高速通信ハードウェアの実装などが重要となる．

〔2〕 **動的負荷分散**　応用プログラムの仕事量が明らかな場合は，事前に，各プロセッサに同じ仕事量を均等に割り付けることが容易であり，これにより式 (6.24) を見積もることができる．このような仕事量の割り付け法は，**静的負荷分散**（static load balancing）と呼ばれている．これに対して，探索問題を解くようなプログラムは実行させてみないと仕事量がわからない．このような場合は，応用プログラムの実行中に各プロセッサの稼働率が限りなく100％近くになるように，空いているプロセッサに仕事を動的に割り付けることが重要となる．理想的には，各プロセッサの処理が同時に終了するように，プログラムの実行中に仕事をプロセッサにうまく割り付けていくことが望ましい．このような仕事の割り付け法は，**動的負荷分散**（dynamic load balancing）と呼ばれている．

6.5 高速化技術

〔3〕 並列計算モデル　負荷分散を達成するために用いられる並列計算モデルには，**マスタワーカモデル**[80)～82)]（master worker model）と**分散型ワーカモデル**[83),84)]（distributed worker model）がある。マスタワーカモデルはプロセッサが共通バスなどで密に結合された**共有メモリ**型の並列コンピュータに向いており，分散型ワーカモデルはプロセッサ間をネットワークで結合した分散型コンピュータに向いているといわれている。

マスタワーカモデルは，図 6.27 に示すように，処理全体を統括するマスタと処理の一部を担当するワーカが協調して動作するモデルである。マスタおよびワーカの動作は以下のとおりである。

① マスタが空いているワーカに仕事を割り付ける。
② 各ワーカは，割り付けられた仕事を処理し，その結果をマスタに返す。
③ マスタは返された結果を受け取り，処理すべき仕事がなくなるまで，上記 ① にもどる。

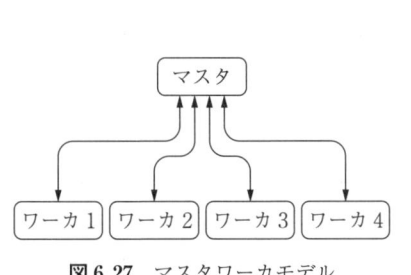

図 6.27　マスタワーカモデル 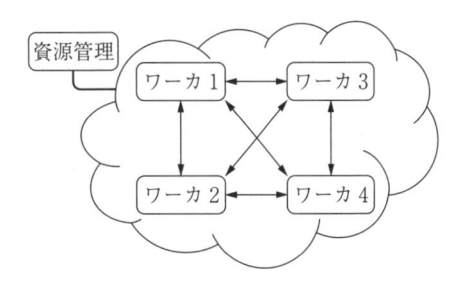　　　図 6.28　分散型ワーカモデル

動的負荷分散処理において「通信量≪仕事量」とするとき，マスタがワーカに割り付ける仕事量が均一であれば，理想的な並列性能比を得ることができるが，仕事量が均一でない場合は，どの仕事を先に空いているワーカに割り付けるかで，全体の処理時間が変動する。各プロセッサの稼働率を限りなく 100％ 近くに保つために，各プロセッサの処理が限りなく同時に終了するような割り付け法を見つけ出すことが重要となる。

分散型ワーカモデルは，マスタワーカモデルで用意するようなマスタを持たせず，資源管理によって定められたワーカ群に対して，ワーカ間のやりとりをすることで並列計算を進める方法である。図 6.28 に示したように，計算の開始時点では，多くの仕事を持っているワーカは，空いているワーカにつぎつぎと仕事を割り付ける。ワーカ全体の仕事がなくなった時点で，計算結果を利用者に返す方法である。分散型ワーカモデルはマスタワーカモデルに比べて，動的負荷分散による並列性能比の向上は資源管理に方法に大きく依存する。しかし，広域のネットワーク上にすでに接続されている多数のコンピュータを計算資源として活用する**グリッドコンピューティング**（grid computing）環境では，コンピュータの稼働率に

さほどこだわらず，大規模な処理能力の達成を意図している場合が多い．分散型ワーカモデルは，このような計算機資源のもとでの並列処理に向いていると思われる．

6.6 Mathematicaの並列処理

バイオインフォマティクスにおいて，多量の生物学的データを解析するにあたっては，ほぼ間違いなくプログラミングの技術が必要となる．この分野で使われている言語としてC，C＋＋，Java，Perl，Python，Ruby等が挙げられる．これらの言語については専門書が多数存在するので，詳細はそちらに譲ることにし，ここではあまりほかで取り上げられることがないが，これからの生物情報学にとって有用と思われるプログラミング言語について紹介する．

1988年にスティーブン・ウルフラム（Steven Wolfram）はMathematicaと呼ばれる数式処理ソフトウェアを発表した[85]．現在，世界中のほとんどの大学で，Mathematicaは教育用に使われている．最近では，科学教育促進を目的に開発された廉価なRaspberry PIというコンピュータに，Mathematicaが無料でバンドルされている．

われわれがゲノムデータのような巨大なデータを処理しようとするとき，最初に直面する問題はその計算時間である．そこで，一つのCPUの中に複数の計算「コア」を用意したり，複数の計算機を接続して使うクラスター方式で並列計算を行うことが主流になりつつある．問題は並列計算においては，並列計算用のプログラミングが必要となることである．Mathematicaでは，専用の並列処理言語ほどではないものの，記号処理の強みを生かして，簡単に並列処理と逐次処理の共存を実現できるようになっている．

並列処理の難しさは，処理の分散そのものに加え，計算後の解の回収にあるといわれている．たとえば，シングルコアのCPUが四つあり，それに対して24本分の染色体のデータを割り当てたとしよう．計算量的な観点からは，最大で4倍程度の速さで処理は終了するはずである．Mathematicaでは負荷分散の管理部分もMathematicaの中核部分であるMath Kernelが受け持つようなしくみを持っている．つまり，プログラマーは必ずしも複雑な負荷分散について頭を悩ます必要はない．たとえばParallelizeという組み込み関数（これらはMath Kernelの一部である）は，その引数として与えたMathematicaコードを並列化（しようと）する．たとえば

　　processEachChromosome[chromosomeName_String]

という関数を使って染色体を処理しようとすれば

　　Map[processEachChromosome, {"1", "2", "3", "4", "5", "6", "7", "8", "9", "10", "11", "12", "13", "14", "15", "16", "17", "18", "19", "20", "21", "22", "X", "Y"}]

といった感じになり，これを並列化しようとすれば

 Parallelize[

 Map[processEachChromosome, {"1", "2", "3", "4", "5", "6", "7", "8", "9", "10", "11", "12", "13", "14", "15", "16", "17", "18", "19", "20", "21", "22", "X", "Y"}]

となる。この結果はファイルに書き出してもよいし，リストとしても簡単に回収できる。

 ただし，並列処理には非決定性という性質がつきまとうことには留意しなくてはいけない。逐次計算は同じ入力に対して必ず同じ結果を返すが，並列処理の場合，計算機の環境によっては結果が変わるかもしれないという原理的な可能性がある。意図しない不確実性を回避するため，負荷分散と，求める結果を得るためのアルゴリズムが独立であるべきであることは覚えておくべきだろう。基本的にチューニングは負荷分散を変えるだけで，アルゴリズムの論理構成には影響すべきではない（図 6.29）。もしチューニングの結果，計算結果が変わってしまうようなコーディングをしてしまったとしたら，そのアルゴリズムはもはや健全とはいえない。

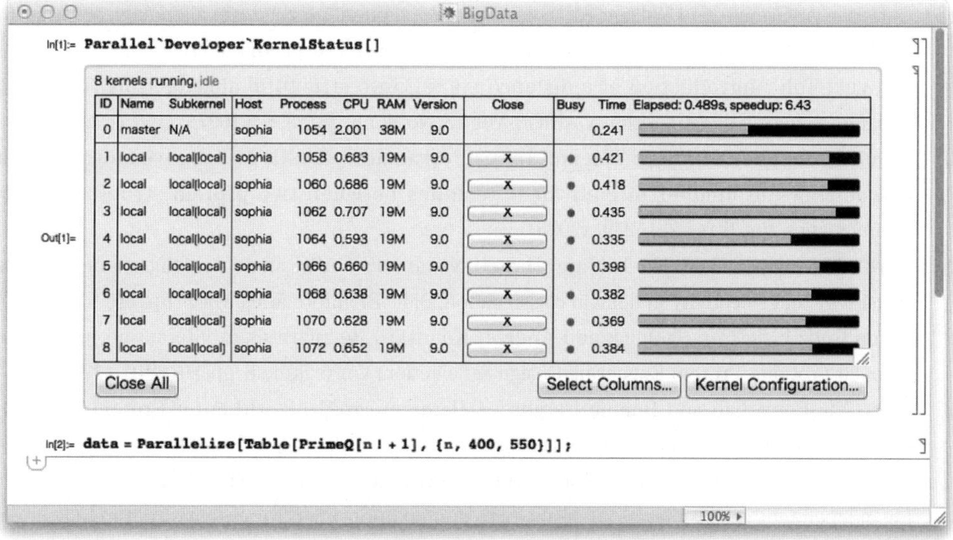

マスターの Math Kernel（0）が 8 個の Subkernel（1 ～ 8）を呼んでいる。マスターの Math Kernel は交通整理をしているだけで，負荷が小さいことに注意。この場合，結果は変数 data にリストとして返される。組み込み関数 Parallelize の内部で計算が完結しているため，非決定性はないが，すべての計算が完了するまで解を参照することはできない。

図 6.29　並列処理をモニターするツール

 Mathematica では Parallelize のような負荷分散とアルゴリズムを分離できる組み込み関数を多数用意している。組み込み関数を適切に利用する限り，コーディングの不健全さはほぼ回避できる。

【引用・参考文献】

1) Kaxlamangla S. Arun, Thomas S. Huang and Steven D. Blostein：Least-squares fitting of two 3-D point sets, IEEE Transaction on Pattern Analysis and Machine Intelligence, Vol. PAMI-9, No. 5 (1987)
2) Tetsuo Shibuya：Geometric Suffix Tree：Indexing Protein 3-D Structures, Journal of ACM, Vol. 57, No. 3, pp. 15: 1-15: 17 (2010)
3) 高橋誉文，田村慶一，黒木　進，北上　始：幾何学的なサフィックス木による高速類似構造検索手法，情報処理学会論文誌 データベース (TOD), Vol. 6, No. 5, pp. 62-70 (2013)
4) Charles F. F. Karney：Quaternions in molecular modeling, Journal of Molecular Graphics and Modelling, Vol. 25, No. 5, pp. 595-604 (2007)
5) 藤　博幸：タンパク質の立体構造入門，講談社 (2010)
6) William R. Taylor and Christine A. Orengo：Protein structure alignment, Journal of Molecular Biology, V. 208, Issue 1, pp. 1-22 (1989)
7) Christine A. Orengo, Nigel P. Brown and William R. Taylor：Fast structure alignment for protein databank searching, Proteins, Vol. 14, pp. 139-167 (1992)
8) Christine A. Orengo and William R. Taylor：SSAP：sequential structure alignment program for protein structure comparison, Methods in Enzymology, Vol. 266, pp. 617-635 (1996)
9) Hiroyuki Toh：Introduction of a distance cut-off into structural alignment by the double dynamic programming algorithm, CABIOS, Vol. 13, No. 4, pp. 387-396 (1997)
10) Daron M Standley, Hiroyuki Toh and Haruki Nakamura：GASH: An improved algorithm for maximizing the number of equivalent residues between two protein structures, BMC Bioinfomstics, Vol. 6, pp. 221-239 (2005)
11) Daron M Standly, Hiroyuki Toh and Haruki Nakamura：ASH structure alignment package: Sensitivity and selectivity in domain classification, BMC Bioinformatics, Vol. 8, pp. 116-123 (2007)
12) Adam Godzik, Jeffrey Skolnick and Andrzej Kolinski：Regularities in interaction patterns of globular proteins, Protein Engeering Design & Selection, Vol. 6, Issue 8, pp. 801-810 (1993)
13) Jinbo Xu, Feng Jiao and Bonnie Berger：A Parameterized Algorithm for Protein Structure Alignment, Journal of Computational Biology, Vol. 14, No. 5, pp. 564-577 (2007)
14) Robert D. Carr, Giuseppe Lancia, Sorin Istrail and Celera Genomics：Branch-and-cut algorithms for independent set problems: Integrality gap and an application to protein structure alignment, SAND report, SAND2000-2171, Sandia National Laboratories (2000)
15) Mohammed J. Zaki, Shan Jin and Chris Bystroff：Mining Residue Contacts in Proteins Using Local Structure Predictions, IEEE Transaction on Systems, Man, and Cybernetics-Part B: Cybernetics, Vol. 33, No. 5 (2003)
16) Hengyun Lua, Genke Yanga and Lam Fat Yeung：A similarity matrix-based hybrid algorithm for the contact map overlaps problem, Computers in Biology and Medicine, Vol. 41, Issue 5, pp. 247-252 (2011)
17) Alberto Caprara, Robert Carr, Sorin Istrail, Giuseppe Lancia and Brian Walenz：Optimal pdb structure alignments：Integer programming methods for finding the maximum contact map overlap, Journal of Computational Biology, Vol. 11, No. 1, pp. 27-52 (2004)

18) Deborah Goldman, Sorin Istrail and Christos H. Papadimitriou：Algorithmic aspects of protein structure similarity, 40th Annual Symposium on Foundations of Computer Science（FOCS '99）, pp. 512-521（1999）
19) Giuseppe Lancia, Robert Carr, Brian Walenz and Sorin Istrail：101 Optimal PDB Structure Alignments：a Branch-and-Cut Algorithm for the Maximum Contact Map Overlap Problem, Proceedings of The 5th Annual International Conference on Computational Molecular Biology（RECOMB 2001）, ACM press, pp. 193-202（2001）
20) Alberto Caprara and Giuseppe Lancia：Structural Alignment of Large Size Proteins via Lagrangian Relaxation, Proceedings of the Sixth Annual International Conference on Computational Biology（RECOMB 2002）, ACM press, pp. 100-108（2002）
21) William R. Taylor：Protein structure comparison using iterated double dynamic programming, Protein Science, Vol. 8, No. 3, pp. 654-665（1999）
22) Brijnesh J. Jain and Michael Lappe, and Joining Softassign：Dynamic Programming for the Contact Map Overlap Problem, First International Conference on Bioinformatics Research and Development（BIRD 2007）, Lecture Notes in Computer Science 4414, pp. 410-423, Springer（2007）
23) Hengyun Lu and Genke Yang：Extremal Optimization for the Protein Structure Alignment, 2009 IEEE International Conference on Bioinformatics and Biomedicine, pp. 15-19（2009）
24) Hengyun Lua and Genke Yanga：A similarity matrix-based hybrid algorithm for the contact map overlaps problem, Computers in Biology and Medicine, Vol. 41, Issue 5, pp. 247-252（2011）
25) Akihiko Nakada, Keiichi Tamura, and Hajime Kitakami：Optimal Protein Structure alignment using Modified Extremal Optimization, The 2012 IEEE International Conference on Systems, Man, and Cybernetics（IEEE SMC 2012）, Seoul, Korea, pp. 697-702（2012）
26) 中田章宏，田村慶一，北上　始，高橋誉文：CMO問題に対する改良版EOを用いた発見的解法，情報処理学会論文誌，数理モデル化と応用，Vol. 6, No. 3, pp. 87-99（2013）
27) 金久　實：ポストゲノム情報への招待，共立出版（2001）
28) James U. Bowie, Roland Lüthy, and David Eisenberg：A method to identify protein sequences that fold into a known three-dimensional structure, Science, Vol. 253, pp. 164-179（1991）
29) 藤　博幸　編：タンパク質の立体構造入門，講談社（2010）
30) Robert C. Edgar and Kimmen Sjölander：A comparison of scoring functions for protein sequence profile alignment, Bioinformatics, Vol. 20, No. 8, pp. 1301-1308（2004）
31) David Lee, Oliver Redfern, and Christine Orengo：Predicting protein function from sequence and structure, Nature Reviews Molecular Cell Biology, Vol. 8, pp. 995-1005（2007）
32) E. Krissinel and K. Henrick：Secondary-structure matching（SSM）, a new tool for fast protein structure alignment in three dimensions, Acta Crystallographica Section D, Biological Crystallography, Vol. 60, Part 12 No. 1, pp. 2256-2268（2004）
33) Shindyalov, I. N. and Bourne, P. E.：Protein structure　alignment by incremental combinatorial extension（CE）of the Optimal Path, Protein Engineering, Vol. 11, pp. 739-747（1998）
34) Cynthia Gibas and Per Jambeck：Developing Bioinformatics Computer Skills, O'Reilly Media Inc.（2001）
訳本は，「実践 バイオインフォマティクス」と題して2002年にオライリー・ジャパン（水島洋 監訳，明石浩史，またぬき 訳）から出版されている。
35) Daron M. Standley, Hiroyuki Toh and Haruki Nakamura：Detecting local structural similarity in

proteins by maximizing number of equivalent residues, Proteins, Vol. 57, pp. 381-91 (2004)
36) 日本蛋白質構造データバンク (PDBj)：ASH　http://pdbj.org/info/ash
37) Lisa Holm and Chris Sander：Protein Structure Comparison by Alignment of Distance Matrices, Jurnal of Molecular Biology, Vol. 233, pp. 123-138 (1993)
38) 欧州バイオインフォマティクス研究所：DaliLite　http://www.ebi.ac.uk/services/structures
39) Frances M. G. Pearl, C. F. Bennett, J. E. Bray, Andrew P. Harrison, N. Martin, A. Shepherd, I. Sillitoe, J. Thornton and Christine A. Orengo：The CATH database：an extended protein family resource for structural and functional genomics, Nucleic Acids Research, Oxford University Press, Vol. 31, No. 1, pp. 452-455 (2003)
40) Oliver C. Redfern, Andrew Harrison, Tim Dallman, Frances M. G. Pearl and Christine A. Orengo：CATHEDRAL：A Fast and Effective Algorithm to Predict Folds and Domain Boundaries from Multidomain Protein Structures, PLOS Computational Biology, pp. 2333-2347 (2007)
41) Vladimir A. Ivanisenko, Sergey S. Pintus, Dmitry A. Grigorovich and Nickolay A. Kolchanov：PDBSiteScan：a program for searching for active, binding and posttranslational modification sites in the 3D structures of proteins, Nucleic Acids Research, Vol. 32, Web Server Issue, pp. W549-W554 (2004)
42) PDBSiteScan：
http://wwwmgs.bionet.nsc.ru/mgs/gnw/pdbsitescan/
43) Craig T. Porter, Gail J. Bartlett and Janet M. Thornton：The Catalytic Site Atlas：a resource of catalytic sites and residues identified in enzymes using structural data, Nucleic Acids Research, Vol. 32, pp. D129-D133 (2004)
44) 欧州バイオインフォマティクス研究所：酵素触媒残基データベース　http://www.ebi.ac.uk/thornton-srv/databases/CSA/
45) Alexander Stark and Robert B. Russell：Annotation in three dimensions. PINTS：Patterns In Non-homologous Tertiary Structures, Nucleic Acids Research, Vol. 31, pp. 3341-3344 (2003)
46) Pramod P. Wangikar, Ashish V. Tendulkar, S. Ramya, Deepali N. Mali and Sunita Sarawagi：Functional sites in protein families uncovered via an objective and automated graph theoretic approach, Journal of Molecular Biology, Vol. 326, Issue 3, pp. 955-978 (2003)
47) Roman A. Laskowski：SURFNET：A program for visualizing molecular surfaces, cavities and intermolecular interactions, Journal of Molecular Graphics, Vol. 13, Issue 5, pp. 323-330 (1995)
48) 欧州バイオインフォマティクス研究所：SURFNET　http://www.ebi.ac.uk/thornton-srv/software/SURFNET/
49) Alexandra Shulman-Peleg, Ruth Nussinov and Haim J. Wolfson：Recognition of Functional Sites in Protein Structures, Journal of Molecular Biology, Vol. 339, Issue 3, pp. 607-33 (2004)
50) Alexandra Shulman-Peleg, Ruth Nussinov and Haim J. Wolfson：SiteEngines：Recognition and Comparison of Binding Sites and Protein-Protein Interfaces, Nucleic Acids Research, Vol. 33 (Web Server Issue), pp. W337-W341 (2005)
51) Alexandra Shulman-Peleg, Ruth Nussinov, and Haim J. Wolfson: Recognition of Functional Sites in Protein Structures, Journal of Molecular Biology, Vol. 339, Issue 3, pp. 607-633 (2004). SiteEngine: http://bioinfo3d.cs.tau.ac.il/SiteEngine/
52) James D. Watson, Steve Sanderson, Alexandra Ezersky, Alexei Savchenko, AledEdwards, Christine Orengo, Andrzej joachimiak, Roman A. Laskowski, Janet M. Thornton: Towards fully automated strucure-based function prediction in structural genomics: a casestudy, Journal of

Molecular Biology, Vol. 367, Issue 5, pp. 1511-1522 (2007). ProFunc: http://www.ebi.ac.uk/thornton-srv/databases/profunc/

53) Nello Cristianini and John Shawe-Taylor：Introduction to Support Vector Machines and Other Kernel-Based Learning Methods, Cambridge University Press（2000）
訳本は，2005年に「サポートベクタマシン入門」と題して共立出版（大北　剛 訳）から出版されている．

54) 元田　浩，津本周平，山口高平，沼尾正行：データマイニングの基礎，オーム社（2006）

55) Bernhard E. Boser, Isabelle M. Guyon and Vladimir N. Vapnik：A Training Algorithm for Optimal Margin Classifiers, Proceedings of the 5th Annual ACM Workshop on Computational Learning Theory, pp. 144-152, ACM Press（1992）

56) John Shawe-Taylor and Nello Cristianini：Kernel Methods for Pattern Analysis, Cambridge University Press（2004）
訳本は，2010年に「カーネル法によるパターン解析」と題して共立出版（大北　剛 訳）から出版されている．

57) Christina Leslife, Eleazar Eskin and Willam Stafford Noble：The spectrum kernel：A string kernel for SVM protein classification, Proceedings of the Pacific Biocomputing Symposium, pp. 566-575（2002）

58) Christina Leslife, Eleazar Eskin, Jason Weston and Willam Stafford Noble：Mismatch string kernels for SVM protein classification, Advances in Neural Information Processing Systems 15, pp. 1441-1448, Eds. Becker, S., S. Thrun, K. Obermayer, MIT Press（2003）

59) Asa Ben-Hur and Douglas Brutlag：Remote homology detection：a motif based approach, Bioinformatics, Oxford University Press, Vol. 19, Suppl. 1, pp. i26-i33（2003）

60) Berni J. Alder and Thomas E. Wainwright：Studies in Molecular Dynamics. I. General Method, Journal of Chemical Physics, Vol. 31, p. 459-466（1959）

61) J. Andrew McCammon, Bruce R. Gelin and Martin Karpus：Dynamics of folded protein, Nature, Vol. 267, pp. 585-590（1977）

62) Josh Barnes and Piet Hut：A hierarchical O（$N \log N$）force-calculation algorithm, Nature 324, pp. 446-449（1986）

63) Loup Verlet：Computer "Experiments" on Classical Fluids. I. Thermodynamical Properties of Lennard-Jones Molecules, Physical Review, Vol. 159, Issue 1, pp. 98-103（1967）

64) 岡崎　進，吉井範行：コンピュータ・シミュレーションの基礎 第2版　分子のミクロな性質を解明するために，化学同人（2011）

65) GROMACS development teams：GROMACS, Royal Institute of Technology and Uppsala University, Sweden
http://www.gromacs.org/

66) Peter Kollman's group：AMBER, University of California, USA
http://ambermd.org/

67) 長岡正隆 編著：すぐにできる分子シミュレーション ビギナーズマニュアル，講談社サイエンティフィック（2008）

68) CHARMM development project：CHARMM, Harvard University, USA
http://www.charmm.org/

69) 大阪大学蛋白質研究所プロテオミクス総合研究センター：myPresto
http://presto.protein.osaka-u.ac.jp/myPresto4/

70) Peter Weiner：Linear pattern matching algorithms, Proceedings of the 14th Annual Symposium on Switching and Automata Theory（swat 1973）, pp. 1-11（1973）
71) Edward M. McCreight：A Space-Economical Suffix Tree Construction Algorithm, Journal of the ACM（JACM）, Vol. 23 Issue 2, pp. 262-272（1976）
72) Esko Ukkonenn：On-Line Construction of Suffix Trees, Algorithmica, Vol. 14, pp. 249-260（1995）
73) Esko Ukkonen：Approximate string matching over suffix trees, Proceedings of 4th Annual Symposium on Combinatorial Pattern Matching, pp. 228-242（1993）
74) Gonzalo Navarro and Ricardo Baeza-Yates：A hybrid indexing method for approximate string matching, Journal of Discrete Algorithms, Vol. 1, No. 1, pp. 21-49（2000）
75) Gonzalo Navarro, Ricardo A. Baeza-Yates, Erkki Sutinen and Jorma Tarhio：Indexing Methods for Approximate String Matching, IEEE Data Engineering Bulletin, Vol. 24, No. 2, pp. 19-27（2001）
76) Laurent Marsan and Marie-France Sagot：Algorithms for extracting structured motifs using a suffix tree with application to promoter and regulatory site consensus identification, Journal of Computational Biology, Vol. 7, pp. 345-360（2000）
77) Feng Gao and Mohammed J. Zaki：PSIST：indexing protein structures using suffix trees, Proceedings of IEEE Computer System Bioinformatics Conference, pp. 212-222（2005）
78) Feng Gao and Mohammed J. Zaki：PSIST：A scalable approach to indexing protein structures using suffix trees, Journal of Parallel Distributed Computing, Vol. 68, No. 1, pp. 54-63（2008）
79) Srikanta J. Bedathur and Jayant R. Haritsa：Engineering a Fast Online Persistent Suffix Tree Construction, Proceedings of the 20th International Conference on Data Engineering（ICDE'04）, pp. 720-731（2004）
80) Hajime Kitakami, Hirotaka Hara, Hiroshi Yamanaka and Tomoaki Miyazaki：Performance Evaluation for Parallel-Mixed Integer Programming System, Optimization Methods and Software, Vol. 3, pp. 257-272（1994）
81) Toshihide Sutou, Keiichi Tamura, Yasuma Mori and Hajime Kitakami：Design and Implementation of Parallel Modified PrefixSpan Method, High Performance Computing, Lecture Notes in Computer Science Vol. 2858, pp. 412-422（2003）
82) 田村慶一，岩木　稔，高木　允，北上　始：PCクラスタにおける混合整数計画問題の並列処理とその性能評価，情報処理学会論文誌：数理モデル化と応用（TOM）, Vol. 46, No. SIG 17（TOM 13）, pp. 56-69（2005）
83) Shinpei Yagi, Keiichi Tamura and Hajime Kitakami：Parallel processing for stepwise generalization method on multi-core PC cluster, International Journal of Knowledge and Web Intelligence（IJKWI）, Vol. 3, pp. 88-109（2012）
84) Makoto Takaki, Keiichi Tamura and Hajime Kitakami：Dynamic Load Balancing Technique for Modified PrefixSpan on a Grid Environment with Distributed Worker Model, Proceedings of the International Conference on Parallel and Distributed Processing Techniques and Applications & Conference on Real-Time Computing Systems and Applications（PDPTA 2006）, CSREA Press, pp. 895-901（2006）
85) Stephen Wolfram：A System for Doing Mathematics by Computer, 2nd Edition, Addison-Wesley, Redwood City（1991）

索　　　引

【あ】

曖昧文字	70
アーキテクチャ	14
アクセッション番号	5
アブイニシオ法	192
アフィンギャップスコア	53
アミノ酸置換行列	53
アミノ酸配列	6
網目	116
網目構造	138
アルツハイマー病患者	70
アレイ構造	101
案内木	61, 63, 64
移住	101
移住間隔	101
移住率	101
異種性	17
異種相同	119
位置依存スコア行列	8, 68, 78, 96
位置依存スコア行列 PSSM	71
一塩基多型	39
位置スコア関数	192
一致状態	73, 83
一致性	133
一致列	74
遺伝暗号	7
遺伝コード	7
遺伝子	
――の系図	116
――の水平移動	119
遺伝子オントロジー　コンソーシアム	17
遺伝子型	101, 164
遺伝子型空間	164
遺伝子系統樹	117
遺伝的アルゴリズム	93, 99
遺伝的プログラミング	101
入れ子構造	138
後ろ向きアルゴリズム	91
運動協調	155
枝	112
枝刈り	93
エッジ	101
エピジェネティクス	165
塩基	2
塩基置換行列	53
塩基配置	130
塩基配列	2
重み行列	71
オントロジー	16
オントロジー編集システム	17

【か】

開近傍	101, 103
外群	40
開始状態	73
階層的クラスタリング	62, 64
階層併合的クラスタリング	62, 64
回転行列	182
外部節	111
下位レベルDP	185
核磁気共鳴	9
隠れマルコフモデル	73, 79
仮想記憶	212
活性部位	8
カーネル	198
カーネルトリック	199
カーネル法	194
カメレオン配列	190
がらくたDNA	41
関係データベース管理システム	7
関節角度	156
完全2分岐樹探索法	121
完全一致	59
観測列	79
癌治療薬	70
木	111
機械学習	194
幾何学的サフィックス木	209
擬似度数	71, 75
基底条件	46
機能ドメイン	12
キーバリュー型	7
ギブスサンプリング法	76, 92, 95
逆運動学	156, 158
逆動力学	156
ギャップ	47
ギャップ開始ペナルティ	53
ギャップ伸長ペナルティ	53
ギャップ列	53
偽陽性	71
共通コンタクト	187, 188
共有メモリ	215
行列解法	194
局所環境	184
局所構造	68
局所最適解	92
局所的	
――な整列化	48, 56
――な整列化アルゴリズム	60
――な類似配列検索	45, 56
――な累積類似度行列	57
許容誤差	45
距離閾値	184
距離行列	62, 64
距離行列法	120
距離スコア	62
距離節約法	127
距離ワグナー法	127
筋骨格モデル	152
近似文字列検索	44
筋電図	155
近隣	114, 122
近隣結合法	65, 122
組合せ爆発	29
クラス	13, 14
クラスター	114
クラスタ間距離	63
クラスタリング	63
クラスタリングアルゴリズム	64
グラフ同型性判定問題	105
グリッドコンピューティング	215
形質状態	121
形質状態法	120
形態学	12
系統関係	5
結合エネルギー	205
結合角エネルギー	205
結合項	205
欠失	73
血栓	70
ゲノミクス	1
ゲノミクス情報処理	3
ゲノム科学	1
ゲノム情報	1
ゲノム編集	145
原子	11
語彙の衝突	17
広義の二面角エネルギー	205
交叉	100
格子状ネットワーク構造	79, 80
格子モデル法	192
合成によるシークエンシング	22
構成論的アプローチ	154
構造整列化	181
構造ドメイン	12
構造比較アルゴリズム	193
構造比較プログラム	15
酵素触媒残基データベース	194
行動テスト	146
誤差	69
コネクトーム	144
コミュニケーション	172

コンセンサススコア	69	順動力学シミュレーション	154	側 鎖	181
コンセンサス配列	68, 75	上位レベル DP	185	速度ベレの方法	206
コンタクトエッジ	187	状 態	73	疎水性相互作用	192
コンタクトマップ	187	状態遷移	87	ソフトマージン SVM	196
昆虫飛行機械	149	状態遷移確率	75		
コンピュテーション	172	状態遷移行列	80	【た】	
		状態列	79	対象空間	198
【さ】		情 報	3	対数オッズスコア	83
再帰ステップ	82	情報科学	3	対数オッズ比	71
最急勾配登りアルゴリズム	197	情報を持たないサイト	130	対数変換	82
最近の共通祖先	157	ショットガン法	24	対数尤度	79
最小エントロピースコア	61	進化経路解析	194	体性感覚	161
最小進化法	127	進化生体力学	169	ダイナミックプログラミング	46
最小偏差法	127	神経筋骨格モデル	155	対立遺伝子	164
最大節約法	129	人工知能	151	多重期待値最大化法	92
最大ワイルドカード数	95	真の系統樹	120	多重整列化	8, 29, 61, 73, 74
最適経路	47	推定系統樹	120	多重配列	65
最適性	65	スキャン開始点	94	多体結合モデル	153, 154
最汎パターン	76	スコア関数	46, 54, 66	タブーサーチ	99
削除状態	83	スーパーコンピュータ	213	多様性	1
座標配列	181, 187	スーパーファミリー	12	段階的探索法	121
座標配列長	181	スペクトラムカーネル	200, 201	タンパク質二次構造予測	192
サフィックス木	48, 208	スラッシュ	4	タンパク質立体構造データベース	
サポートベクターマシン	194	スワップ操作	106		9
サポートベクトル	195	正確さ	1	置換行列	32, 60, 65, 77
作用を与えている点	158	正規表現	8, 70	逐次改善法	61, 67
サンガー法	21	生体力学	148, 158	中心間距離	185
識別番号	76	静的負荷分散	214	中立論	168
シークエンサー	2	静電エネルギー	205	超曲面	198
四元数	182	正のインスタンス	76	超平面	195, 198
支持数	93	生物医学オントロジー	17	適応度	100
辞書式順	93	生物医学論文データベース	6	適応度比例選択	100
次世代シークエンス法	22	生物分類樹	5, 16	転写因子結合部	68
実現系統樹	120	生命科学	3	問合せ	78
シート	10	整列化アルゴリズム	65	問合せ構造	193
シード	59	整列行列	68	問合せ配列	26, 44, 45, 51
指 標	44	整列集合	188	同型写像	105
島	101	セクション	9	同型性判定	102
島モデル	101	節	111	統計的有意性	50
射影データベース	94	遷移確率	73	動的計画法	29, 46, 81
写真銃	148	全域的	61	動的負荷分散	214
写像エッジ集合	188	――な整列化	46	同等に最大節約な系統樹	132
重 心	182	――な類似配列検索	45, 51	動力学計算	156
自由度問題	158	――な累積距離行列	47	特異値分解	182, 183
終了状態	73	――な累積類似度行列	53	特徴空間	198
種系統樹	117	全域的最適解	92	突然変異	100
主 鎖	181	遷移度数	89	凸２次計画問題	196
出現数	71	線形ギャップスコア	53	トポロジー	14
出現頻度	97	線形判別分析	194	ドメイン	9, 12
出現頻度行列	68, 69, 96	選 択	99	トライ構造	204
出力確率	73, 88	全単射	188	トレースバック	47
出力度数	89	全文検索	7		
準局所的	48	相対エントロピー	96	【な】	
――な整列化	48	相同スーパーファミリー	14	内部状態	73, 87
――な累積距離行列	49	相同性検索	26, 44	内部状態変数	80
順系相同	119	挿 入	73	内部状態列	79, 88
順系相同遺伝子	119	挿入状態	83	内部節	112
順動力学	159	挿入列	74	二重動的計画法	181, 184

二面角エネルギー 205	部分配列 59	マルチコア 213
ヌクレオチド 2	部分配列パターン 93	マルチプルアラインメント 61
根 112	フラグメントアセンブリ法 192	ミスマッチカーネル 200, 202
ネットワーク 115	フラットファイル 4, 9	ミスマッチ木 203
ネットワークモチーフ 68, 101	プレーンテキスト 4	ミスマッチクラスタ 75
脳梗塞 70	プロファイル 61, 68	無向グラフ 102, 187
ノード 101	プロファイル HMM	無根系統樹 112
	62, 68, 73, 79	矛　盾 17
【は】	――の長さ 73	文字出現数行列 69, 97
バイオロボティクス 167	プロファイル行列	文字出力確率行列 80
背景的出現頻度 71, 98	61, 65, 67, 68	モーションキャプチャ 148
背景配列集合 71	プロファイル対プロファイルの	文字列カーネル 200
排他的近傍 102, 103	整列化 67, 191	文字列探索アルゴリズム 7
バイナリ 4	プロファイル累進法 61	モーターコマンド 144, 155
配列データベース 44	分岐分類学 129	モチーフ 8, 68
配列ファミリー 14	分散型ワーカモデル 215	モチーフカーネル 200, 204
配列モチーフ 8, 68	分子系統学 118	モチーフデータベース 8
パイロシークエンシング法 22	分枝限定法 99	モチーフライブラリー 8
バウム・ウエルチアルゴリズム	分子進化学 168	モデルパラメータ 73
75	分子進化系統樹 61	
パ　ス 80	分子動力学法 192, 204	【や】
パスウェイデータベース 16	分類階級 5	焼き鈍し法 93, 99, 161
バックボーンモデル 181	平均距離法 62, 64	山登り法 99
ハッシュ表 59	平均二乗誤差 181	有向グラフ 102, 187
バッファ 212	並行移動 183	有根系統樹 112
バッファ管理 212	並行移動ベクトル 182	尤度関数 136
ハードマージン SVM 196, 199	ベイズ統計解析 97	尤度面 135
ハミング距離 44	ベイズ法 121	ユークリッド空間 199
バーンスタイン問題 158	並列コンピュータ 213	容　量 1
反復計算アルゴリズム 194, 197	並列性能比 214	
比較ペア 182	ページアウト 212	【ら】
非系統樹ネットワーク 115	ページイン 212	ラグランジュの未定乗数法 196
非結合項 205	ペプチド結合 181	ランダム化グラフ 102
ビッグデータ 1	ヘリックス 10	ランダム配列 51
ヒット 60	ペレの方法 205	ランダムプロジェクション法 92
ヒトゲノム解析計画 1	辺 111	ランダムモデル 88
ヒューリスティクス 86	変異のないサイト 130	リシークエンシング 25
ヒューリスティック 61	変換距離法 128	立体構造モチーフ 68
表現型空間 164	編集距離 44	リモデリング 166
非類似度 44, 45	傍系相同 119	類似性検索 44
非類似度スコア 46	傍系相同遺伝子 119	類似度 44, 45, 51
ヒルの筋肉モデル 153	ポケット形状 194	類似部分構造 181
頻出部分配列 93	ホムンクルス 161	累進法 61
頻　度 1	ホモロジー検索 44	累積非類似度行列 47
ファミリー 12	ホモロジーモデリング法 192	ルーレット選択 100
ファンデルワールス・エネルギー	ポリペプチド鎖 11	列挙木 76
205		列挙法 92, 93
フィジオーム 164	【ま】	連結部分グラフ 101
フィードフォワードループ 102	マウスンクルス 163	論理ページ 212
フォールド 13	前向きアルゴリズム 79, 91	
フォールド認識法 191	マージン 195	【わ】
物理ページ 212	マスタワーカモデル 215	ワイルドカード文字 93
負のインスタンス 76	マルコフ過程 73	ワード 60

【A】
Aho-Corasick アルゴリズム　7
ASH　186

【B】
Baum-Welch アルゴリズム　89
BLAST アルゴリズム　59
BMRB　9
BM 法　48

【C】
CLUSTAL W　61
CMO　181
CMO 問題　187
CSA　194
C 末端　181

【D】
DDBJ　4
DDBJ フォーマット　5
DDP　181, 184
DNA　2

【E】
Ecocyc　16
EMG　155
EM アルゴリズム　89
ENA/EBI　4

【F】
FA　192
FASTA アルゴリズム　59
Feng-Doolittle 累進法　61
FFL　102
FR　191

【G】
GA　93
GenBank/NCBI　4

【H】
Henikoff の BLOSUM 行列　53
HSP　60

【I】
IK　156
INSD　4, 5
is-a　16

【K】
KEGG　16
KKT 条件　196
KMP 法　48
Kringle ドメイン　70
Kringle モチーフ　70
ktup　60
Kunitz モチーフ　70

【L】
LRU　213

【M】
Mathematica　216
MD　204
MEDLINE　16
MISHIMA　30
MSSD　210

【N】
NBRF　15
NCBO　17
Needleman-Wunsch アルゴリズム　52
NER　186
NIH　16
NMR　9
NoSQL　7
NR　191
N 末端　181

【O】
OBO-Edit　17
opt スコア　60
OS　212
OTU　111

【P】
PAM 行列　53
part-of　16
PDB　9
PDBe　9
PDBj　9
PDB データベース　9
PDB フォーマット　9
PIR　15
PrefixSpan 法　93
PSI-BLAST　61
PSIST　209

【R】
RCSB-PDB　9
RDBMS　7
RMSD　181, 209

【S】
SA　93
SCCS　14
SIB　16
SIGMA アルゴリズム　7
Smith-Waterman アルゴリズム　56
SMO 法　198
SNP　39
SPSP　71
SP スコア　61, 65
SSAP　184
SV　195
SVD　182
SVM　194
SwissProt　15, 191

【T】
TOP-Q　213

【U】
UniProt　16, 191
UniProtKB　16
UPGMA　64, 121

【V】
Viterbi アルゴリズム　79, 80

【W】
what if　170
WIT　16
wwPDB　9

【Z】
Z-スコア　102, 106

3D-1D 整列化　191

―― 著者略歴 ――

北上　始（きたかみ　はじめ）
1976 年　東北大学大学院工学研究科博士前期課程
　　　　 修了（電子工学専攻）
1976 年　富士通株式会社入社
1978 年　株式会社富士通研究所入所
1982 年　財団法人新世代コンピュータ技術開発
　　　　 機構入所
1991 年　国立遺伝学研究所客員助教授
1992 年　博士（工学）（九州大学）
1994 年　広島市立大学教授
　　　　 現在に至る

太田　聡史（おおた　さとし）
1995 年　北陸先端科学技術大学院大学修士課程修了
　　　　 （知識工学専攻）
1998 年　総合研究大学院大学博士課程修了
　　　　 （遺伝学専攻）博士（理学）
1998 年　財団法人遺伝学普及会情報資源研究セン
　　　　 ター研究員
1999 年　シカゴ大学（Dept. of Ecology and Evolution）
　　　　 ポストドクター
2001 年　科学技術振興事業団研究員
　　　　 （於国立遺伝学研究所）
2004 年　独立行政法人理化学研究所専任研究員
　　　　 現在に至る

斎藤　成也（さいとう　なるや）
1979 年　東京大学理学部生物学科卒業
1981 年　東京大学大学院理学系研究科修士課程修了
1986 年　テキサス大学ヒューストン校生物医科学
　　　　 大学院修了，Ph.D.
1987 年　日本学術振興会特別研究員
1989 年　東京大学助手
1991 年　国立遺伝学研究所助教授
1992 年　総合研究大学院大学助教授
2002 年　国立遺伝学研究所教授
2002 年　総合研究大学院大学教授（兼任）
2006 年　東京大学大学院教授（兼任）
　　　　 現在に至る

ビッグデータ時代の　ゲノミクス情報処理
Genomics Information Processing in the Era of Big Data
　　　　　　　　　　　　　　　Ⓒ Kitakami, Saitou, Oota　2014

2014 年 10 月 30 日　初版第 1 刷発行　　　　　　　　　★

|検印省略| 著　者　北　上　　　始
　　　　　　　　　斎　藤　成　也
　　　　　　　　　太　田　聡　史
　　　　　発行者　株式会社　コロナ社
　　　　　代表者　牛来真也
　　　　　印刷所　新日本印刷株式会社

112-0011　東京都文京区千石 4-46-10

発行所　株式会社　コ ロ ナ 社
CORONA PUBLISHING CO., LTD.
Tokyo　Japan
振替 00140-8-14844・電話(03)3941-3131(代)
ホームページ　http://www.coronasha.co.jp

ISBN 978-4-339-02485-2　（中原）　（製本：愛千製本所）
Printed in Japan

本書のコピー，スキャン，デジタル化等の無断複製・転載は著作権法上での例外を除き禁じられております。購入者以外の第三者による本書の電子データ化及び電子書籍化は，いかなる場合も認めておりません。

落丁・乱丁本はお取替えいたします

バイオテクノロジー教科書シリーズ

(各巻A5判)

■編集委員長　太田隆久
■編集委員　相澤益男・田中渥夫・別府輝彦

配本順			頁	本体
1.（16回）	生命工学概論	太田隆久 著	232	3500円
2.（12回）	遺伝子工学概論	魚住武司 著	206	2800円
3.（ 5回）	細胞工学概論	村上浩紀・菅原卓也 共著	228	2900円
4.（ 9回）	植物工学概論	森川弘道・入船浩平 共著	176	2400円
5.（10回）	分子遺伝学概論	高橋秀夫 著	250	3200円
6.（ 2回）	免疫学概論	野本亀久雄 著	284	3500円
7.（ 1回）	応用微生物学	谷 吉樹 著	216	2700円
8.（ 8回）	酵素工学概論	田中渥夫・松野隆一 共著	222	3000円
9.（ 7回）	蛋白質工学概論	渡辺公綱・小島修一 共著	228	3200円
10.	生命情報工学概論	相澤益男 他著		
11.（ 6回）	バイオテクノロジーのためのコンピュータ入門	中村春木・中井謙太 共著	302	3800円
12.（13回）	生体機能材料学 ― 人工臓器・組織工学・再生医療の基礎 ―	赤池敏宏 著	186	2600円
13.（11回）	培養工学	吉田敏臣 著	224	3000円
14.（ 3回）	バイオセパレーション	古崎新太郎 著	184	2300円
15.（ 4回）	バイオミメティクス概論	黒田裕久・西谷孝子 共著	220	3000円
16.（15回）	応用酵素学概論	喜多恵子 著	192	3000円
17.（14回）	天然物化学	瀬戸治男 著	188	2800円

定価は本体価格+税です。
定価は変更されることがありますのでご了承下さい。

図書目録進呈◆

コンピュータ数学シリーズ

(各巻A5判，欠番は品切です)

■編集委員　斎藤信男・有澤　誠・筧　捷彦

配本順			頁	本体
2.（9回）	組合せ数学	仙波一郎著	212	2800円
3.（3回）	数理論理学	林　晋著	190	2400円
7.（10回）	ゲーム計算メカニズム ―将棋・囲碁・オセロ・チェスのプログラムはどう動く―	小谷善行編著	204	2800円
10.（2回）	コンパイラの理論	大山口通夫著	176	2200円
11.（1回）	アルゴリズムとその解析	有澤　誠著	138	1650円
16.（6回）	人工知能の理論（増補）	白井良明著	182	2100円
20.（4回）	超並列処理コンパイラ	村岡洋一著	190	2300円
21.（7回）	ニューラルコンピューティング	武藤佳恭著	132	1700円

以下続刊

1.	離散数学	難波完爾著	4.	計算の理論	町田　元著
5.	符号化の理論	今井秀樹著	6.	情報構造の数理	中森真理雄著
8.	プログラムの理論		9.	プログラムの意味論	萩野達也著
12.	データベースの理論		13.	オペレーティングシステムの理論	斎藤信男著
14.	システム性能解析の理論	亀田壽夫著	17.	コンピュータグラフィックスの理論	金井　崇著
18.	数式処理の数学	渡辺隼郎著	19.	文字処理の理論	

定価は本体価格+税です。
定価は変更されることがありますのでご了承下さい。

図書目録進呈◆

メディア学大系

(各巻A5判)

- ■監　　修　相川清明・飯田　仁
- ■編集委員　稲葉竹俊・榎本美香・太田高志・大山昌彦・近藤邦雄
  　　　　　　榊　俊吾・進藤美希・寺澤卓也・三上浩司

(五十音順)

配本順		著者	頁	本体
1.（1回）	メディア学入門	飯田　仁 近藤邦雄　共著 稲葉竹俊	204	2600円
2.	CGとゲームの技術	三上浩司 渡辺大地　共著		
3.（5回）	コンテンツクリエーション	近藤邦雄 三上浩司　共著	200	2500円
4.（4回）	マルチモーダルインタラクション	榎本美香 飯田　仁　共著 相川清明	254	3000円
5.	人とコンピュータの関わり	太田高志 羽田久一　共著 安本匡佑		
6.	教育メディア	稲葉竹俊 松永信介　共著 飯沼瑞穂		
7.（2回）	コミュニティメディア	進藤美希　著	208	2400円
8.	ICTビジネス	榊　俊吾　著		
9.	ミュージックメディア	大山昌彦 伊藤謙一郎　共著 魚住勇太 吉岡英樹		
10.（3回）	メディアICT	寺澤卓也 藤澤公也　共著	232	2600円

定価は本体価格+税です。
定価は変更されることがありますのでご了承下さい。

図書目録進呈◆

コンピュータサイエンス教科書シリーズ

(各巻A5判)

■編集委員長　曽和将容
■編集委員　　岩田　彰・富田悦次

配本順			頁	本体
1.	(8回)	情報リテラシー	立花 康夫／曽和 将容／春日 秀雄 共著	234	2800円
4.	(7回)	プログラミング言語論	大山口 通夫／五味 弘 共著	238	2900円
5.	(14回)	論理回路	曽範 和公 将容司 共著	174	2500円
6.	(1回)	コンピュータアーキテクチャ	曽和 将容 著	232	2800円
7.	(9回)	オペレーティングシステム	大澤 範高 著	240	2900円
8.	(3回)	コンパイラ	中田 育男 監修／中井 央 著	206	2500円
10.	(13回)	インターネット	加藤 聰彦 著	240	3000円
11.	(4回)	ディジタル通信	岩波 保則 著	232	2800円
13.	(10回)	ディジタルシグナルプロセッシング	岩田 彰 編著	190	2500円
15.	(2回)	離散数学 —CD-ROM付—	牛島 和夫 編著／相廣 利雄／朝廣 民二 共著	224	3000円
16.	(5回)	計算論	小林 孝次郎 著	214	2600円
18.	(11回)	数理論理学	古川 康一／向井 国昭 共著	234	2800円
19.	(6回)	数理計画法	加藤 直樹 著	232	2800円
20.	(12回)	数値計算	加古 孝 著	188	2400円

以下続刊

2. データ構造とアルゴリズム	伊藤 大雄 著	3. 形式言語とオートマトン	町田 元 著
9. ヒューマンコンピュータインタラクション	田野 俊一 著	12. 人工知能原理	嶋田・加納 共著
14. 情報代数と符号理論	山口 和彦 著	17. 確率論と情報理論	川端 勉 著

定価は本体価格+税です。
定価は変更されることがありますのでご了承下さい。

図書目録進呈◆

自然言語処理シリーズ

(各巻A5判)

■監修　奥村　学

配本順			頁	本体
1.（2回）	言語処理のための機械学習入門	高村 大也 著	224	2800円
2.（1回）	質問応答システム	磯崎・東中／永田・加藤 共著	254	3200円
3.	情報抽出	関根 聡 著		
4.（4回）	機械翻訳	渡辺・今村／賀沢・Graham／中澤 共著	328	4200円
5.（3回）	特許情報処理：言語処理的アプローチ	藤井・谷川／岩山・難波／山本・内山 共著	240	3000円
6.	Web言語処理	奥村 学 著		
7.	対話システム	中野・駒谷／船越・中野 共著		近刊
8.	トピックモデルによる統計的潜在意味解析	佐藤 一誠 著		
9.	構文解析	鶴岡 慶雅 他著		
10.	文脈解析：述語項構造，照応，談話構造の解析	笹野 遼平／飯田 龍 共著		
11.	語学学習支援のための自然言語処理	永田 亮／小町 守 共著		

定価は本体価格+税です。
定価は変更されることがありますのでご了承下さい。

図書目録進呈◆